U0564073

BLUE BOOK

智 库 成 果 出 版 与 传 播 平 台

人才蓝皮书
BLUE BOOK OF TALENT

中国创新人才发展报告（2023）

ANNUAL REPORT ON THE DEVELOPMENT OF
CHINA'S INNOVATIVE TALENT (2023)

科技创新人才与创新高地建设

组织编写／北京市经济社会发展政策研究基地
　　　　　首都经济贸易大学劳动经济学院
主　　编／徐　芳　何　勤
副 主 编／陈书洁

社会科学文献出版社
SOCIAL SCIENCES ACADEMIC PRESS（CHINA）

图书在版编目（CIP）数据

中国创新人才发展报告 . 2023：科技创新人才与创
新高地建设 / 徐芳，何勤主编 . --北京：社会科学文
献出版社，2023.10
（人才蓝皮书）
ISBN 978-7-5228-2104-7

Ⅰ.①中… Ⅱ.①徐… ②何… Ⅲ.①技术人才-人
才培养-研究报告-中国-2023 Ⅳ.①G316

中国国家版本馆 CIP 数据核字（2023）第 127229 号

人才蓝皮书
中国创新人才发展报告（2023）
——科技创新人才与创新高地建设

主 编／徐 芳 何 勤
副 主 编／陈书洁

出 版 人／冀祥德
组稿编辑／恽 薇
责任编辑／冯咏梅
文稿编辑／李惠惠 白 银 孙玉铖
责任印制／王京美

出 版／社会科学文献出版社·经济与管理分社（010）59367226
地址：北京市北三环中路甲 29 号院华龙大厦 邮编：100029
网址：www.ssap.com.cn
发 行／社会科学文献出版社（010）59367028
印 装／天津千鹤文化传播有限公司

规 格／开 本：787mm×1092mm 1/16
印 张：26.5 字 数：397 千字
版 次／2023 年 10 月第 1 版 2023 年 10 月第 1 次印刷
书 号／ISBN 978-7-5228-2104-7
定 价／188.00 元

读者服务电话：4008918866

　　本书出版受北京市经济社会发展政策研究基地、北京市属高校分类发展项目"京津冀协同发展与城市群系统演化的政产学研用平台构建"资助

人才蓝皮书课题组

主　　编 徐　芳　何　勤

副 主 编 陈书洁

撰 稿 人 （以文序排列）

杨之旭	王　欣	余兴安	吴雨晨	王福世
杨坤煦	冯喜良	苏建宁	刘　颖	王　鹭
陈　劲	杨　硕	李根祎	付　涵	赵婧桦
苗仁涛	李正瑞	杨旭华	左玉璇	赵玉婷
李晓曼	何兴铭	陈　丽	母莎莎	徐　明
陈斯洁	姚　凯	陈小平	杨丹妮	谭诗平
高中华	张　恒	程　龙	于海波	

主要编撰者简介

徐　芳　经济学博士，首都经济贸易大学党委副书记、教授、博士生导师。兼任劳动经济学会副会长、北京市习近平新时代中国特色社会主义思想研究中心首都经济贸易大学研究基地副主任。历任中国人民大学劳动人事学院副教授、硕士生导师；美国康奈尔大学访问学者；北京市密云县（今密云区）副县长，中共密云县委常委、宣传部部长；首都经济贸易大学党委常委、副校长。主要研究方向为劳动经济与人力资源管理、人才学，具体包括人才学理论与人才发展战略、战略人力资源管理、培训与开发理论及技术、知识管理与组织创新、领导力等。主持国家社会科学基金项目，北京市社会科学基金重大、重点项目等人才学领域课题16项。出版专著《国际引智与国际人才社区治理研究》，主编教材《培训与开发理论及技术》，出版译著《人力资源开发》与《雇员培训与开发》等。曾在《管理世界》《中国人口科学》《经济理论与经济管理》《中国软科学》《中国高等教育》等权威期刊以及《光明日报》（理论版）、《经济日报》（理论版）等发表相关领域文章40余篇。

何　勤　经济学博士，首都经济贸易大学劳动经济学院教授、博士生导师，北京市经济社会发展政策研究基地主任、首席专家。经贸学者、北京市高校高水平创新团队带头人、北京市青年拔尖人才。美国康奈尔大学访问学者。兼任中国人力资源开发研究会智能分会、劳动关系分会、适度劳动分会常务理事，中国技术经济学会中小企业分会常务理事，劳动经济学会理事。

担任北京市经济和信息化局专家、北京城市副中心国家服务业扩大开放综合示范区和中国（北京）自由贸易试验区专家顾问委员会理事。主要研究方向为创新人才开发、人工智能与劳动、数字经济与组织创新。主持完成国家社会科学基金重点项目、北京市社会科学基金重大项目、教育部人文社会科学项目、企事业单位委托项目等课题。研究成果获北京市第十二届、第十五届哲学社会科学优秀成果奖，多项被领导批示及政府和企业采纳。出版专著3部、译著1部，拥有软件著作权3项。在国际SSCI、SCI、EI期刊公开发表多篇论文，在国内高水平期刊公开发表论文60余篇，多篇论文被中国人民大学复印报刊资料全文转载。在《人民日报》等报纸上发表多篇文章。

陈书洁 管理学博士，首都经济贸易大学劳动经济学院人力资源开发与人才发展系党支部书记、副教授，北京市经济社会发展政策研究基地副主任。全国首套高校人才学课程教材主编。兼任中国人才研究会理事等。主要研究方向为人才发展战略、人才制度理论、科技创新人才、知识管理。主持国家自然科学基金项目、国家社会科学基金项目、北京市社会科学基金项目、北京市优秀人才培养资助项目，主持并参与委托课题20余项。出版个人专著3部。在《人民日报》（理论版）、《中国行政管理》、《北京师范大学学报》、*Technology Analysis & Strategic Management* 等重要报刊发表论文多篇。多部研究报告被中央、地方党政机关采纳，为国家和北京市改革科技人才体制机制、落实人才规划，以及满足北京市"两区"建设人才需求等，推动落地多项人才政策。

摘　要

　　教育、科技、人才是全面建设社会主义现代化国家的基础性、战略性支撑。深入实施新时代人才强国战略，必须坚持科技是第一生产力、人才是第一资源、创新是第一动力，努力开辟发展新领域、新赛道，不断塑造发展新动能、新优势。

　　本书定位中国创新人才，聚焦"科技人才创新与创新高地建设"，通过收集创新人才与创新群体调查数据与统计数据，系统归纳了深入实施新时代人才强国战略以来，创新人才发展顶层设计与战略谋划、分布格局与结构层次、评价体系与趋势预测、区域探索与经验启示，并提出相关政策建议。本书主要分为总报告、战略篇、评价篇和区域篇四个部分。

　　本书指出，以中国科学院和中国工程院院士、创新研究群体、优秀青年和杰出青年、高级技能人才为代表的创新人才和创新群体规模稳步增长。以院士为代表的战略科学家在基础科学学科的分布较为平衡，两院院士规模基本相当，中国工程院院士人数的增幅略高于中国科学院院士。新增院士研究方向与《国家自然科学基金"十四五"发展规划》优先发展领域基本保持一致，集中在北京、上海等地。新增院士大部分来自"双一流"高校和国内知名科研院所。新增优秀青年和杰出青年人数、创新研究群体数量在基础科学学科的分布较为平衡，支持力度持续加大。基于战略性、前瞻性国家科技长远需求的战略人才力量逐步增强，承担国家重大基础研究任务以实现源头创新成果的创新人才支撑格局日益完善，北京、上海、粤港澳大湾区具备建设高水平人才高地的基础。高级技能人才相对短缺，国家级制造业创新中

心所在地区高级技能人才增幅明显，制造业创新中心对高级技能人才的培养和集聚具有促进作用。

创新人才发展指数整体呈增长趋势。预计 2023 年中国创新人才发展指数增长约 15%，将持续加大创新人才投入和转化力度以充分激发人才效能。京津冀城市群创新人才投入指数与创新人才转化指数略呈下降趋势，创新人才效能指数稳中带降。长三角城市群创新人才发展指数总体平稳。北京作为首都，预计 2023 年创新人才发展指数增长约 12%，教育、科技、人才优势凸显，未来将加强投入、稳定转化、增强效能，着力建设具有全球影响力的科技创新中心。

本书进一步建议，中国创新人才发展在战略引领、评价分析、区域实践三个方面应予以高度关注。创新人才发展战略引领方面，探寻科技干部管理与人才队伍建设的体制与制度变迁，分析创新高地建设与科技人才创新生态，总结北京、上海、粤港澳打造世界级创新高地的人才战略举措，以数字化技术提升创新高地的人才基础设施建设。创新人才发展评价分析方面，重点评价高水平科技人才成长规律、科技人才联合创新效能与趋势、科技人才共享成效与路径、数字人才发展现状、卓越工程师工匠精神内涵与回报。创新人才发展区域实践方面，分析北京"卡脖子"技术突破与科技人才集聚态势，总结上海建设人才高地与人才双循环体系的经验，探索粤港澳大湾区人才高地协同要素与机制创新，分析北京科技人才政策效果与人才队伍建设。

关键词： 人才强国战略　创新人才　创新群体　创新高地

目 录 ↖

Ⅲ 评价篇

Ⅳ 区域篇

皮书数据库阅读**使用指南**

总 报 告
General Report

B.1
中国创新人才发展回顾与展望（2023）

何 勤　陈书洁　杨之旭　王 欣*

摘　要： 本报告聚焦中国创新人才的理论新发展、发展环境和政策体系及规模、结构与基本发展走势，构建创新人才发展指标体系，并进行趋势预测。第一部分从创新人才的制度理论、流动理论和评价理论三个角度构建具有中国特色的创新人才发展理论体系。第二部分从引才环境、培养环境、激励环境和集聚环境四个方面出发，归纳创新人才政策演进的基本脉络。第三部分从经验层面分析以两院院士、创新研究群体、优秀青年和杰出青年、高级技能人才为代表的四类战略创新人才的规模、结构与基本走势。这四

---

* 何勤，经济学博士，首都经济贸易大学劳动经济学院教授、博士生导师，北京市经济社会发展政策研究基地主任、首席专家，主要研究方向为创新人才开发、人工智能与劳动、数字经济与组织创新；陈书洁，管理学博士，首都经济贸易大学劳动经济学院人力资源开发与人才发展系党支部书记、副教授，北京市经济社会发展政策研究基地副主任，主要研究方向为人才发展战略、人才制度理论、科技创新人才、知识管理；杨之旭，首都经济贸易大学劳动经济学院讲师，主要研究方向为人才制度理论；王欣，首都经济贸易大学劳动经济学院讲师，主要研究方向为人才保护。

类创新人才的规模和结构符合我国建设世界重要人才中心和创新高地的要求，基本发展走势符合《国家自然科学基金"十四五"发展规划》中优先发展领域的战略布局，但仍需要推动创新人才与创新高地建设的深度融合。第四部分从创新人才投入、创新人才转化和创新人才效能三个维度构建创新人才发展指标体系，并对全国、三大地区、京津冀城市群、长三角城市群、北京及国内某特大城市的创新人才发展趋势进行刻画，进而对 2023 年创新人才发展指数进行预测。我国创新人才发展势头良好，未来在加大创新人才投入的同时，还将注重高质量转化与效能提升。

关键词：　创新人才政策　创新高地　人才强国　创新人才发展指数

一　中国创新人才理论新发展

（一）创新人才界定

2021 年 9 月，习近平总书记在中央人才工作会议上提出深入实施新时代人才强国战略，并明确了加快建设世界重要人才中心和创新高地的总体战略构想。① 党的二十大报告提出要进一步强化现代化建设人才支撑，强调深入实施人才强国战略，完善人才战略布局，加快建设世界重要人才中心和创新高地，促进人才区域合理布局和协调发展，着力形成人才国际竞争的比较优势，把各方面优秀人才集聚到党和人民的事业中来。党的二十大报告首次提出教育、科技、人才"三位一体"，鲜明指出教育、科技、人才是全面建设社会主义现代化国家的基础性、战略性支撑。战略人才是站在国际科技前

---

① 《习近平：深入实施新时代人才强国战略　加快建设世界重要人才中心和创新高地》，中国政府网，2021 年 12 月 15 日，https://www.gov.cn/xinwen/2021 - 12/15/content_ 5660 938. htm。

沿、引领科技自主创新、承担国家战略科技任务、支撑我国高水平科技自立自强的重要力量，具有对经济社会高质量发展的引领性、对科学技术创新创造的贡献性、对现代化建设的支撑性。因此，要加快建设国家战略人才力量，就要努力培养更多战略科学家、一流科技领军人才和创新团队、青年科技人才、卓越工程师、大国工匠、高技能人才。

牢牢把握科技是第一生产力、人才是第一资源、创新是第一动力，是坚决打赢关键核心技术攻坚战、解决"卡脖子"技术短板问题的关键所在。坚持"四个面向"，以国家战略需求为导向，集聚力量进行原创性引领性科技攻关，持续增强自主创新能力，加快实现高水平科技自立自强。从国家战略层面来看，新一轮科技革命和产业变革深刻影响国际战略力量对比和世界经济格局变化，要发挥科学技术是第一生产力的作用，最重要的战略资源就是人才，特别是能够紧跟并引领世界科技潮流的创新人才。只有培养一大批高素质人才，才能在世界新一轮科技革命和产业变革中占据制高点、掌握主动权。从产业层面来看，发挥创新人才的支撑作用，本质上是产业链、创新链、资金链与人才链"四链"有机聚合、优化配置、相互关联的过程。以人才强、科技强实现产业强、经济强。优化产业结构，配置创新人才，引导创新人才围绕产业链布局创新链，推动科技成果转化，开展科技基础研发等活动，提升科技园区、特色产业园、科技型企业对技术与人才的吸纳能力。从区域层面来看，中国不同区域、不同城市经济发展不平衡，创新人才分布不均，人才结构仍不够合理，促进不同区域人才合理布局和协调发展，需要加强人才柔性流动的统筹协作，消除人才区域间合理流动的制度性壁垒，加快城乡人才均衡发展，以人才高地建设带动区域人才一体化协同发展。从微观层面来看，创新人才作为引领和支撑高质量发展的主体要素，在不同类型的组织中的创新性表现形式和贡献度有差异，只有围绕创新人才的发现、培养、使用、激励等重点领域和关键环节，弘扬创新人才的科学家精神、工匠精神等，才能充分调动人才的积极性、主动性和创造性。因此，本报告基于创新人才在现代化建设中的支撑作用，提出推动人才发展体制机制改革，激发"四链"融合过程中的人才创新活力，解决培养使用与创新实践相衔接

的问题，探索中国创新人才基本特征，进行创新人才队伍分析与创新人才发展预测；结合北京、上海、粤港澳大湾区等高水平人才高地的特色实践经验，对创新人才队伍进行跟踪调查，揭示中国创新人才引进、培养与发展的相对优势与提升方向；进而从宏观层面围绕实施科教兴国战略、人才强国战略、创新驱动发展战略，对加快建设世界重要人才中心和创新高地进行积极而及时的回应。

实施人才强国战略，是党在改革开放和社会主义现代化建设过程中做出的重大决策，经历了一个长期孕育和逐步发展的过程，并已取得了重大进展。我国人才发展水平实现了历史性提升，人才队伍在规模、质量和效能方面均显著提升。

学术界关于人才的界定目前已达成共识，学者认为人才是在一定的社会条件下，在某一领域通过掌握一定的知识、技能，能够进行创造性的劳动，且对经济社会做出较大贡献的人。[①] 创新的概念起源于熊彼特提出的经营创新、技术创新、制度创新。从经济学概念来看，创新是指以现有的知识和物质，在特定的环境中创造新的事物，并能获得一定有益效果的行为。创新人才的概念得到进一步的丰富与发展，创新人才是指在各类人才之中的那些既具备专业素质，又具备创新素质和创新能力的人。其中，专业素质包括广泛而丰富的专业知识和技能；创新素质包括高度自觉和独立的创新意识，旺盛的求知欲、好奇心，敢于质疑的勇气、强大的意志力的创新精神，以及具有较强的理解力与同理心的创新思维。此外，创新人才还应具有敢于挑战前人未曾到达到的高度的勇气以及具备完成复杂艰巨工作的能力，能够引领和带动某一专业领域创造性地发展，并能为国家和社会发展做出重大贡献。深圳人才集团与清华大学技术创新研究中心联合发布的《中国创新人才指数2021》将创新人才定义为同时具备创新性和应用能力，拥有多元化交叉的知识结构、精深的专业技术能力、较强的社会责任感、富于批判精神和创

---

① 叶忠海：《人才学基本理论及应用》，《中国人才》2007 年第 1 期；王通讯：《人才学基本名词注释》，《人才研究》1988 年第 6 期。

新的研究意识，能够把发现、发明、创造转化为实践，并且在实践中不断创新，在实现科技成果转化、赋能经济增长过程中发挥生力军作用的人。

创新人才的界定，不仅要围绕人才的培养、流动、吸引，更重要的是围绕激发人才成长、聚集与发展的活力。因此，从发展观的角度来营造有利于创新人才发展的环境，还需结合产业结构调整，区域协同发展，产业链、创新链、资金链与人才链"四链"深度融合，科学技术创新，经济增长方式与经济发展，城市化与政府治理水平，制度与政策以及建设创新型国家等维度。

本报告认为，创新人才是运用创新战略决策进行创造性劳动，具备多元的科学知识、较强的技术能力、敢为人先的科学精神以及深厚的创新素养、较强的使命感和责任心，能够将创意、创造、发明转化为自主创新的实践，并对经济社会高质量发展做出重大贡献的人才。

（二）创新人才理论新发展

本部分依据创新人才发展的客观规律，基于内外互动的创新行为"发生—转化—结果"的逻辑，从"创新人才制度理论—创新人才流动理论—创新人才评价理论"角度，围绕创新人才"环境—行为—结果"环节进行理论分析，以期为深入实施新时代人才强国战略、加快建设世界重要人才中心和创新高地提供指导，形成具有中国特色的创新人才发展理论体系。

1. 创新人才制度理论

人才制度是指对人才资本创新价值实现过程进行管理约束的行动准则、办事规程和管理体制的总和，不仅包括硬制度的制定与执行，还包括软制度的形成及其与硬制度的融合。从广义层面来看，凡是与人才资本创新活动有所关联、影响人才资本私人收益与社会收益对比和行动决策的正式和非正式约束，都属于人才制度范畴。比如，专利法、知识产权制度的目标虽然是保护知识产权、保护专利发明，但其承载者为人才资本或用人主体；科技管理体制通过对科学技术研究活动进行规范进而影响人才资本成本收益的获得。从狭义层面来看，人才制度是对人才培养开发、评价发

现、选拔任用、流动配置、激励保障、引进使用等进行规范的准则和约
束等。①

一是人才强国战略。这是从国家层面对人才发展具有引导和约束作用
的总体规划,是通过提升人力资本来增强国家综合实力和国际竞争力的制
度安排,是最高层次的战略布局。人才强国战略在不同历史时期和社会发
展阶段有其特定的内涵。新时代人才强国战略的理论基石是马克思主义关
于人的自由而全面发展、人的需要以及人与环境关系理论等。毛泽东在革
命与建设实践中提出了人才全面素质、人才的战略观等有创造性的人才理
论。② 党的十一届三中全会后,邓小平强调"尊重知识、尊重人才""科
学技术是第一生产力"③,形成了人才战略的基本框架。党的十三届四中全
会后,江泽民提出"人才资源是第一资源",实施科教兴国战略,确立"四
个尊重"重大方针,为我国全面、系统实施人才战略提供了完整的思路。④
党的十六大以来,胡锦涛提出了实施人才强国战略,强调科学人才观与人才
优先发展的战略。⑤ 党的十八大以来,习近平站在新的历史起点上,做出
"聚天下英才而用之"⑥"发展是第一要务、人才是第一资源、创新是第一动
力"⑦"建立集聚人才体制机制"⑧ "坚持党管人才原则"⑨ "人才是实现民
族振兴、赢得国际竞争主动的战略资源"⑩ 等重要论述,丰富了人才发展理
论体系。党的二十大报告和中央人才工作会议指出,深入实施新时代人才强
国战略,加快建设世界重要人才中心和创新高地,为2035年基本实现社会

---

① 李勇:《人才制度体系与创新绩效关系研究》,博士学位论文,中共中央党校,2019。
② 吴江等:《人才强国战略概论》,党建读物出版社,2017,第2~3页。
③ 王先俊、张奇才、高正礼编著《当代中国的马克思主义——邓小平理论和"三个代表"重
要思想》,人民出版社,2005。
④ 本书编写组编《共产党人"心学"必修课:"三个为什么"100问》,人民出版社,2022。
⑤ 《胡锦涛文选》(第二卷),人民出版社,2016,第124页。
⑥ 《习近平关于社会主义政治建设论述摘编》,中央文献出版社,2017。
⑦ 习近平:《论把握新发展阶段、贯彻新发展理念、构建发展格局》,中央文献出版社,
2021,第409页。
⑧ 《十八大以来重要文献选编》(上),中央文献出版社,2014,第545页。
⑨ 《改革开放三十年重要文献选编》(下),人民出版社,2008,第1372页。
⑩ 《十九大以来重要文献选编》(上),中央文献出版社,2019,第45页。

主义现代化提供人才支撑，为 2050 年全面建成社会主义现代化强国打好人才基础。尤为重要的是，党的二十大报告强调，加快建设国家战略人才力量，努力培养造就更多大师、战略科学家、一流科技领军人才和创新团队、青年科技人才、卓越工程师、大国工匠、高技能人才。

二是制度环境与制度复杂性理论。制度环境具有复杂性、多变性。就提升企业创新水平而言，高质量的制度环境可以提高产权保护与金融发展水平，有利于企业创新能力的提升[1]；制度环境中的管制环境和规范环境会对国际创业产生正向影响。[2] 随着经济不断发展，中国将制度效能切实转化为治理效能，这在特定时空条件下能够极大促进经济发展和创新追赶。[3] 就激励人才创新效能而言，一方面，制度创新通过建立明晰的排他性产权（如专利制度），降低人才资本创新活动交易成本，提升创新绩效，最大限度地实现自身创新价值。另一方面，制度创新会改变企业家在经济活动中的成本收益对比情况，实现新的投资均衡，激励企业家增加社会投资，促进经济增长。此外，在中国不同区域，知识转移能通过正式制度环境与非正式制度环境对区域科技人才创新效能产生影响。[4]

此外，差异化的制度逻辑对个体和组织的影响形成制度复杂性。处于转型期的中国，具有动态演变且复杂的制度体系，如经济制度具有逻辑复杂性、层级复杂性及内容复杂性等，需要消除教育、财税、产业、科技、人力资源和社会保障等领域制度性障碍，持续进行制度创新。[5]

三是创新政策理论。创新政策通过作用于产业链、人才链与创新链，有

---

① 蔡地、万迪昉、罗进辉：《产权保护、融资约束与民营企业研发投入》，《研究与发展管理》2012 年第 2 期。

② 田毕飞等：《外商直接投资对东道国国际创业的影响：制度环境视角》，《中国工业经济》2018 年第 5 期。

③ 魏江、杨佳铭、陈光沛：《西方遇到东方：中国管理实践的认知偏狭性与反思》，《管理世界》2022 年第 11 期。

④ S. Chen, J. Sun, Y. Liang., "The Impact on Knowledge Transfer to Scientific and Technological Innovation Efficiency of Talents: Analysis based on Institutional Environment in China," *Technology Analysis & Strategic Management*, 2022, DOI: 10.1080/09537325.2022.2093710.

⑤ 何丽君：《中国建设世界重要人才中心和创新高地的路径选择》，《上海交通大学学报》（哲学社会科学版）2022 年第 4 期。

利于激发各类人才活力，提升企业创新效能。从企业维度来看，创新政策通过缓解融资约束、补偿创新外部性激励企业创新质量的提升。[1] 人才政策"背书"，一方面有利于企业接近政府资源，获得政府的创新补贴，另一方面能够提升企业的商业信用，便于企业获取创新所需的市场资源，进而促进企业创新。[2] 人才政策能够营造鼓励和支持创新的氛围，推动区域创新环境建设，并且能够清除人才在区域之间流动的障碍，加强区域人才培养和管理，促进区域知识和技术积累，提高区域创新效率和创新产出。[3] 从产业维度来看，产业创新政策可以为不同时期重点行业发展提供扶持资源，从而优化市场资源配置，[4] 尤其是重点行业的资源倾斜能够影响行业间人才需求结构，从而对劳动力就业、工资和劳动力市场结构进行调整。[5]

2.创新人才流动理论

创新人才流动理论主要从人才跨国迁移模式与影响因素两个方面进行分析。人才跨国迁移模式主要有人才流失、人才回流和人才环流。其中，人才流失和人才回流围绕接收国的收益和输出国的损失这一单向过程，泛指技术人才从较不发达国家或地区向较发达国家或地区的单向流动，认为这种单向流动对发展中国家（输出国）的经济社会发展造成损失；人才环流将人才流动视为一种双向过程，认为流出和返回输出国的科学家都会给输出国带来收益，改变了传统人才流动必然造成输出国损失的观点，更强调在流动过程中，知识和技术的传播扩散使输出国和接收国同时受益。

创新人才流动的影响因素有四个方面。一是教育因素。留学决策，一方

① 曹虹剑、赵雨、李姣：《"一带一路"倡议提升了中国先进制造业的创新能力吗?》，《世界经济研究》2021年第4期。

② 刘春林、田玲：《人才政策"背书"能否促进企业创新》，《中国工业经济》2021年第3期。

③ 薛楚江、谢富纪：《政府人才政策、人力资本与区域创新》，《系统管理学报》2022年第5期。

④ 江飞涛、李晓萍：《改革开放四十年中国产业政策演进与发展——兼论中国产业政策体系的转型》，《管理世界》2018年第10期。

⑤ 刘毓芸、程宇玮：《重点产业政策与人才需求——来自企业招聘面试的微观证据》，《管理世界》2020年第6期。

面源自流出地教育和就业机会的缺乏等"推动型"因素，另一方面源自流入地更为完善的教育体制、更加良好的社会经济条件等所谓"拉动型"因素。此外，不同地区进行教育政策改革，会影响高技能人才对子女教育的家庭决策，使他们产生迁移意愿，进而分别对流入地和流出地高技能劳动力比例产生影响。[1] 二是社会网络的匹配程度。人才流动过程中会考虑流入地和流出地的社会融入成本，以朋友、亲缘和学缘等关系为基础构建的社会网络可以降低人才流动中的成本与风险，从而吸引更多的人才流入。对于高被引华人科学家来说，其学缘网络会对其流动产生影响，其可能会更加愿意回到曾经学习的学校或城市工作，同时相同的研究集群对科学家有一定的吸引力。产业国家间技术互补尤其是高技术行业和中高技术行业的互补，能显著促进发明人才双向跨国流动，并且促进程度会受国家间文化差异、制度距离以及行业比较优势等因素的影响。[2] 三是人才集聚知识溢出效应。知识溢出是指创造的新知识和技术等被他人获取，但仅给予创造者较少或者没有给予其非竞争性知识市场成本。人才集聚能够降低信息共享成本，提升隐性知识传播效率，进而产生知识溢出效应。人才集聚产生的知识溢出效应会促进技术创新，进而推动经济增长。人才流动产生的知识扩散效应会促进知识在全球范围内实现共享和传播，从而提升国家与区域内的经济、科技与创新活力。通过跨国流动整合不同国家的信息与资源，不仅有助于基础科学研究领域的知识创新，还可以促进技术创新。人力资本对进口贸易的技术溢出效应具有显著促进作用。人才集聚的竞争效应会增强创新能力，提升创新效率。四是经济社会协同效应。舒适物驱动型迁移理论认为优质的人力资源更倾向于向生活舒适物较高的城市集聚，带动产业集聚，核心在于增强城市对人才的吸引力，使城市得到更好的发展。舒适物（如舒适的气候、安全和包容的社会环境等非经济因素）能够补偿经济社会的不足，是城市吸引高级人

---

[1]　王春超、叶蓓：《城市如何吸引高技能人才？——基于教育制度改革的视角》，《经济研究》2021 年第 6 期。

[2]　郑江淮、陈喆、康乐乐：《国家间技术互补变迁及其对发明人才跨国流动的影响——一个国际技术发现假说与检验》，《中国工业经济》2022 年第 4 期。

力资本的重要变量。人才倾向于聚集在多样化与包容度较高的地区，相对于单纯的技术平台，包容的氛围和对生活方式选择的尊重更能孕育出吸引并留住人才的环境。此外，高技术人才的个体迁移决策还受到流入地经济水平、工作机会平台、预期回报、基础设施、社会融合程度、社会公平程度以及人才心理内外部感知统一程度等经济类和社会类因素的影响。

3. 创新人才评价理论

新时代人才评价工作是实现科技创新发展的重要保证。人才评价是指通过工作考核、业绩考核、人才素质测评等方式对人才水平进行评价，即对人才所具备的能力进行评定。[①] 本报告认为在识人用人阶段围绕创新素质、创新能力、创新认知与创新价值等对创新人才进行评价，重点在于对贡献价值的认可、创新转化结果的关键载体和手段等。

一是创新人才素质理论。首先，创新人才需要具备有利于促进创新的多种意识，包括合作意识、竞争意识、开放意识、信息意识、超越意识、未来意识等；其次，能够在创新意识的激励下进行创新思维的多极开发；再次，能够打破时空限制，丰富的想象力是创新能力的核心和关键；最后，创新人才还需要有深厚的科学素养和人文素养，关注人的精神自由和道德的自我完善。[②]

二是创新人才创造力理论。从取向角度来看，创造力包括心理计量取向、精神分析取向、实用取向、认知取向、社会取向、神秘取向及融合取向等七个方面。[③] 创造力组成成分理论研究内容为专业知识和技能、创造力过程、任务动机、社会环境，该理论认为外部要素社会环境对个体创造力有重要影响，也对专业知识和技能、创造力过程、任务动机产生影响。

三是创新人才认知理论。社会学习理论认为个体学习过程是"行为—

① 萧鸣政、楼政杰、王琼伟：《中国人才评价的作用及十年成就与未来展望》，《中国领导科学》2022年第6期。

② 薛永武：《人才开发新论》，中国书籍出版社，2018。

③ J. S. Robert, I. L. Todd, *The Concept of Creativity: Prospects and Paradigms*, in J. S. Robert ed., Handbook of Creativity Cambridge: Cambridge University Press, 1999.

认知—环境"交互作用的结果。社会认知理论的主要观点为三元双向决定论，即认知、环境和行为这三类因素互为因果、彼此联系，对个体行为产生影响。① 社会认知过程拥有外显和内隐的过程，因此，人才个体在创新性活动中与他人有意和无意地相互认知、影响对方，并共同受到组织创新环境的影响，会进一步改变其创新动机与行为。②

四是创新人才价值理论。人才创新活动的结果是人才资本的创新价值，即创新绩效的专利、技术、知识产权等必须应用到经济活动当中，以产品或服务的形式予以体现，对经济增长做出贡献。学术界主要从企业微观和国家宏观两个层次对科技创新人才创新价值的评价展开研究。从企业微观层次，聚焦于人才创新绩效的影响因素。从人才心理和行为视角，以创新意愿、行为、能力、成果等各个角度构建了衡量科技人才创新绩效的指标体系。③ 从国家宏观层次，以劳动力成本和生产率、教育成就、技能人才和专家密度、技术进步和科研活动及知识经济构成等维度构建人力资源竞争力指标。④

五是创新人才激励理论。以往的人才激励问题研究较多围绕内容型激励与过程型激励，然而创新人才作为一种特殊的经济要素，在不同类型组织中的创新性表现形式和贡献度也各有不同，其创新活力与激励之间并不是简单直接的因果关系。因此，本部分围绕价值认同理论与积极情绪的拓展建构理论进行讨论。价值认同能使创新人才形成对于所在专业领域的职业使命感、对于所在组织的认同感以及对于国家的认同感⑤，提升创新人才不断开拓进取的内在动力，激励其职业目标与组织创新战略和国家根本利益保持高度一

---

① B. Albert, *Social Foundations of Thought and Action: A Social Cognitive Theory*, Albert Bandura Englewood Cliffs, New Jersey: Prentice Hall, 1986.

② 邵志芳、高旭辰：《社会认知》，上海人民出版社，2009，第15~16页。

③ 郭彩云、刘志强、曹秀丽：《科技创新人才创新绩效指标体系构建与评价——基于SPSS与隶属度转换算法》，《工业技术经济》2016年第4期。

④ 萧鸣政、应验、张满：《人才高地建设的标准与路径——基于概念、特征、结构与要素的分析》，《中国行政管理》2022年第5期。

⑤ Y. Guan, et al., "Theorizing Person-environment Fit in a Changing Career World: Interdisciplinary Integration and Future Directions," *Journal of Vocational Behavior* 126 (2021).

致。积极情绪是积极心理学的重要理论，强调情绪与思维的关系。体验积极
情绪有助于调动人才创新创业积极性，拓展人才认知、行动的范围，积累个
人资源，增强人才创新创业活力，促进人才职业成长。

二 中国创新人才发展环境与政策体系

（一）中国创新人才发展环境

为充分激发创新人才活力，开发创新人才成长潜能，营造有利于创新人
才发展的环境氛围，中国从创新人才的吸引、培养、激励到形成创新人才集
聚效应，注重为创新人才提供高质量的发展环境。从不同的创新人才梯队建
设来看，战略科学家重在引进，科技领军人才、青年科技人才、卓越工程师
重在培养，创新人才队伍则需要国家和用人单位主体进行双重激励，推动形
成创新人才集聚的发展环境。

1.中国创新人才的引才环境

（1）关键核心技术攻关新型举国体制下，以国家战略需求为导向的战
略科学家引才模式正在形成

关键核心技术攻关新型举国体制围绕国家战略需求，有利于优化配置创
新资源，强化国家战略科技力量。国家战略需求中的重大科学问题主要是基
础研究发展和科学前沿问题，聚焦提升中国基础研究自主创新能力。国家高
技术研究发展计划（863 计划）和国家重点基础研究发展计划（973 计划）
为战略科学家提供了大展才华的机会，吸引和培养了一大批两院院士、国家
杰出青年科学基金获得者、人才计划入选者、海外科学家等创新人才。作为
引领科技前瞻布局、带动重大领域创新的"关键少数"，战略科学家牵头组
建的人才队伍共同攻关完成了北斗导航、天河二号、"蛟龙"、国产大飞机
C919 等国家重大项目工程，铸就了"两弹一星"精神、西迁精神、载人航
天精神、科学家精神等，解决了中国在关键领域面临的部分核心技术"卡
脖子"问题。

（2）"揭榜挂帅"制度为吸引和选拔科技领军人才和创新团队提供创新型制度支持

"揭榜挂帅"制度，也称为"科技悬赏"制度，是一种以科研成果来兑现的科研经费投入体制，一般是为了解决社会中特定领域的技术难题。将关键核心技术项目张榜，把项目交到真正想干事、能干事、干成事的人手中，具有不论资质、不设门槛、选贤举能、惟求实效的特征。"揭榜挂帅"制度采用不设门槛、差额入围、平行竞争研发的形式，进行科研攻关。科研攻关不设门槛，面向全球招募揭榜者，拥有知识产权且社会信誉良好者，均有资格揭榜，由专家组为每个揭榜项目确定2~3个入围团队，每个入围团队获得启动奖金，平行开展研发攻关。采取灵活的形式对技术项目提出方和揭榜方进行奖励，为充分调动一线科研单位或个人响应揭榜项目征集的积极性，向成功入选项目池的项目提出单位或个人给予奖励，对揭榜并成功研发的单位或个人给予多种奖励和支持，如获得高额悬赏金、颁发获奖证书、推荐政府订单、搭桥投融资机构、免费宣传推广等。

（3）启动"优秀青年科学基金项目（海外）"吸引海外优秀青年人才

为进一步吸引海外优秀人才回国（来华）工作，国家自然科学基金委员会启动了"优秀青年科学基金项目（海外）"（简称"海外优青"）的申报推荐工作。海外优青旨在吸引和鼓励在自然科学、工程技术等方面已取得较好成绩的海外优秀青年学者（含非华裔外籍人才）回国（来华）工作，自主选择研究方向开展创新性研究，促进青年科学技术人才快速成长，培养一批有望进入世界科技前沿的优秀学术骨干，为科技强国建设贡献力量。

2. 中国创新人才的培养环境

（1）坚持基础研究人才自主培养，探索拔尖创新领军人才基础性培养模式

深入实施"中学生英才计划""强基计划""基础学科拔尖学生培养计划"，优化基础学科教育体系，发挥高校特别是"双一流"高校基础研究人才培养主力军作用。作为创新人才培养输出的主阵地，中国高等院校围绕拔尖创新领军人才培养展开了诸多有益探索，如2021年清华大学增设的"丘

成桐数学科学领军人才培养计划"，面向全球中学时期综合优秀并在数学方面有突出潜质的学生，北京大学的"元培学院"围绕拔尖创新领军人才进行基础性教育培养。

（2）"基础教育—高等教育—创新实践"贯通青年科技创新后备人才培养

国家层面，国务院印发《全民科学素质行动规划纲要（2021—2035年）》，提出开展英才计划、少年科学院、青少年科学俱乐部等工作，探索从基础教育到高等教育科技创新后备人才贯通的培养模式。地方政府层面，各地发布青年人才培养计划，北京市通过青年骨干个人项目、青年拔尖个人项目、青年拔尖团队项目支持青年科技人才的发展，上海市为青年人才制订了专门的培养计划——"扬帆计划"和"启明星计划"。用人单位主体层面，企业设立博士后科研工作站，承担国家战略性新兴产业发展、重大科技攻关和关键技术突破任务。

（3）加大高技能人才培养力度，深入实施"卓越工程师教育培养计划"

2022年，中共中央办公厅、国务院办公厅印发了《关于加强新时代高技能人才队伍建设的意见》，加大高技能人才培养力度。健全高技能人才培养体系，创新高技能人才培养模式，加大急需紧缺高技能人才培养力度，发挥职业学校培养高技能人才的基础性作用，扩大高技能人才培养资源和服务供给。2010年和2018年，教育部分别推出"卓越计划1.0"和"卓越计划2.0"。"卓越计划1.0"提出在10年内重点培养一批能力强、素质高的高质量工程技术人才，"卓越计划2.0"重点在于高等工程教育改革创新，建设中国特色、世界一流的工程教育体系。2022年，北京航空航天大学首届卓越工程师培养高峰论坛确定了清华大学等10家高校和中国航天科工集团有限公司等8家重点企业成为首批国家卓越工程师学院建设单位。

3. 中国创新人才的激励环境

国家最高荣誉体系、国家科学技术奖与民间科学奖共同激励创新人才。首先，国家最高荣誉体系是国家层面给予创新人才的最高荣誉激励。国家最高荣誉体系中的共和国勋章和国家荣誉称号于2019年首次评选颁授。共和国勋章主要授予为党、国家和人民事业做出巨大贡献、功勋卓著的杰出人士；国家荣誉称号主要授予在经济、社会、国防、外交、科技、文化、卫生、教育等各领域各行业做出重大贡献、享有崇高声誉的杰出人士，叶培建、吴文俊、南仁东、顾方舟和程开甲获"人民科学家"国家荣誉称号。其次，国家科学技术奖主要聚焦科技领域对创新人才实施激励，由国家最高科学技术奖、国家科学技术进步奖、国家自然科学奖、国家技术发明奖、国际科学技术合作奖组成。国家科学技术奖经历了控制数量、强化质量，面向外籍、持续开放，激励基础研究、重视原创成果的变化，建立了从阐明自然规律、重大技术发明、先进科学技术成果推广到科学技术前沿取得重大突破全方位的创新人才激励标准。最后，民间科学奖同样具备激励创新人才的重要作用。2016年中国第一个由科学家、企业家群体共同发起的民间科学奖——未来科学大奖设立。未来科学大奖关注原创性基础科学研究，奖励在中国取得杰出科技成果的科学家（不限国籍），设置"生命科学""物质科学""数学与计算机科学"三大奖项。作为首个民间科学奖，未来科学大奖更加关注基础科学研究，致力于实现基础科学研究问题的重大突破。

用人单位主体注重塑造自主化、市场化、差异化、灵活化的创新人才激励环境，精准激发创新人才活力。企业主体，以华为技术有限公司为例，长期坚持薪酬、股权、环境、晋升、文化等多种激励方式，以激励奋斗在不同岗位上并对企业做出杰出贡献的创新人才。企业人才激励问题也可以通过市场机制得到有效解决。科研机构主体，以东莞松山湖材料实验室为例，在保障创新人才资金投入的基础上，对实验室创新人才的子女教育、医疗、安居，境外人才的通关、签证，外籍人才是否需要长期居留等问题给予高度重视并着力解决，使实验室创新人才可以更聚焦事业。此外，实验室通过创新薪酬制定权限与职称评审权限释放人才创新活力。实验室对于科研项目拥有自主立项权，在人员管理上不定行政级别、不设工资总额限制，实行社会化用人制度和市场化薪酬制度，面向全球招聘人才，评价标准不"唯论文"、不"唯学历"，注重实际能力。

4. 中国创新人才的集聚环境

建设北京、上海和粤港澳大湾区高水平人才高地。2021年中央人才工作会议和党的二十大报告提出加快建设世界重要人才中心和创新高地，在北京、上海、粤港澳大湾区建设高水平人才高地。北京深入落实"十四五"北京国际科技创新中心建设人才支撑保障行动计划，着力构建空间、载体、领域、队伍"四位一体"人才发展格局。上海制定加快建设高水平人才高地的实施方案，出台支持浦东新区建设国际人才发展引领区的实施方案，先行先试一批创新举措。广东率先试点并实施外国人来华工作许可制度，初步建立了高效便捷的服务国内国际人才的管理机制，形成了一定的创新人才集聚规模优势。

推动"创新链—产业链—资金链—人才链"深度融合。"四链融合"的实质是知识、技术、能力、资金、人才、政策等要素的加快集聚并实现共享和互联互通，形成相互促进、相互作用的良性循环。产业链环节需要一大批具有创新精神的科学家、企业家、工程师等，形成一个完整的人才链来确保技术成果从创新链向产业链的转化；人才链环节需要具有使人才能够充分发挥作用的平台或载体。越来越多的国家重点实验室及院士工作站、博士后科研工作站、众创空间等创新创业示范园区成立，为推动科研成果转化积累人才，形成技术、项目一体化聚才新模式，营造了创新人才集聚的环境。

（二）中国创新人才政策体系

中国创新人才政策体系建设的关键，一是坚持"党管人才"的根本原则，在历史发展的不同时期始终坚持党对人才工作的领导，二是结合不同时期的发展特点，通过制定切合时代发展的创新人才政策，激发创新人才活力。

图1 中国创新人才政策演变

中国创新人才政策体系恢复适应期（1978~1984年）。1978年全国科学大会召开，邓小平同志强调科学技术是第一生产力，"四化"的关键是科学技术的现代化。高考恢复以来，创新人才政策更多关注创新人才的培养问题。1982年，教育部发布《关于招收攻读博士学位研究生的暂行规定》，开始培养第一批博士生，也标志着我国博士研究生教育进入了新的探索和发展阶段。

中国创新人才政策体系初步建立期（1985~1994年）。创新人才政策与研究机构自主权变化、科学技术成果转化、科技服务于经济建设等关系紧密。科技体制改革处于关键时期，1985年，中共中央《关于科学技术体制改革的决定》提出构建面向经济建设主战场、高技术研究与产业发展、基础研究与应用研究的格局。运行机制方面，改革拨款制度，推行科学基金制；国家重点项目实行计划管理方面，注重运用经济杠杆和市场调节，激发科学技术机构自我发展能力和动力；组织结构方面，促进研究机构、高等学校、企业之间的协作联合；人事制度方面，扭转对科学技术人员限制过多、人才不能合理流动、智力劳动得不到应有尊重的局面，营造人才辈出、人尽其才的良好环境。1994年，国务院批准设立国家杰出青年科学基金，选拔和培养优秀青年科技领军人才。国家杰出青学科学基金成功吸引和凝聚了一批高水平的青年学者，选拔和培育了众多学科领域的学术带头人，对于推动中国基础研究人才队伍的可持续发展发挥了重要作用，产出了一批具有重要影响力的研究成果，探索出了一条适合中国国情的高层次人才引进和培养道路。

中国创新人才政策体系持续完善期（1995~2005年）。教育与创新人才培养上升至国家战略层面。1995年，全国科学技术大会提出实施科教兴国战略，强调把经济建设转移到依靠科技进步和提高劳动者素质的轨道上来。党的十五届五中全会提出，要把培养、吸引和用好人才作为一项重大的战略任务切实抓好，努力建设一支宏大的、高素质的人才队伍。2001年发布的《中华人民共和国国民经济和社会发展第十个五年计划纲要》专章提出"实施人才战略，壮大人才队伍"，这是中国首次将人才战略确立为国家战略。

2002 年，《2002—2005 年全国人才队伍建设规划纲要》首次提出"实施人才强国战略"。2003 年，第一次全国人才工作会议通过《中共中央、国务院关于进一步加强人才工作的决定》，该决定指出"新世纪新阶段人才工作的根本任务是实施人才强国战略"，在推进中国特色社会主义伟大事业中，要把人才作为推进事业发展的关键因素，努力造就数以亿计的高素质劳动者、数以千万计的专门人才和一大批拔尖创新人才，建设规模宏大、结构合理、素质较高的人才队伍，开创人才辈出、人尽其才的新局面，使中国由人才大国转变为人才强国，大力提升国家核心竞争力和综合国力，完成全面建设小康社会的历史任务。

中国创新人才政策体系创新发展期（2006~2014 年）。知识产权、创新能力被提上国家战略议程，国家对创新人才提出新的要求。2007 年，人才强国战略作为发展中国特色社会主义的三大基本战略之一，被写进《中国共产党章程》和党的十七大报告。人才强国战略进入全面推进的新阶段。2010 年，第二次全国人才工作会议做出中国已经从人才资源相对匮乏的国家发展成为人才资源大国的判断。不过，人才发展总体水平与世界先进水平相比还有较大差距，与中国经济社会发展需要相比还有很多不适应的地方。会议部署了中国第一个中长期人才发展规划——《国家中长期人才发展规划纲要（2010—2020 年）》，确立了人才优先发展的战略布局。

中国创新人才政策体系深度优化期（2015—2022 年）。创新人才政策主要服务于创新型国家建设，增强自主创新能力。2016 年，中央出台了《关于深化人才发展体制机制改革的意见》，旨在进一步推动人才发展体制机制改革，最大限度地激发人才创新创造创业活力。2021 年中央人才工作会议强调加快建设国家战略人才力量，战略人才站在国际科技前沿、引领科技自主创新、承担国家战略科技任务，是支撑中国高水平科技自立自强的重要力量，要把建设战略人才力量作为重点来抓。大力培养使用战略科学家，培养大批一流科技领军人才和创新团队，造就规模宏大的青年科技人才队伍，培养大批卓越工程师。这段时期的人才政策坚持科技创新的"四个面向"，从创新链部署科技资源。在高新技术快速发展的形势下，需要培养更多面向经济主战场的职业技能人才。国际形势竞争激烈，产业技术面临"卡脖子"问题，高科技人才紧缺，全体系的科技人才培养成为科技发展的核心。2022 年，党的二十大报告提出加快实施创新驱动发展战略，加快实现高水平科技自立自强，以国家战略需求为导向，集聚力量进行原创性、引领性科技攻关，坚决打赢关键核心技术攻坚战，加快实施一批具有战略性、全局性、前瞻性的国家重大科技项目，增强自主创新能力。深入实施人才强国战略，坚持尊重劳动、尊重知识、尊重人才、尊重创造，完善人才战略布局，加快建设世界重要人才中心和创新高地，着力形成人才国际竞争的比较优势，把各方面优秀人才集聚到党和人民事业中来。

三　中国创新人才规模、结构与基本发展走势

本报告关注四类创新人才：两院院士、创新研究群体、优秀青年和杰出青年及高级技能人才。具体数据来源于中国科学院和中国工程院院士统计数据、国家自然科学基金委员会统计数据、《中国科技统计年鉴》、《中国劳动统计年鉴》、《中国工业统计年鉴》和国家统计局等权威渠道。本部分梳理与分析这四类人才的规模、结构与基本走势。

（一）中国创新人才规模分析

1.两院院士规模分析

两院院士增选工作每两年进行一次，最近一次增选工作于 2021 年完成。2021 年 11 月，中国科学院和中国工程院公布院士增选结果，新增两院院士共 149 人，其中中国科学院院士 65 人、中国工程院院士 84 人。中国工程院院士平均年龄 58 岁，中国科学院院士平均年龄 57.4 岁。此外，2021 年院士增选还选举产生中国科学院外籍院士 25 人，中国工程院外籍院士 20 人。截至 2022 年底，两院院士总人数为 1793 人，中国科学院共有院士 843 人、外籍院士 129 人，中国工程院共有院士 950 人、外籍院士 111 人。

2.创新研究群体规模分析

国家自然科学基金委员会每年设立创新研究群体项目,旨在支持优秀中青年科学家成为学术带头人和研究骨干,共同围绕一个重要研究方向合作开展创新研究。2020年,37个创新研究群体项目获得资助,资助直接费用为36010万元。2021年,国家自然科学基金共资助42个创新研究群体项目,资助直接费用为41400万元,资助数量和项目经费相比2020年有所提高。2022年,43个创新研究群体项目获得资助,资助数量相比2021年略有提高。

3.优秀青年和杰出青年规模分析

优秀青年科学基金项目和国家杰出青年科学基金项目①分别旨在支持在基础研究方面已取得较好成绩和突出成绩的青年学者自主选择研究方向开展创新研究。2020年,国家自然科学基金委员会共批准600人获得优秀青年科学基金项目资助,资助直接费用为72000万元,批准298人获得国家杰出青年科学基金项目资助,资助直接费用为116920万元。2021年,共批准620人获得优秀青年科学基金项目资助,资助直接费用为124000万元,批准314人获得国家杰出青年科学基金项目资助,资助直接费用为123320万元。2022年,630人获得优秀青年科学基金项目资助,415人获得国家杰出青年科学基金项目资助,获得资助的人数相较于2021年有所提高。

4.高级技能人才规模分析

人力资源和社会保障部将技能人才职称等级分为5类,从低到高依次为初级技能、中级技能、高级技能、技师、高级技师。高级技师能够熟练运用专门技能和特殊技能在本职业的各个领域完成复杂的、非常规性的工作;熟练掌握本职业的关键技术技能,能够独立处理和解决技术和工艺难题;在技术攻关和工艺革新方面有创新;能组织开展技术改造、技术革新活动;能组织开展系统的专业技术培训;具有技术管理能力。高级技师应在技术密集、工艺复杂的行业中具有高超技能并做出突出贡献的技师中考评、聘任。

---

① 为行文方便,有时分别简称"优秀青年"和"杰出青年"。

2018~2020 年，我国获得高级技师职业资格证书①的人数分别为 75595 人、78305 人和 60048 人，分别占当年获得职业资格证书总人数的 0.8%、0.9% 和 0.7%。这说明我国高级技能人才总体规模较小。

（二）中国创新人才结构分析

1. 两院院士结构分析

本部分从 2021 年新增院士所在学部、研究方向与《国家自然科学基金"十四五"发展规划》中优先发展领域（以下简称"十四五"优先发展领域）的匹配度、性别、所在地区和所属单位类型对两院院士的结构进行分析。

（1）学部

中国科学院共有 6 个学部，分别是数学物理学部、化学部、生命科学和医学学部、地学部、信息技术科学部和技术科学部；中国工程院共有 9 个学部，分别是机械与运载工程学部，信息与电子工程学部，化工、冶金与材料工程学部，能源与矿业工程学部，土木、水利与建筑工程学部，环境与轻纺工程学部，农业学部，医药与卫生学部和工程管理学部。根据两院院士章程，在院士增选名额及其分配保持基本稳定的前提下，学部主席团根据学科布局和学科发展趋势，确定各学部具体的增选人数。

如图 2 和图 3 所示，从院士人数的分布来看，中国科学院院士人数占比较高的学部是数学物理学部（18%）、生命科学和医学学部（18%）和技术科学部（18%），而中国工程院院士人数占比较高的学部是机械与运载工程学部（14%）和信息与电子工程学部（14%）。总体而言，院士人数在中国科学院和中国工程院各学部的分布较为平均。

从 2021 年新增院士的分布情况来看，中国科学院新增院士人数占比较高的是技术科学部（20%），其次是数学物理学部（18%）和化学部（17%）；中国工程院新增院士人数占比较高的是机械与运载工程学部（13%）和医药与卫生学部（13%）。总体而言，新增院士在两院各学部的分布较为平均。

① 为行文方便，有时简称"高级技师"。

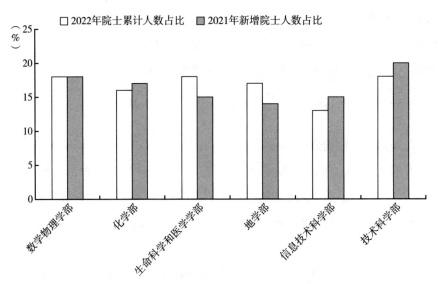

图2 中国科学院院士分学部占比情况

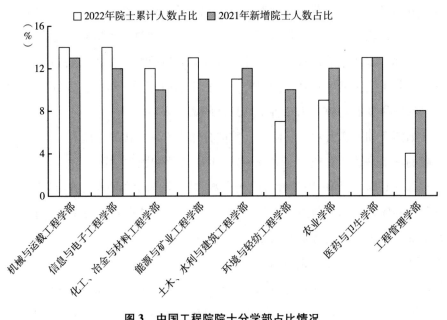

图3 中国工程院院士分学部占比情况

（2）研究方向与"十四五"优先发展领域的匹配度

2022年11月，《国家自然科学基金"十四五"发展规划》公布了115

个优先发展领域。本部分研究了 2021 年新增中国科学院院士研究方向与"十四五"优先发展领域的契合性，发现43%的新增院士的研究方向十分符合"十四五"优先发展领域，也有一部分研究方向有待探索（见图4）。今后在院士评选中，需要考虑参选者的研究方向与"十四五"优先发展领域的匹配性，这更加符合国家的战略布局。

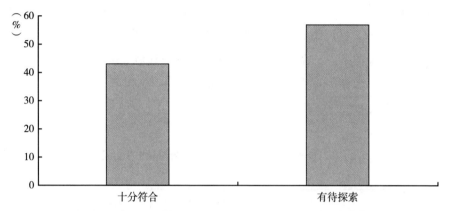

图4　2021 年新增中国科学院院士研究方向与"十四五"优先发展领域的关系

（3）性别

如图5所示，从性别来看，2021 年新增院士中，男性占比为93%，女性占比为7%。这说明，新增院士中女性占比较低，今后应该稳步提高女性院士的占比。

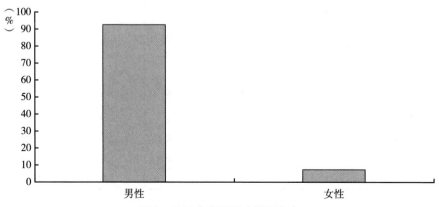

图5　2021 年新增院士性别分布

（4）地区

如表 1 所示，从新增院士所在地区来看，2021 年新增院士人数最多的是北京，占比为 37%；其次是江苏和上海，占比分别为 10% 和 8%；之后是湖北、陕西、天津、黑龙江、浙江、湖南、广东、四川和甘肃，数量占比为 3%~5%。另外，有 5 个省区没有新增院士，包括山西、内蒙古、海南、西藏和青海。总体而言，新增院士集中分布在北京、江苏和上海，三个省市累计占比为 55%，这说明北京、江苏和上海具备一定的建设世界重要人才中心和创新高地的条件，在科学家数量方面相较于其他地区具有明显的优势，且能够发挥科学家在科技创新和人才培养方面的引领作用，这符合我国的人才政策和科技创新发展战略。

表 1   2021 年全国 31 个省（区、市）新增院士人数及占比

单位：人，%

省(区、市)	人数	占比	省(区、市)	人数	占比
北　京	55	37	湖　北	8	5
天　津	4	3	湖　南	5	3
河　北	1	1	广　东	4	3
山　西	0	0	广　西	1	1
内蒙古	0	0	海　南	0	0
辽　宁	1	1	重　庆	1	1
吉　林	1	1	四　川	5	3
黑龙江	4	3	贵　州	1	1
上　海	12	8	云　南	3	2
江　苏	15	10	西　藏	0	0
浙　江	5	3	陕　西	7	5
安　徽	3	2	甘　肃	4	3
福　建	2	1	青　海	0	0
江　西	1	1	宁　夏	1	1
山　东	2	1	新　疆	2	1
河　南	1	1	全　国	149	100

如图 6 所示，如果将我国划分为东部、中部、西部三个地区，2021 年新增院士相对集中分布在东部地区，占比为 68%，其次是西部地区，占比为 17%，中部地区占比为 15%。东部地区经济发展水平较高，新增院士分布较为集中，这符合我国建设世界重要人才中心和创新高地的需要，有利于发挥战略科技人才对创新发展的引领作用。

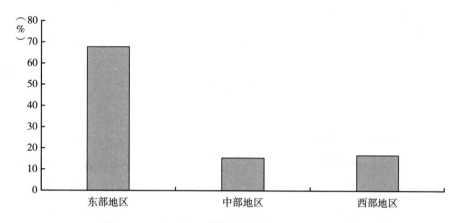

图 6　2021 年东部、中部和西部地区新增院士占比

（5）单位类型

如图 7 所示，从新增院士所属单位类型来看，2021 年新增院士最多的是双一流高校，占比为 51%，其次是科研院所，占比为 46%，最后是非双一流高校，占比为 3%。这说明，新增院士在单位分布上存在不均衡的情况，双一流高校和国内知名科研院所新增院士相对比较集中，这说明今后应促进战略科技人才与教育、科技资源的均衡匹配。

2.创新研究群体结构分析

本部分从 2021 年新增创新研究群体所在学部对创新研究群体的结构进行分析。由于国家自然科学基金委员会仅公布了 2019 年及以前的创新研究群体负责人姓名和研究方向，[①] 因此，本部分以 2019 年新增创新研究群体

---

① 《2019 年度创新研究群体项目资助情况》，国家自然科学基金委员会网站，https：//www. nsfc. gov. cn/publish/portal0/ndbg/2019/02/info78258. htm。

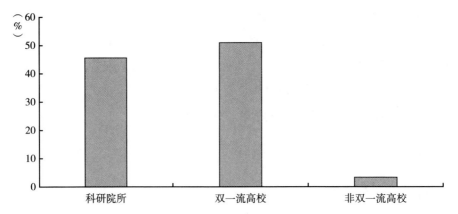

图 7　2021 年不同单位新增院士占比

为例，从创新研究群体所在学部、研究方向与"十四五"优先发展领域的匹配度、性别、所在地区和所属单位类型等方面进行结构分析。需要注意的是，国家自然科学基金的评审学部与两院学部不同，前者包括 9 个学部，分别是数学物理科学部、化学科学部、生命科学部、地球科学部、工程与材料科学部、信息科学部、管理科学部、医学科学部和交叉科学部。因此，本报告提到的创新研究群体和杰出青年所在学部不同于两院院士所在学部。

（1）学部

如图 8 所示，2021 年获得创新研究群体项目资助数量最多的是工程与材料科学部，数量和经费占比均为 14%。其次是数学物理科学部、化学科学部、生命科学部、地球科学部、信息科学部和医学科学部，数量和经费占比均为 12%。此外，交叉科学部创新研究群体数量和经费占比均为 10%。创新研究群体数量最少的是管理科学部，占比为 5%。

本报告对 115 个"十四五"优先发展领域进行编码，将其划分到不同学部。结果显示，"十四五"优先发展领域在不同学部的分布情况为：数学物理科学部（17%）、化学科学部（8%）、生命科学部（14%）、地球科学部（10%）、工程与材料科学部（11%）、信息科学部（10%）、管理科学部（13%）、医学科学部（15%）和交叉科学部（3%）。将创新

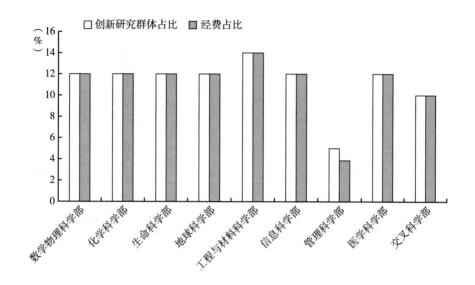

图8　2021年创新研究群体数量和经费分学部占比情况

研究群体研究方向和与"十四五"优先发展领域所在的学部进行对比，可以发现管理科学部创新研究群体占比略低于其优先发展领域占比，而交叉科学部创新研究群体占比略高于其优先发展领域占比。这说明，创新研究群体数量在基础科学部之间的分布较为平衡。

（2）研究方向与"十四五"优先发展领域的匹配度

图9比较了2019年创新研究群体研究方向与"十四五"优先发展领域的契合性。结果显示，有近40%的创新研究群体的研究方向十分符合"十四五"优先发展领域。这说明，科技领军人才及其创新团队正与"十四五"优先发展领域相互协调。

（3）性别

如图10所示，从性别来看，2019年创新研究群体负责人中，男性占比为93%，女性占比为7%。这说明，创新研究群体负责人在性别分布上并不均衡，男性占比较高，女性占比较低，今后应稳步提高女性创新研究群体负责人的比例。

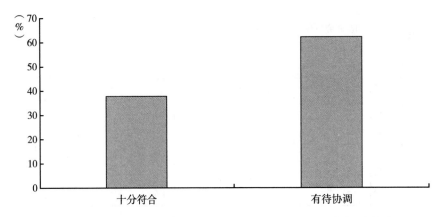

图9 2019 年创新研究群体研究方向与"十四五"优先发展领域的关系

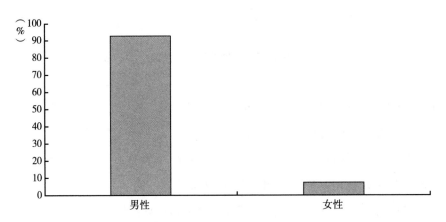

图10 2019 年创新研究群体负责人性别分布

（4）地区

如表2所示，从创新研究群体所在地区来看，2019 年获得创新研究群体项目资助数量最多的是北京，占比为 42%；其次是江苏和上海，占比分别为 18% 和 9%；之后是天津、广东、湖北、四川、福建、安徽、湖南、重庆、辽宁，数量占比为 2%~7%。除此之外的 19 个省（区、市）未获得创新研究群体项目资助。创新研究群体集中分布在北京和江苏，两个省市占比累计为 60%，这符合我国建设高水平人才高地的需要，有利于发挥率先引领高水平人才高地建设的作用。

表2 2019年全国31个省（区、市）创新研究群体数量及占比

单位：人，%

省（区、市）	数量	占比	省（区、市）	数量	占比
北　京	19	42	内蒙古	0	0
天　津	3	7	广　西	0	0
河　北	0	0	重　庆	1	2
上　海	4	9	四　川	2	4
江　苏	8	18	贵　州	0	0
浙　江	0	0	云　南	0	0
福　建	1	2	西　藏	0	0
山　东	0	0	陕　西	0	0
广　东	2	4	甘　肃	0	0
海　南	0	0	青　海	0	0
山　西	0	0	宁　夏	0	0
安　徽	1	2	新　疆	0	0
江　西	0	0	辽　宁	1	2
河　南	0	0	吉　林	0	0
湖　北	2	4	黑龙江	0	0
湖　南	1	2	全　国	45	100

如图11所示，2019年创新研究群体数量最多的是东部地区，占比为84%，其次是中部地区，占比为9%，西部地区占比为7%。从区域角度看，创新研究群体集中在我国经济社会较发达的东部地区，中部和西部地区占比较低。

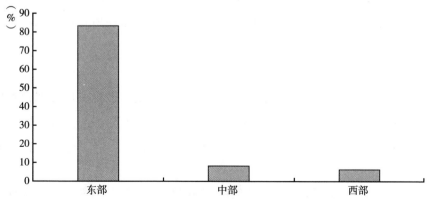

图11 2019年东部、中部和西部地区创新研究群体分布

（5）单位类型

如图 12 所示，从创新研究群体所属单位类型看，2019 年获得创新研究群体项目资助最多的是双一流高校，占比为 60%，其次是科研院所，占比为 33%，最后是非双一流高校，占比为 7%。这说明，创新研究群体所属单位主要集中在双一流高校和科研院所。

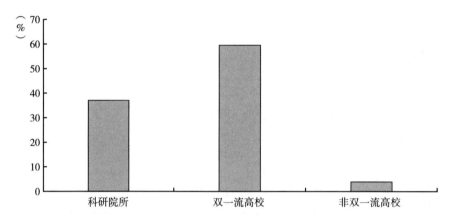

图 12　2019 年不同单位创新研究群体占比

3. 优秀青年和杰出青年结构分析

本部分从 2021 年新增优秀青年和杰出青年所在的学部对两个群体的结构进行了分析。由于国家自然科学基金委员会仅公布了 2019 年及以前的杰出青年信息，[①] 本部分以 2019 年新增杰出青年为例，从杰出青年所在学部、研究方向与"十四五"优先发展领域的匹配度、性别、所在地区和所属单位类型等方面进行结构分析。

（1）学部

由于不同学部的优秀青年和杰出青年人数占比和经费占比类似，本部分仅分析人数占比。2021 年优秀青年（总人数 620 人）人数最多的是工程与材料科学部，占比为 18%；其次是信息科学部，占比为 15%；优秀

---

① 《2019 年度国家杰出青年科学基金项目资助情况》，国家自然科学基金委员会网站，https://www.nsfc.gov.cn/publish/portal0/ndbg/2019/02/info78257.htm。

青年人数最少的是交叉科学部和管理科学部，占比分别为 4% 和 3%。2021 年杰出青年人数最多的是工程与材料科学部，占比为 18%；其次是化学科学部和信息科学部，占比均为 14%；人数最少的是管理科学部（3%）和交叉科学部（4%）。《国家自然科学基金"十四五"发展规划》中，涉及管理科学领域的主题共 15 个，占所有主题的 13%。这说明优秀青年和杰出青年在基础科学学部的分布较为均衡，管理科学部的优秀青年和杰出青年有待遴选。

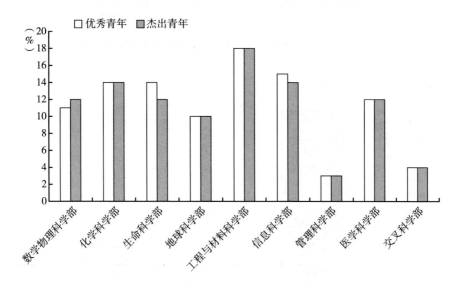

图 13　2021 年优秀青年和杰出青年分学部占比

（2）研究方向与"十四五"优先发展领域的匹配度

如图 14 所示，2019 年杰出青年中，一部分研究方向十分符合"十四五"优先发展领域，也有一部分研究领域有待探索。

（3）性别

如图 15 所示，从 2019 年杰出青年的性别来看，男性占比为 89%，女性占比为 11%。

（4）地区

如表 3 所示，从杰出青年所在地区来看，2019 年杰出青年最多的是北

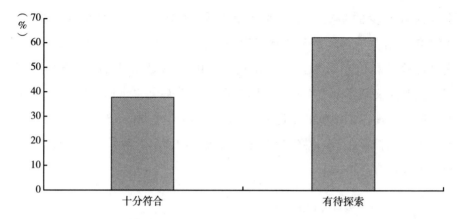

图14　2019年杰出青年研究方向与"十四五"优先发展领域的关系

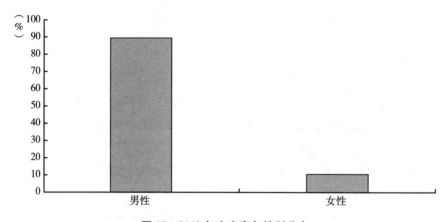

图15　2019年杰出青年性别分布

京，占比为36%；其次是上海，占比为14%；之后是江苏、广东、安徽、湖北，占比为5%~8%。这说明，杰出青年相对集中分布在北京、上海和粤港澳大湾区。

如图16所示，2019年杰出青年最多的是东部地区，占比为78%，其次是中部地区，占比为15%，而西部地区占比为6%。我国杰出青年集中在东部地区，中部和西部地区的杰出青年明显较少，地区分布不均衡。

表 3　2019 年全国 31 个省（区、市）杰出青年人数及占比

单位：人，%

省（区、市）	人数	占比	省（区、市）	人数	占比
北　京	106	36	湖　北	14	5
天　津	12	4	湖　南	5	2
河　北	1	0	广　东	18	6
山　西	2	1	广　西	0	0
内蒙古	0	0	海　南	0	0
辽　宁	9	3	重　庆	4	1
吉　林	5	2	四　川	6	2
黑龙江	3	1	贵　州	0	0
上　海	40	14	云　南	1	0
江　苏	24	8	西　藏	0	0
浙　江	12	4	陕　西	6	2
安　徽	14	5	甘　肃	2	1
福　建	7	2	青　海	0	0
江　西	1	0	宁　夏	0	0
山　东	3	1	新　疆	0	0
河　南	1	0	全　国	296	100

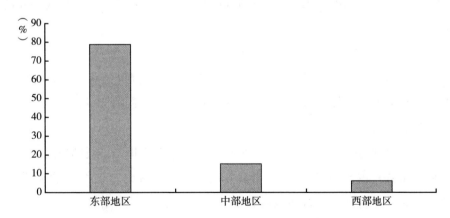

图 16　2019 年东部、中部和西部地区杰出青年占比

（5）单位类型

如图 17 所示，从杰出青年所属单位类型来看，2019 年杰出青年最多的

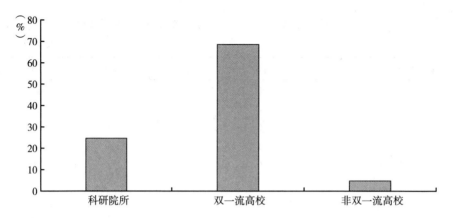

图17　2019 年不同单位杰出青年占比

是双一流高校，占比为 69%，其次是科研院所，占比为 25%，最后是非双一流高校，占比为 5%。这说明杰出青年主要集中在双一流高校和科研院所。

4. 高级技能人才结构分析

考虑到数据的可得性，[①] 本部分从 2020 年新增高级技师的证书类型（从属于地方或行业）和地区（省份和区域）两个方面，对高级技能人才进行结构分析。

（1）证书类型

2020 年，从属于行业的高级技师为 5483 人，占高级技师总人数的 9%，从属于地方的高级技师为 54565 人，占高级技师总人数的 91%。

（2）地区

表4 呈现的是 2020 年全国 31 个省（区、市）新增高级技师情况。湖北高级技师数量占比最高，为 8.3%。其次为天津，占比为 3.8%。随后是辽宁和北京，两省（市）高级技师数量占比分别是 2.3% 和 2.2%。

---

① 关于高级技能人才相关数据，可获得的最新权威数据年份为 2020 年。参见国家统计局人口和就业统计司、人力资源和社会保障部规划财务司编《中国劳动统计年鉴 2021》，中国统计出版社，2021。

表4 2020年全国31个省（区、市）新增高级技师人数及占比

单位：人，%

地区	获得职业资格证书人数	高级技师人数	高级技师占比	地区	获得职业资格证书人数	高级技师人数	高级技师占比
北　京	16673	359	2.2	湖　北	163253	13589	8.3
天　津	67389	2548	3.8	湖　南	435247	1071	0.2
河　北	421691	937	0.2	广　东	317115	2267	0.7
山　西	187045	816	0.4	广　西	356222	513	0.1
内蒙古	108942	1765	1.6	海　南	38433	42	0.1
辽　宁	149323	3438	2.3	重　庆	262302	611	0.2
吉　林	35878	393	1.1	四　川	408104	1386	0.3
黑龙江	94221	212	0.2	贵　州	89099	361	0.4
上　海	77436	869	1.1	云　南	487532	961	0.2
江　苏	731378	2488	0.3	西　藏	19346	1	0.0
浙　江	516660	5818	1.1	陕　西	33112	427	1.3
安　徽	526162	739	0.1	甘　肃	160943	228	0.1
福　建	148464	570	0.4	青　海	20730	23	0.1
江　西	103988	461	0.4	宁　夏	56489	128	0.2
山　东	1001969	7451	0.7	新　疆	143247	2139	1.5
河　南	508776	1954	0.4	全　国	7687169	54565	0.7

各省份高级技师的数量差异与该地是否有国家级制造业创新中心有关。2016～2020年，我国组建了17家国家级制造业创新中心，分布在12个省（区、市）。例如，位于湖北省武汉市光谷产业区的国家信息光电子创新中心和国家数字化设计与制造创新中心，位于北京市怀柔区雁栖经济开发区的国家动力电池创新中心，位于辽宁省沈阳自动化研究所的国家机器人创新中心。2021～2022年，我国新增9家国家级制造业创新中心，至此全国共有26家国家级制造业创新中心。

以2020年为例，拥有国家级制造业创新中心的省份（北京、上海、江苏、山东、广东、江西、河南、湖北、湖南、内蒙古、陕西、辽宁）新增高级技师占新增技师的比重为1.0%，而没有国家级制造业创新中心的省份新增高级技师占比为0.5%，前者占比是后者的2倍。相较于没有国家级制造业

创新中心的省份，拥有国家级制造业创新中心的省份新增高级技师占比更高，这反映了国家级制造业创新中心对高级技能人才的培养和集聚具有促进作用。

如图 18 所示，2020 年，我国东部地区高级技师人数最多，共 26787 人，占比为 49%；其次是中部地区 19235 人，占比为 35%；最后是西部地区 8543 人，占比为 16%。可见，我国新增高级技能人才主要集中在东部和中部地区，两地区高级技师占比合计 84%。

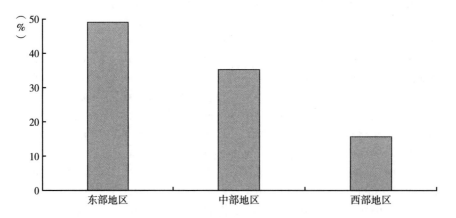

图 18 2020 年东部、中部和西部地区高级技师人数占比

从 2020 年各地区第二产业产值占 GDP 比重来看，西部地区最高（44%），中部地区次之（38%），东部地区最低（34%），这与 2020 年各地区新增高级技师占新增技师的比重正好相反。这说明，我国需要推动实现各地区的高级技能人才与产业的动态匹配。

（三）中国创新人才基本发展走势

1. 两院院士基本发展走势

（1）总体走势

图 19 刻画了两院院士规模变化情况。2013～2022 年，两院院士规模整体呈线性增长趋势，总规模由 1552 人增加到 1793 人，增幅近 16%，中国工程院院士的增幅（18%）略高于中国科学院院士增幅（12%）。

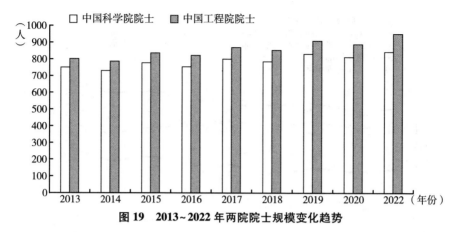

图19　2013~2022年两院院士规模变化趋势

说明：2013~2020年两院院士累计数据来自《中国科技统计年鉴》，暂时未公布2021年两院院士数据；2022年两院院士数据来自中国科学院和中国工程院网站的院士统计报告。故图中没有2021年数据。

（2）分学部走势

图20、图21分别刻画了不同学部的两院院士规模变化趋势。2013~2022年，中国科学院各学部院士规模增幅最大的是信息技术科学部（20%），增幅最小的是化学部（5%）。2013~2022年，中国工程院各学部院士规模增幅最大的是环境与轻纺工程学部（45%），增幅较小的是工程管理学部（-13%）和土木、水利与建筑工程学部（2%）。

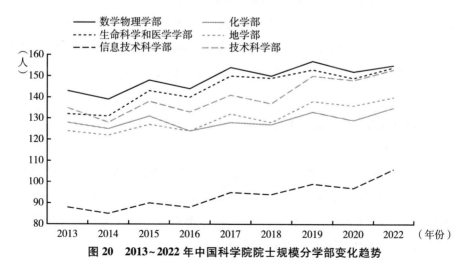

图20　2013~2022年中国科学院院士规模分学部变化趋势

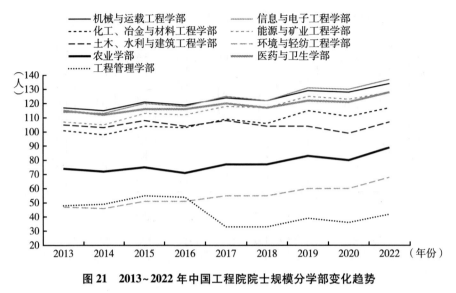

图21　2013～2022年中国工程院院士规模分学部变化趋势

近年来，我国政府特别重视环境科学和信息技术的发展。在环境科学方面，习近平主席在2020年第75届联合国大会上宣布中国力争2030年前实现二氧化碳排放达到峰值（碳达峰），努力争取2060年前实现碳中和。2021年以来，围绕"双碳"目标，我国在产业布局方面进行了一系列调整，颁布了重点领域和行业的配套政策，达成"双碳"目标需要环境科学的助力。另外，在信息技术方面，《国家自然科学基金"十四五"发展规划》优先发展领域中多次涉及人工智能等信息技术，并特别强调人工智能在化工、制造业、医学、经济和社会发展方面的重要作用，可见信息技术备受国家重视。大力发展环境科学和信息技术符合我国"双碳"目标和"十四五"优先发展领域的战略布局。

2. 创新研究群体发展基本走势

（1）总体走势

图22刻画了2013～2022年国家自然科学基金资助的创新研究群体规模变化情况。2013～2022年，全国创新研究群体数量从29人上升到43人，增幅达48%。这说明，2013～2022年，国家在稳步扩大创新研究群体的规模，可以预期，获得资助的创新研究群体数量将稳步增加。

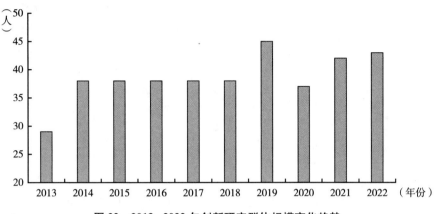

图 22　2013~2022 年创新研究群体规模变化趋势

（2）分地区走势

表 5 呈现了 2013~2019 年全国 31 个省（区、市）创新研究群体数量分布情况。创新研究群体主要集中在北京，其次是上海和江苏，这三个省（市）的创新研究群体数量占历年全国创新研究群体的 50% 及以上；另外，吉林、黑龙江、河南、云南、甘肃这 5 个省在 2013~2019 年分别共主持过 2 个创新研究群体项目。值得注意的是，河北、内蒙古、江西、广西、海南、贵州、西藏、青海、宁夏、新疆这 10 个省（区）在 2013~2019 年没有创新研究群体。这说明，创新研究群体集中于北京、上海和江苏，这种趋势在 2013~2019 年保持不变，符合我国世界重要人才中心和创新高地建设的要求，即科学家丰富和科研成果丰富，需要继续强化这种优势。

表 5　2013~2019 年全国 31 个省（区、市）创新研究群体数量分布

单位：人

省（区、市）	2013 年	2014 年	2015 年	2016 年	2017 年	2018 年	2019 年	累计
北　京	16	19	14	12	11	13	19	104
天　津	0	1	0	1	1	0	3	6
河　北	0	0	0	0	0	0	0	0
山　西	0	0	0	0	0	1	0	1
内蒙古	0	0	0	0	0	0	0	0

续表

省(区、市)	2013 年	2014 年	2015 年	2016 年	2017 年	2018 年	2019 年	累计
辽　宁	3	2	0	1	1	2	1	10
吉　林	0	0	0	1	1	0	0	2
黑龙江	0	0	2	0	0	0	0	2
上　海	1	7	6	6	7	5	4	36
江　苏	0	1	2	2	1	2	8	16
浙　江	2	0	0	4	2	1	0	9
安　徽	1	1	2	2	3	3	1	13
福　建	0	0	1	0	2	0	1	4
江　西	0	0	0	0	0	0	0	0
山　东	0	1	0	0	0	2	0	3
河　南	0	0	1	1	0	0	0	2
湖　北	1	0	2	1	3	5	2	14
湖　南	1	0	1	1	0	0	1	4
广　东	1	1	4	2	2	2	2	14
广　西	0	0	0	0	0	0	0	0
海　南	0	0	0	0	0	0	0	0
重　庆	0	1	0	0	1	1	1	4
四　川	1	1	1	1	1	1	2	8
贵　州	0	0	0	0	0	0	0	0
云　南	1	0	1	0	0	0	0	2
西　藏	0	0	0	0	0	0	0	0
陕　西	1	3	0	2	2	0	0	8
甘　肃	0	0	1	1	0	0	0	2
青　海	0	0	0	0	0	0	0	0
宁　夏	0	0	0	0	0	0	0	0
新　疆	0	0	0	0	0	0	0	0
全　国	29	38	38	38	38	38	45	264

　　图 23 刻画了东部、中部、西部地区创新研究群体规模变化趋势。2013~2019 年，东部地区创新研究群体增加了 65%，中部地区增加了 33%，西部地区整体没有增加。这说明，东部地区创新研究群体规模一直处于领先地位。

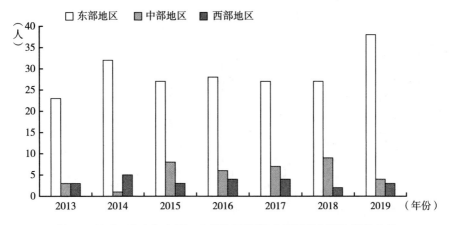

图 23 2013~2019 年东部、中部和西部地区创新研究群体数量变化

上述趋势符合我国各地区经济发展水平，即东部地区经济发展水平最高，中部地区次之，西部地区经济发展水平较低。这也符合我国人力资本的分布情况，即东部地区人力资本存量高于中部地区，而西部地区人力资本存量较低。上述结果说明，创新研究群体集中在东部地区，中部地区创新研究群体规模快速增长，符合我国不同地区经济发展水平和人力资本的分布特征。

（3）分单位类型走势

图 24 刻画了 2013~2019 年不同单位创新研究群体数量变化，来自科研院所的创新研究群体从 11 人增加到 15 人，增加了 36%，来自双一流高校的创新研究群体从 18 人增加到 27 人，增加了 50%，来自非双一流高校的创新研究群体从 0 人增加到 3 人，并在 0~3 人范围波动。这说明，双一流高校和科研院所的创新研究群体规模一直处于领先地位。

3. 优秀青年和杰出青年发展基本走势

（1）总体走势

图 25 刻画了我国优秀青年和杰出青年人数的变化趋势。2013~2022 年，优秀青年从 399 人增至 630 人，增加了 58%。具体而言，2013~2018 年，每年获得资助的优秀青年稳定在 400 人左右；2018~2019 年，获得资助的优秀青年

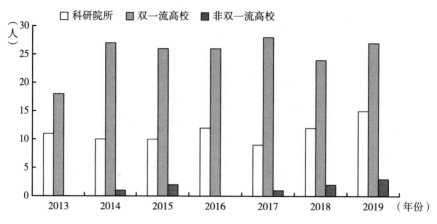

图 24　2013~2019 年不同单位创新研究群体数量变化

增加 200 人；2020~2022 年，获得资助的优秀青年人数虽有所波动，但整体增加至 630 人。2013~2022 年，杰出青年人数增幅高达 110%。具体而言，2013~2017 年，杰出青年均为 198 人；2018~2019 年，杰出青年从 199 人增加至 296 人，此后继续增加到 2022 年的 415 人。这说明，近 10 年，国家持续加大对优秀青年和杰出青年的资助力度，杰出青年人数增加了一倍，优秀青年人数增加了近六成。

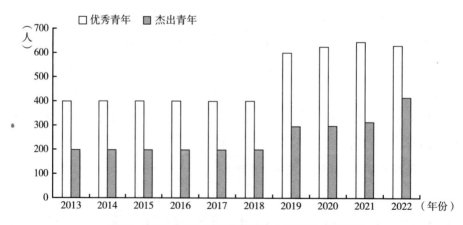

图 25　2013~2022 年优秀青年和杰出青年数量变化

从 2019 年起，优秀青年和杰出青年规模显著增加，这是因为 2019 年，国家自然科学基金委员会为了进一步满足基础研究优秀人才培养需求，将优秀青年和国家杰出青年科学基金项目的资助规模分别扩大了 200 项和 100 项。另外，国家自然科学基金委员会为了落实国务院《政府工作报告》要求，宣布在国家杰出青年科学基金中试点项目经费使用"包干制"，即实行项目负责人承诺制，赋予科研人员更大的经费使用自主权。扩大对优秀青年和杰出青年的资助规模，有利于发掘更多的青年创新人才，加强早期培育，更好地识别人才和留住人才，激发他们的科研潜力。

（2）分地区走势

表 6 呈现了 2013～2019 年全国 31 个省（区、市）杰出青年分布情况。杰出青年在地区分布上主要集中在北京，其次是上海和江苏。

表6　2013～2019 年全国 31 个省（区、市）杰出青年分布

单位：人

省（区、市）	2013 年	2014 年	2015 年	2016 年	2017 年	2018 年	2019 年	累计
北　京	71	81	58	81	78	73	106	548
天　津	6	4	8	5	3	8	12	46
河　北	0	0	1	0	0	1	1	3
山　西	0	1	1	0	0	1	2	5
内蒙古	0	0	0	0	0	0	0	0
辽　宁	8	6	9	3	5	5	9	45
吉　林	3	2	5	3	4	3	5	25
黑龙江	2	1	4	2	2	4	3	18
上　海	30	28	24	27	38	24	40	211
江　苏	13	15	18	12	14	17	24	113
浙　江	5	5	12	9	9	6	12	58
安　徽	8	5	8	8	9	6	14	58
福　建	5	4	3	3	1	2	7	25
江　西	0	1	1	1	0	1	1	5
山　东	6	5	6	3	1	2	3	26
河　南	0	0	0	0	0	1	1	2
湖　北	9	8	11	13	12	11	14	78

续表

省（区、市）	2013 年	2014 年	2015 年	2016 年	2017 年	2018 年	2019 年	累计
湖　南	2	2	3	4	5	3	5	24
广　东	10	14	8	8	6	11	18	75
广　西	0	0	1	0	0	0	0	1
海　南	0	0	0	0	0	1	0	1
重　庆	2	3	2	4	2	3	4	20
四　川	7	3	5	5	3	4	6	33
贵　州	0	3	0	1	0	0	0	4
云　南	4	0	2	0	1	0	1	8
西　藏	0	0	0	0	0	0	0	0
陕　西	6	5	7	6	5	7	6	42
甘　肃	1	1	1	0	0	5	2	10
青　海	0	0	0	0	0	0	0	0
宁　夏	0	0	0	0	0	0	0	0
新　疆	0	1	0	0	0	0	0	1
全　国	198	198	198	198	198	199	296	1485

如图 26 所示，从 2013~2019 年各地区杰出青年规模变化来看，东部地区整体增长 51%，中部地区整体增长 88%，西部地区整体增长-5%。

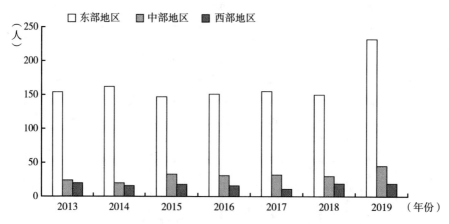

图 26　2013~2019 年东部、中部和西部地区杰出青年规模变化

（3）分单位类型走势

图 27 刻画了来自科研院所、双一流高校或非双一流高校杰出青年的规模变化。2013～2019 年，来自科研院所的杰出青年从 65 人增加到 75 人，增加了 15%，来自双一流高校的杰出青年从 126 人增加到 205 人，增加了 63%，来自非双一流高校的杰出青年从 7 人增加到 16 人，增加了 129%。上述结果表明，不同单位的杰出青年规模均有增加趋势。

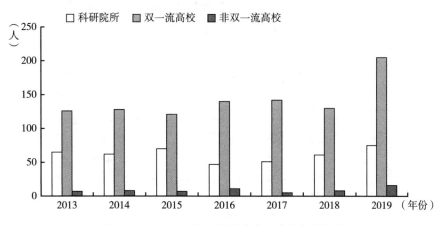

图 27　2013～2019 年不同单位杰出青年规模变化

4. 高级技能人才发展基本走势

（1）总体走势

表 7 呈现了 2013～2020 年全国 31 个省（区、市）新增高级技师规模变化。2013～2014 年，我国新增高级技师从 99806 人增加至 150419 人，上升了 51%。2014～2020 年，我国新增高级技师从 150419 人下降到 54565 人，下降了 64%。

新增高级技师数量的下降，与我国取消大部分职业资格许可和认定事项的政策有关，部分职业不再需要资格许可。2013 年以来，为有效降低社会就业门槛，国务院分 7 批审议通过取消的国务院部门职业资格许可和认定事项共 434 项（占比超过 70%），其中技能人员职业资格 280 项。2013～2020 年，获得高级技师职业资格证书的人数占比呈现倒 U 形变化趋势，即先上升后下降。

（2）分地区走势

高级技师在省份分布上非常不均衡，其中天津、山东和广东历年新增高级技师人数均超过2000人，但海南、西藏和青海的新增高级技师人数在大多数年份低于100人。2013~2020年，东部地区有三省（辽宁、江苏和浙江）、中部地区有四省（山西、安徽、江西和湖北）、西部地区有三省区（四川、云南和宁夏）高级技师人数整体增长较快，但一部分其他省份高级技师人数波动下降。这说明，中部和西部地区逐渐加强对高级技师的培养，新增高级技师人数与东部地区的差距有缩小的趋势。

表7　2013~2020年全国31个省（区、市）新增高级技师规模变化

单位：人

省（区、市）	2013年	2014年	2015年	2016年	2017年	2018年	2019年	2020年	累计
北　京	10555	6419	2443	3320	1536	492	1128	359	26252
天　津	9371	10631	5967	3968	4609	5282	4209	2548	46585
河　北	13296	6700	14081	12837	5828	4904	3194	937	61777
山　西	745	1138	1045	873	779	729	622	816	6747
内蒙古	5515	9240	3990	2938	450	2536	1208	1765	27642
辽　宁	1739	2165	1956	2564	2145	2479	5048	3438	21534
吉　林	563	4349	2315	629	975	736	461	393	10421
黑龙江	1841	1872	1473	1192	906	583	456	212	8535
上　海	1948	2686	2352	1855	1337	1102	1034	869	13183
江　苏	1813	2375	1080	1937	2110	2183	2956	2488	16942
浙　江	1558	4728	3046	1632	2081	3127	5620	5818	27610
安　徽	569	846	419	195	208	502	508	739	3986
福　建	2291	1991	2721	964	888	865	816	570	11106
江　西	351	911	936	438	418	484	1608	461	5607
山　东	8615	10273	12273	16805	11344	6479	2979	7451	76219
河　南	2588	2914	1851	2177	1472	1897	3469	1954	18322
湖　北	12330	51695	26872	8963	6891	1811	8013	13589	130164
湖　南	7276	8313	4441	3930	2712	2110	9014	1071	38867
广　东	7355	10156	7007	5904	4151	4225	6089	2267	47154
广　西	740	1393	1093	556	376	384	470	513	5525
海　南	78	138	8	1	16	16	30	42	329
重　庆	2096	4390	1746	3569	2489	1852	2057	611	18810

续表

省（区、市）	2013 年	2014 年	2015 年	2016 年	2017 年	2018 年	2019 年	2020 年	累计
四　川	1345	1891	1590	1570	1471	1101	940	1386	11294
贵　州	375	333	224	302	321	299	251	361	2466
云　南	910	1044	978	763	837	637	1051	961	7181
西　藏	0	0	0	0	0	0	0	1	1
陕　西	640	710	645	470	503	464	241	427	4100
甘　肃	245	173	212	142	95	117	113	228	1325
青　海	53	0	54	24	6	289	20	23	469
宁　夏	123	170	99	74	120	178	147	128	1039
新　疆	2882	775	1850	1065	3262	2049	2727	2139	16749
全　国	99806	150419	104767	81657	60336	49912	66479	54565	667941

图 28 刻画了 2013~2020 年东部、中部和西部地区新增高级技师规模走势。由于 2013 年我国取消了 70%以上的职业资格许可和认定事项，2014 年各地区新增高级技师人数都出现了下降。2018 年，东部地区的新增高级技师人数缓慢下降，2019 年中部地区的新增高级技师人数大幅度增加，2018~2020 年西部地区新增高级技师人数较为平稳。这说明，新增高级技师在地区层面存在错配现象，但近几年有缓解的趋势，今后应继续促进西部地区和中部地区高级技能人才的培养和流动，提升高级技能人才供给与产业需求的匹配度。

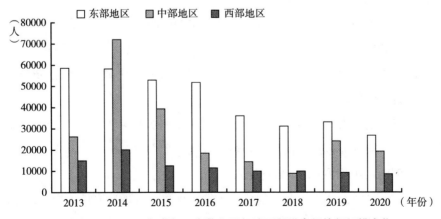

图 28　2013~2020 年东部、中部和西部地区新增高级技师规模变化

四 中国创新人才发展指标体系与趋势预测

（一）中国创新人才发展指标体系

1. 创新人才发展指标体系模型

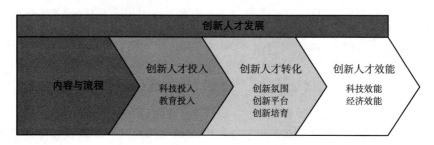

图29 创新人才发展指标体系模型

中国创新人才发展指数从创新人才投入、创新人才转化、创新人才效能三个维度来评价全国及各区域创新人才发展水平，能够全方位、多层次动态反映全国及各区域创新人才投入、创新人才转化和创新人才效能的真实情况。

第一，创新人才投入反映科技创新及人才培养的投入情况，体现了我国创新人才发展过程中的投入规模、水平、质量及效果。创新人才投入维度包括科技投入和教育投入两个方面。

第二，创新人才转化反映从投入到产出的中间过程，是提升高质量创新产出效果和创新效率的重要环节。良好的创新人才培育环境将加速人才成长，激发人才潜力，增强创新创造活力。创新人才转化维度包括创新氛围、创新平台、创新培育三个方面。

第三，创新人才效能反映创新人才带来的科技创新的产出与经济价值。创新人才效能维度包括科技效能和经济效能两个方面。

2. 创新人才发展指标选取的原则

第一，科学性原则：遵循创新人才发展规律，合理选取相关指标，选用严谨的方法计算权重，严格按照科学性原则构建创新人才发展指标体系。

第二，系统性原则：对创新人才发展指标按层级顺序进行系统组织，依据创新人才发展指标的性质和作用进行分类和分级，全面考虑各指标之间的内在联系和相互作用。

第三，全面性原则：所选取的指标互斥、避免重复与交错，能够较为全面地、从各个维度反映创新人才发展的结构、路径与趋势，能够在最大时限内刻画创新人才发展的全部事实和动态演变过程。

第四，代表性原则：选取能够充分反映全国及各区域创新人才发展效果及促进作用的典型性指标，突出评价的价值。

第五，可比性原则：保持全国及各区域指标口径和计算方法前后统一，能够很好地满足对比分析各区域创新人才发展状况的需求。

第六，可操作性原则：充分考虑国内现行的统计制度和统计基础及各指标所需的资料来源，保证数据的持续采集、度量的可获得。

第七，前瞻性原则：创新人才发展指标体系能够客观地反映创新人才发展现状，同时具有可预测性，能够反映创新人才发展趋势，为未来发展提供示范借鉴。

3. 创新人才发展指标体系的功能

第一，描述功能：对全国及各区域创新人才发展的规模水平、质量结构和数量关系进行客观描述，是该指标体系最基础的功能。这项功能可以使人们对中国创新人才发展的认识从抽象的概念形态落实到具体的实践活动中，从而实现认识上的整体化与具体化。

第二，评价功能：中国创新人才发展指标体系的评价功能是对描述功能的进一步深化。它是在充分认识中国创新人才发展客观现状的前提下，采用科学的方法对指标进行加工处理，从而更深刻地反映中国创新人才发展各领域的情况，为比较和制定政策做准备，也可针对不同区域的创新人才发展状况做出适当的判断和评价。

第三，预测功能：是指利用中国创新人才发展指标体系对创新人才发展趋势进行跟踪和监测，对其进行评估与判断，看其是否偏离既定目标，能否保持平衡。该指标体系具有积极的控制和预判功能，能够利用其提供的信息，合理预测并及时有效地对创新人才发展进行调控。

4. 创新人才发展指标体系的构建

（1）数据来源

本报告的原始数据来自历年《中国统计年鉴》《中国科技统计年鉴》《中国火炬统计年鉴》《中国高技术产业统计年鉴》《全国教育经费执行情况统计公告》等。若某项指标存在较少数据缺失，则根据移动平均值得到；若某项指标存在较多数据缺失，则剔除该指标。由于西藏的指标缺失数据较多，最终得到全国30个省（区、市）的各项指标数据。

（2）权重计算方法

由于指标权重是创新人才发展的指挥棒，而且直接影响评价的结果，权重的设计应当突出重点，体现出政策的引导方向和实际效果。权重的确定方法有很多，目前常用的方法有历史数据参考法、德尔菲法、层次分析法、区间统计法、标杆基准法、熵值法、模糊评价法、灰色关联度法等。考虑到专家打分的主观及数据的可获得性和可操作性，最终利用熵值法对各指标数据进行权重计算。

①标准化处理

本报告考虑到中国创新人才发展指数的实际情况和指标数据的可比性，运用极差法对原始数据进行标准化处理，具体公式为：

$$Y_{ij} = \frac{x_{ij} - \min(x_{ij})}{\max(x_{ij}) - \min(x_{ij})} \tag{1}$$

式（1）中，x_{ij}为各指标原始数值，y_{ij}为标准化后的指标数值。

②指标权重确定

根据各指标贡献计算熵值，具体公式为：

$$W_j = \frac{g_j}{\sum\limits_j g_j} \tag{2}$$

式（2）中，W_j为指标权重，g_j为指标差异系数。

③综合得分计算

根据标准化处理结果与指标权重得到，具体公式为：

$$S_j = W_j \times Y_{ij} \tag{3}$$

式（3）中，S_i 为综合得分。

（3）指标体系的确立

中国创新人才发展指标体系及权重如表8所示。该指标体系包括3个一级指标、18个二级指标。

①创新人才投入

该指标不仅反映了创新人才投入的规模总量，还反映了在科技、教育等方面投入的人员数量、经费，下设 R&D 人员全时当量、R&D 内部经费支出、R&D 经费投入强度、普通高等学校专任教师数、普通高等学校生均一般公共预算教育经费支出 5 个二级指标。

②创新人才转化

该指标反映了创新人才发展必不可少的科技园、高新区等创新人才培育和科技创新"容器"的"孵化"作用。下设科技馆数量、国家火炬特色产业基地数量、国家大学科技园数量、国家科技企业孵化器数量、国家高新技术企业数量、国家高新区数量 6 个二级指标。

③创新人才效能

该指标下设发表科技论文数、出版科技著作数、发明专利授权量、技术市场成交额、高新技术产业新产品出口额、高新技术产业生产利润总额、高新技术企业生产工业总产值 7 个二级指标。

表8　中国创新人才发展指标体系及权重

一级指标	二级指标	定义	单位	权重
创新人才投入	R&D 人员全时当量	报告期内 R&D 人员按实际从事 R&D 活动时间计算的工作量	人年	0.07
	R&D 内部经费支出	报告期内调查单位用于内部开展 R&D 活动（基础研究、应用研究和试验发展）的实际支出	万元	0.06
	R&D 经费投入强度	报告期内 R&D 经费内部支出与国内生产总值（GDP）之比	%	0.07
	普通高等学校专任教师数	报告期内在普通高等学校承担本专业学科基础知识和专业知识教学的教师数量	人	0.06
	普通高等学校生均一般公共预算教育经费支出	报告期内按普通高等学校在校学生人数平均的一般公共预算教育经费支出	元	0.05

续表

一级指标	二级指标	定义	单位	权重
创新人才转化	科技馆数量	报告期内科技普及场馆数量	个	0.05
	国家火炬特色产业基地数量	报告期内根据《国家火炬特色产业基地建设管理办法》,经实地考察、专家论证和网上公示等程序,确定的特色产业基地数量	个	0.04
	国家大学科技园数量	报告期内根据《国家大学科技园认定和管理办法》《国家大学科技园管理办法》,经过专家组对其进行现场评估予以认定的国家大学科技园数量	个	0.02
	国家科技企业孵化器数量	报告期内符合《科技企业孵化器认定和管理办法》《科技企业孵化器管理办法》规定,且经过科学技术部批准确定的科技企业孵化器	个	0.06
	国家高新技术企业数量	报告期内根据《高新技术企业认定管理办法》《高新技术企业认定管理办法》规定,经过专家组对企业申报材料进行评审、认定机构确定的高新技术企业数量	个	0.08
	国家高新区数量	报告期内由国务院批准成立的国家级科技工业园区数量	个	0.05
创新人才效能	发表科技论文数	报告期内在学术刊物上以书面形式发表的最初的科学研究成果	篇	0.06
	出版科技著作数	报告期内经过正式出版部门编印出版的论述科学技术问题的理论性论文集或专著以及大专院校教科书、科普著作	种	0.04
	发明专利授权量	报告期内由专利行政部门授予发明专利权的件数	件	0.05
	技术市场成交额	报告期内技术产品在市场中的成交总额	万元	0.08
	高新技术产业新产品出口额	报告期内高新技术产业实现的向国外出口的新产品贸易总额	万元	0.04
	高新技术产业生产利润总额	报告期内高新技术产业通过生产经营活动所实现的最终财务成果	亿元	0.04
	高新技术企业生产工业总产值	高新技术企业在报告期内生产的以货币形式表现的工业最终产品和提供工业劳务活动的总价值量	千元	0.07

（二）近年来各指标运行与变化情况

1. 中国创新人才发展指数运行情况

首先，如图30所示，中国创新人才发展指数在2014~2020年呈增长趋势，年均增长率为41.92%。早期创新人才指数增长速度较快，2016年以后增长速度逐步减缓，增长率维持在20%~35%。这说明，我国实施科教兴国、人才强国战略取得了一定的效果，出台的一系列推动创新人才发展相关政策也取得了显著成效。

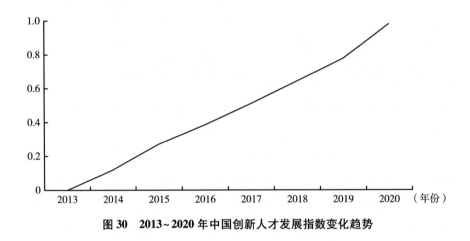

图30　2013~2020年中国创新人才发展指数变化趋势

其次，如图31所示，中国创新人才投入、创新人才转化、创新人才效能指数在2014~2020年均呈增长趋势，年均增长率分别为50.48%、36.74%、40.89%。但是3个指标呈现出明显不同的增长形态。创新人才投入指数总体呈增长趋势，说明创新人才结构趋于优化，2016~2020年年均增长率为35.83%。创新人才转化指数增长速度略有放缓，2016~2020年年均增长率为21.18%，说明我国更加重视创新人才高质量发展，战略科技力量不断强化。其中，国家高新技术企业数量、国家科技企业孵化器数量等保持高速增长，而科技馆数量等增长放缓趋势明显。创新人才效能指数增长率呈U形变化趋势，2016~2020年年均增长率为24.43%，科技效能提升速度放

缓，但经济效能逐步加速提升。其中，发明专利授权量、技术市场成交额均
呈高速增长趋势；高新技术产业生产利润总额、高新技术企业生产工业总产
值保持平稳增长；发表科技论文数、出版科技著作数增长放缓。

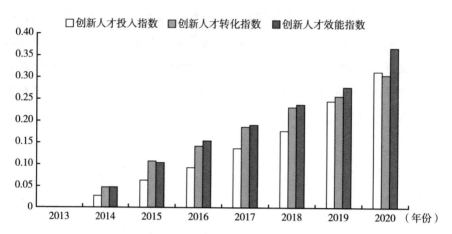

图31　2013~2020年中国创新人才投入、创新人才转化、创新人才效能指数变化趋势

这说明，我国越来越注重创新效率，加大投入、稳定转化、提高产出，
创新人才发展效果向好。创新人才转化指数增速减缓，但创新人才投入指数
与创新人才效能指数增速保持较高水平，说明创新人才转化能力越来越强，
转化效率越来越高，从量变向质变转化，创新人才效能指数呈现出经济效能
逐步引领的新格局。

2.区域创新人才发展指数运行情况

如图32所示，东部地区创新人才发展指数一直维持在较高水平，且在
各地区始终处于领先地位，远超中部地区和西部地区。2014~2020年增长率
呈N形发展趋势，年均增长率为0.37%。早期创新人才发展指数增长较快，
2015年以后呈负增长，2020年开始回升。

中部地区创新人才发展指数变化较为平稳，年均增长率略高于东部地
区，但指数与东部地区存在较大差距。2014~2020年增长率呈N形发展趋
势，年均增长率为1.03%。可以看出，早期创新人才发展指数增长较快，
2015年以后呈负增长，从2015年的3.81%下降到2019年的−3.06%，2020

年回升至 7.85%。

西部地区创新人才发展指数一直维持在较低水平，但年均增长率明显高于东部地区、中部地区。2014～2020 年呈缓慢增长趋势，年均增长率为3.72%。可以看出，早期创新人才指数增长较快，2015 年以后增长放缓，从 2015 年的 15.13% 下降到 2019 年的 -0.05%，2020 年回升至 6.48%。

这说明，从创新人才发展指数来看，东部地区一直处于较高水平，但发展速度呈放缓趋势，中部地区呈平稳发展趋势，西部地区虽然处于较低水平但在提速发展。

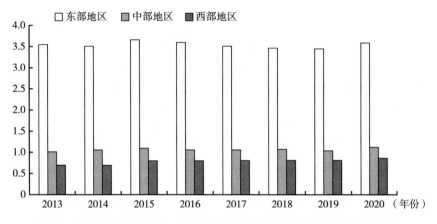

图 32　2013～2020 年东部、中部和西部地区创新人才发展指数变化趋势

如图 33 所示，东部地区创新人才投入指数一直维持在较高水平，且在各地区中始终处于领先地位，远超中部地区和西部地区。2014～2020 年增长率呈倒 U 形发展趋势，年均增长率为 -0.02%。早期创新人才投入指数增长较快，2017 年以后出现负增长，增长率从 2014 年的 2.93% 下降到 2019 年的 -3.13%。

中部地区创新人才投入指数发展较为平稳，年均增长率高于东部地区，但指数与东部地区存在较大差距。2014～2020 年呈平稳发展趋势，波动较小，年均增长率为 1.61%。

西部地区创新人才投入指数一直呈爬坡趋势，年均增长率明显高于东部、中部地区，甚至指数已基本赶上中部地区。2014～2020 年呈快速发展趋

势，年均增长率为 3.81%。早期创新人才投入指数快速增长，2015 年以后增长放缓。

这说明，从创新人才投入指数来看，东部地区一直处于领先地位，但增速逐步放缓，中部地区平稳发展，西部地区快速追赶且与中部地区的差距逐步缩小。中部地区和西部地区创新人才投入指数的增长与 2016 年 12 月出台的《促进中部地区崛起规划（2016—2025 年）》《西部大开发"十三五"规划》密不可分。

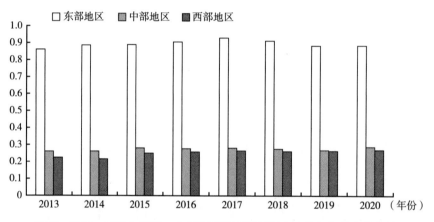

图 33 2013~2020 年东部、中部和西部地区创新人才投入指数变化趋势

如图 34 所示，东部地区创新人才转化指数一直维持在较高水平，且在各地区中始终处于领先地位，但呈波动下降趋势。2014~2020 年，年均增长率为 -0.29%，增长率从 2015 年的 5.88% 下降到 2017 年的 -5.31%，2020 年回升至 1.65%。

中部地区创新人才转化指数发展较为平稳，年均增长率高于东部地区，但指数与东部地区存在较大差距。2013~2020 年呈平稳发展趋势，波动较小，年均增长率为 1.29%。

西部地区创新人才转化指数一直维持在较低水平，但年均增长率明显高于东部地区、中部地区，2014~2020 年呈快速增长趋势，年均增长率为 4.75%。

这说明，从创新人才转化指数来看，东部地区一直处于领先地位，但增速已有所放缓，中部地区保持现状，西部地区快速追赶。

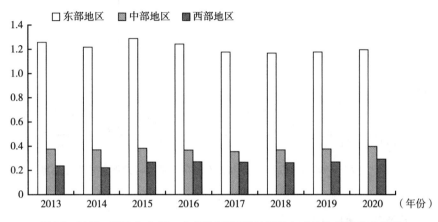

图 34　2013～2020 年东部、中部和西部地区创新人才转化指数变化趋势

如图 35 所示，东部地区创新人才效能指数一直维持在较高水平，且在各地区中始终处于领先地位。2014～2020 年增长率呈 N 形发展趋势，年均增长率为 1.16%。增长率从 2014 年的 -1.73% 增至 2015 年的 5.53%，然后下降到 2017 年的 -3.23%，2020 年回升到 8.51%。

中部地区创新人才效能指数发展较为平稳，但年均增长率明显低于东部地区。2014～2020 年，年均增长率为 0.42%。创新人才效能指数早期快速增长，然后增速放缓，增长率从 2014 年的 13.11% 放缓至 2015 年的 1.54%。

西部地区创新人才效能指数一直维持在较低水平，但年均增长率明显高于东部地区，呈稳步快速增长趋势。2014～2020 年，年均增长率为 2.70%。

这说明，从创新人才效能指数来看，东部地区一直处于领先地位，但增速有所放缓，中部地区平稳发展，西部地区稳中有升。

3. 城市群创新人才发展指数运行情况

如图 36 所示，京津冀城市群创新人才发展指数一直维持在中等水平，与长三角城市群存在一定差距。2014～2020 年呈下滑发展趋势，年均增长率为 -1.99%。2014 年以后呈负增长，增长率由 2015 年的 -0.57% 下降到 2017

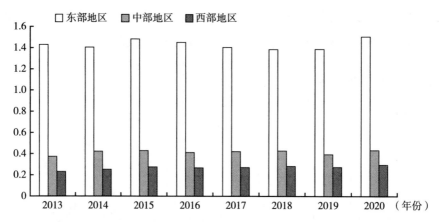

图35　2013~2020年东部、中部和西部地区创新人才效能指数变化趋势

年的-4.08%，随后保持平稳。

长三角城市群创新人才发展指数一直维持在较高水平。2014~2020年增长率呈W形发展趋势，年均增长率为0.51%。早期创新人才发展指数增长速度较快，2015年以后出现负增长，从2015年的5.04%下降到2017年的-3.53%，2020年回升至6.27%。

这说明，从创新人才发展指数来看，京津冀城市群一直维持在中等水平，且呈下滑发展趋势，长三角城市群一直维持在较高水平且变化不大。

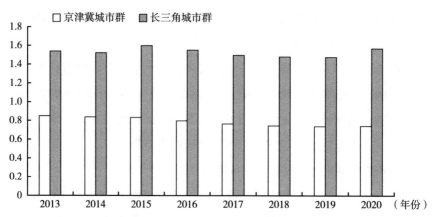

图36　2013~2020年京津冀城市群、长三角城市群创新人才发展指数变化趋势

如图 37 所示，京津冀城市群创新人才投入指数整体呈下降趋势，2014~2020 年年均增长率为-3.44%。2014 年以后出现负增长，下滑趋势十分明显，增长率由 2014 年的 7.85% 下降到 2020 年的-6.09%。

长三角城市群创新人才投入指数发展相对平稳，与京津冀城市群相比处于略高的水平上，且差距逐步拉大。2014~2020 年呈平稳发展趋势，年均增长率为 0.93%。早期创新人才投入指数增长速度较快，2017 年以后增速放缓。

这说明，从创新人才投入指数来看，京津冀城市群整体下降，而长三角城市群呈平稳发展趋势。

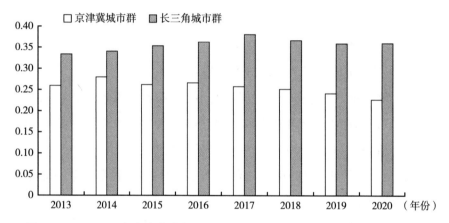

图 37　2013~2020 年京津冀城市群、长三角城市群创新人才投入指数变化趋势

如图 38 所示，京津冀城市群创新人才转化指数整体呈下降趋势，2014~2020 年年均增长率为-2.10%。2014 年以后呈负增长，增长率由 2014 年的-6.11% 下降到 2016 年的-9.27%，后略有回升。这与北京非首都功能疏解后出现的产业分工不合理、资源分布不均、发展不协调等阶段性问题有关。

长三角城市群创新人才转化指数与京津冀城市群相比处于较高的水平上，2013~2020 年整体略有回落。2015 年后出现负增长，2020 年增长率回升至 3.93%。

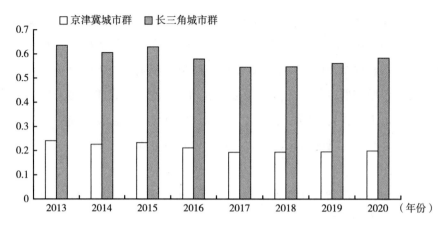

图38 2013~2020年京津冀城市群、长三角城市群创新人才转化指数变化趋势

这说明，从创新人才转化指数来看，京津冀城市群整体呈现下降趋势，而长三角城市群指数增长率呈现出N形趋势。

如图39所示，京津冀城市群创新人才效能指数发展较为平稳，略呈递减趋势，2014~2020年年均增长率为-0.76%。长三角城市群创新人才效能指数发展总体较为平稳，2014~2020年年均增长率为1.39%。

这说明，从创新人才效能指数来看，京津冀城市群稳中带降，长三角城市群略有波动。

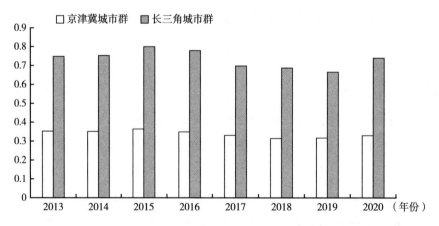

图39 2013~2020年京津冀城市群、长三角城市群创新人才效能指数趋势

（三）中国创新人才发展预测：2023年

1. 创新人才发展预测方法

指数平滑法可以对时间序列由近及远采取加权处理，赋予近期的数据以较大的权重、远期的数据以较小的权重，公式为：

$$S_t = a \times y_t + (1 - a) S_{t-1} \tag{4}$$

式（4）中，S_t 为第 t 期的预测值，y_t 为第 t 期的实际值，S_{t-1} 为第 $t-1$ 期的预测值，a 为常数。

2. 创新人才发展指标预测

根据霍尔特线性趋势指数平滑模型、布朗线性趋势指数平滑模型、阻尼趋势指数平滑模型对2023年中国创新人才发展指标进行预测，以此得到预测值，如表9所示。

表9 2023年中国创新人才发展指标预测

一级指标	二级指标	单位	霍尔特趋势预测	布朗趋势预测	阻尼趋势预测	预测值平均值
创新人才投入	R&D 人员全时当量	人年	6535853	6535725	6535733	6535770
	R&D 内部经费支出	万元	311431684	311417922	311352901	311400836
	R&D 经费投入强度	%	2.88	2.88	2.88	2.88
	普通高等学校专任教师数	人	2111484	2111493	2111112	2111363
	普通高等学校生均一般公共预算教育经费支出	元	27354	22725	27265	25781
创新人才转化	科技馆数量	个	647.7	676.9	647.6	657
	国家火炬特色产业基地数量	个	523.1	548.6	521.6	531
	国家大学科技园数量	个	122.7	115	122.8	120
	国家科技企业孵化器数量	个	7916	7613	7914	7814
	国家高新技术企业数量	个	423950	423952	423757	423886
	国家高新区数量	个	203.7	180.2	202.9	196

续表

一级指标	二级指标	单位	霍尔特趋势预测	布朗趋势预测	阻尼趋势预测	预测值平均值
创新人才效能	发表科技论文数	篇	1657076	1648597	1656252	1653975
	出版科技著作数	种	42355	42957	43053	42788
	发明专利授权量	件	550229	597147	549137	565504
	技术市场成交额	万元	458079450	458108630	458087189	458091756
	高新技术产业新产品出口额	万元	278041229	393268902	276331483	315880538
	高新技术产业生产利润总额	亿元	13637	17721	13710	15023
	高新技术企业生产工业总产值	千元	44697627054	48406169601	44577234670	45893677108

3. 中国创新人才发展指数预测

如图 40 所示，2021~2023 年中国创新人才发展指数呈增长趋势，年均增长率为 15.04%，呈稳步上升趋势。

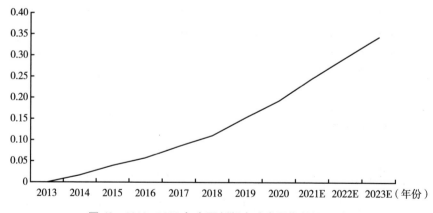

图 40　2013~2023 年中国创新人才发展指数及预测

如图 41 所示，2021~2023 年中国创新人才投入、创新人才转化、创新人才效能指数年均增长率分别为 18.16%、12.72%、14.07%，三个指数增长速度都将进一步放缓。从 2020 年开始，中国创新人才投入指数将超越创新人才转化指数，且逐步拉开与后者的差距，与创新人才效能指数的差距进一步缩小。

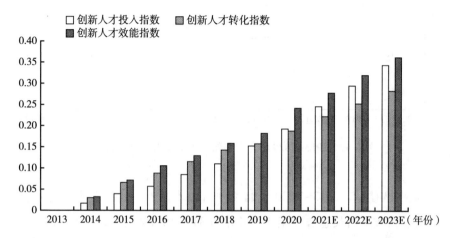

图 41　2013~2023 年中国创新人才投入、创新人才转化、创新人才效能指数及预测

（四）北京创新人才发展指数及趋势预测

1. 北京创新人才发展指数运行与变化情况

如图 42 所示，2013~2020 年北京创新人才指数整体呈增长趋势，年均增长率为 19.67%。早期创新人才发展指数增长速度较快，2017 年稍有回落后再次呈快速增长趋势。这说明，北京作为首都，科技中心优势凸显，"十四五"时期以首善标准打造国际科技创新中心。2017 年 9 月，《北京城市总体规划（2016—2035 年）》提出有序疏解非首都功能，提升首都功能，战略定位于打造全国政治中心、文化中心、国际交往中心、科技创新中心。其中，特别提到"充分发挥丰富的科技资源优势，不断提高自主创新能力，在基础研究和战略高技术领域抢占全球科技制高点，加快建设具有全球影响力的全国科技创新中心，努力打造世界高端企业总部聚集之都、世界高端人才聚集之都"。

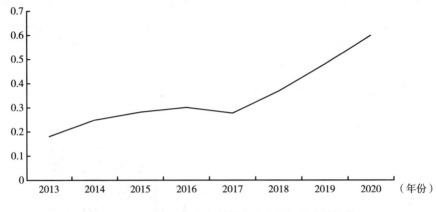

图42 2013～2020年北京创新人才发展指数变化趋势

如图43所示，2013～2020年北京创新人才投入、创新人才转化、创新人才效能指数呈增长趋势，年均增长率分别为18.16%、12.72%、14.07%，但是3个指数呈现出明显不同的增长形态。

北京创新人才投入逐年加大。2016年后创新人才投入指数增速加快，由2016年的-37.21%增长到2018年的68.63%，2017～2020年年均增长率为43.31%。

北京创新人才转化效率提高。创新人才转化指数早期呈现快速增长趋势，2016年增长放缓，2017年为负增长，此后增长水平逐渐恢复，2017～2020年年均增长率为24.47%；

北京创新人才效能平稳发展。创新人才效能指数增长率由2014年的16.61%上升到2016年的42.36%，2016年以后呈指数快速增长趋势，2017～2020年年均增长率为23.37%。

这说明，北京越来越注重创新效率，加大投入、稳定转化、提高效能，创新人才发展效果向好。同时，北京创新人才转化效率很高，虽然创新人才投入指数较低，却能够实现较高的创新产出效能。

2.北京创新人才发展指数趋势预测

如图44所示，2021～2023年北京创新人才发展指数将继续呈增长趋势，

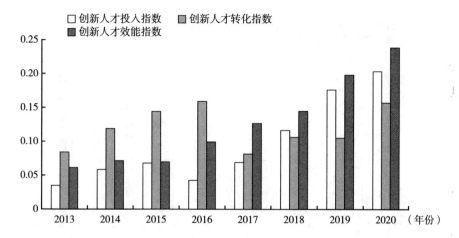

图 43　2013~2020 年北京创新人才投入、创新人才转化、创新人才效能指数变化趋势

年均增长率为 12.28%，2019~2023 年年均增长率为 15.20%。2019~2023 年
国内某特大城市年均增长率为 11.76%。

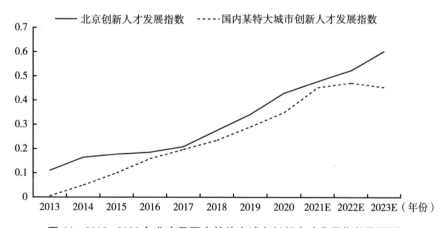

图 44　2013~2023 年北京及国内某特大城市创新人才发展指数及预测

　　如图 45 所示，2021~2023 年北京创新人才投入、创新人才转化、创新
人才效能指数年均增长率分别为 13.35%、8.15%、13.94%。3 个指数增长
都将进一步放缓，创新人才投入呈逐年强化趋势，创新人才转化效率凸显，
创新人才效能呈平稳发展趋势。

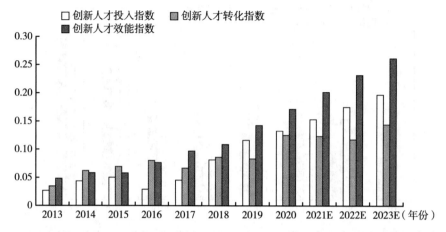

图 45 2013~2023 年北京创新人才投入、创新人才转化、创新人才效能指数及预测

战 略 篇
Strategy Reports

B.2

科技干部管理体制与制度变迁分析

余兴安 吴雨晨*

摘 要： 科技是推动生产力发展的核心要素，科技人才是实现民族振兴、赢得国际竞争主动的战略资源，是衡量一个国家综合国力的重要指标。科技人才的概念诞生较晚，在此之前，科技干部是对科技、科研工作者较为统一的称呼。新中国成立之初，曾建立专门的科技干部管理部门并出台相关政策对其进行管理。人事管理是政府的重要职能，人事制度是国家治理体系的重要组成部分。因此，厘清我国科技干部管理与科技人才队伍建设的体制、政策变迁，全面总结中国特色社会主义的科技干部与科技人才人事管理制度的特质、成就与经验，探究变革机理、展望未来发展，既能弥补目前我国人事制度研究领域的一些不足，也能为未来科技人才队伍建设及相关人事制度的改革与发

---

* 余兴安，全国政协委员，中国人事科学研究院院长、研究员，主要研究方向为行政管理体制改革、人事制度改革与人才资源开发等；吴雨晨，博士，中国人事科学研究院助理研究员，主要研究方向为人事制度改革、科技人才制度、科技人才开发等。

展提供参考。

关键词: 科技干部管理 科技人才队伍建设 干部人事制度改革

一 科技干部管理制度变革历程

（一）科技干部管理制度的初创与曲折发展（1949~1976年）

1956年5月，经第一届全国人大常委会第40次会议批准，国务院设立了专家局，负责统一检查、督促政府各部门贯彻执行国家颁布的对于专家和其他知识分子的政策、法令，解决需要统一处理的有关专家和其他知识分子的问题。[①]

国务院专家局内设了4个组，分别负责科教、文化卫生、农业、工业，争取在资本主义国家的留学生回国工作。1957年又增设了一个组，负责派遣留学生计划和分配工作。国务院专家局成立后，开展了大量专家和其他知识分子的相关工作，对于调动他们的积极性，促进社会主义建设，发挥了重要作用。[②]

1959年6月，第二届全国人大常委会第4次会议批准国务院调整直属机构的议案，国务院专家局撤销，其业务交由科学技术委员会管理。为了克服管理科技干部工作中的本位主义和分散主义，更加有效地组织全国各方面的科学技术力量，尽快赶上世界先进科学技术水平，加速实现我国农业、工业、国防和科学技术的现代化，中央组织部于1964年制定了《科学技术干部管理工作条例试行草案》，对科技干部的管理问题专门进行了规定。该草案指出，对科技干部的管理，应当同整个干部管理工作一样，实行在中央及

---

① 余兴安、唐志敏主编《人事制度改革与人才队伍建设（1978—2018）》，中国社会科学出版社，2019。
② 侯建良：《公务员制度发展纪实》，中国人事出版社，2007。

各级党委领导下，在中央及各级党委组织部统一管理下的分部分级管理制度。1964 年 7 月，经第二届全国人大常委会第 124 次会议同意，国务院设立科学技术干部局，作为国务院的直属机构，以利于有效贯彻执行党和国家有关科技干部的方针政策，加强对全国科技干部的集中统一管理。国务院科学技术干部局设立了分别管理文教、工业、农林、地方和留学生工作的处室，负责相关领域的科技干部管理工作。①

1967 年后，中央组织部制定的《科学技术干部管理工作条例试行草案》未能有效执行。1970 年，国务院大幅精简机构和人员，国务院科学技术干部局并入外文出版发行事业局，科技干部管理工作名存实亡。

（二）科技干部管理制度的重建与改革探索（1977~1986年）

1977 年 8 月，邓小平主持召开科学和教育工作座谈会，发表《关于科学和教育工作的几点意见》的讲话，提出要"尊重劳动，尊重人才"②。

1977 年 9 月，为了加强对全国科学技术工作的领导，中央决定成立国家科学技术委员会（以下简称"国家科委"），委员会内设科技干部局，负责科技队伍的培养提高和管理使用，争取让尚在国外的专家回国并安排他们的工作。

1979 年 1 月，国务院恢复科技干部局，由国家科委代管，对科技干部进行统一管理。国务院科技干部局的主要职责是：督促检查有关科技干部的方针政策的贯彻执行情况；调查了解全国科技干部的状况；根据国民经济建设规划和科学技术发展规划的要求，向中央和国务院提出合理配备科技力量的建议；会同有关部门制定科技干部培养计划，检查督促贯彻实施；充分发挥现有科技干部的特长；制定派遣和分配留学生计划，争取尚在国外的科技专家回国并安排他们的工作；协助中央组织部统一管理科技干部。从国务院科技干部局的职责任务可以看出，其核心工作是做好科技干部的培养、配备和

---

① 张志坚主编《当代中国的人事管理》，当代中国出版社，1994。
② 《邓小平文选》第二卷，人民出版社，1994。

合理使用，落实好科技干部政策，充分调动科技干部的积极性。①

1981年4月，中共中央办公厅、国务院办公厅发布了《科学技术干部管理工作试行条例》，再次强调必须加强对科技干部的管理，科技干部管理体制在改革开放初期得以较早恢复并制度化。该条例指出，对科技干部的管理，应当同国民经济管理体制和干部管理体制相适应，在中央及各级党委的领导下，在中央及各级党委组织部统一管理下，按照科技干部的特点，依据他们的科学技术水平、技术职称和级别，实行由国务院、国务院各部委和省（区、市）分级管理的制度；国务院科技干部局是国务院管理科技干部的职能机构，协助中央组织部统一管理科技干部；科技干部的培养、调动、考核、晋升、奖惩，由各级分管部门办理；属于上级主管的科技干部，下级应当协助管理，提出建议；国务院各部委和省（区、市）双重管理的单位，科技干部的培养、调动、考核、晋升、奖惩等工作，以各部委管理为主的，由主管部委办理，省（区、市）协助；以省（区、市）管理为主的，由省（区、市）办理，各部委协助；跨地区、跨行业科技干部的调动，由主管的各级组织、人事部门办理。②

1982年，国务院进行大规模机构改革。国务院所属部、委、直属机构和办公机构减少近一半，工作人员减少约1/3，国务院科技干部局与国家劳动总局、国家人事局和国家编制委员会合并，组建劳动人事部。劳动人事部内设科技干部局，负责科技干部的管理工作。③

1984年7月，为了有效使用科技干部，国务院办公厅发出《关于改变科技干部局隶属关系的通知》，把劳动人事部所属科技干部局划归国家科委领导，规定今后凡属对外科技人员（包括出国进修人员、留学毕业的研究生和大学生）积压浪费和使用不当的，由国家科委科技干部局及地方各级科技干部管理部门进行了解、干预，予以调整。④

---

① 张志坚主编《当代中国的人事管理》，当代中国出版社，1994。
② 余兴安主编《当代中国人事制度》，中国社会科学出版社，2022。
③ 徐颂陶、孙建立主编《中国人事制度改革三十年》，中国人事出版社，2008。
④ 张志坚主编《当代中国的人事管理》，当代中国出版社，1994。

（三）从科技干部管理到科技人才队伍建设的转变（1987~2002年）

党的十三大召开后，作为政治体制改革的重要组成部分，行政体制改革加快推进。党的十三大提出，要进一步转变政府职能，改革干部人事制度，建立科学的分类管理体制。

1987年出版的《人才学辞典》正式对"科技人才"的概念做出了如下界定：科技人才是科学人才和技术人才的略语，是在社会科学技术劳动中，以自己较强的创造力、科学的探索精神，为科学技术发展和人类进步做出较大贡献的人。此后，对科技人才的培养、管理、评价、激励等科技人才队伍建设工作，逐步取代科技干部管理，成为我国科技政策制定的重中之重。

1988年3月，在国务院机构改革中，以党政职能分开和干部人事制度改革为导向，全面实行国家公务员制度，加强政府的人事管理职能，国务院组建人事部，国家科委科技干部局并入人事部。新组建的人事部负责综合管理全国专业技术人员，国家科委科技干部局的职能由人事部承担。同年9月5日，邓小平提出了"科学技术是第一生产力"的重要论断。[①]

从1992年起，我国的科技人才政策进入一个高速发展的时期。首先废除了领导职务终身制，这标志着干部人事制度改革的深入推进取得了较好的成绩。此次改革推动了职业聘任制的发展，从根本上改变了此前人们对干部人事制度的思维定式，在我国完善科技人才制度与政策方面起到了积极的作用。聘用制度是科学、有效地选拔和使用人才的关键措施，推动了我国科研机构用人机制的转换与发展。1993年7月，我国颁布的《中华人民共和国科学技术进步法》，为我国科学技术发展营造了法律环境。

1995年3月制定并颁布的《关于培养跨世纪学术和技术带头人的意见》，标志着国家开始重视青年科技人才培养工作。"百千万人才工程"的制定实施，进一步加大了对中青年科学家以及学科带头人的培养力度。

---

① 《邓小平文选》第三卷，人民出版社，1994。

1995 年 5 月 6 日颁布的《中共中央、国务院关于加速科学技术进步的决定》，首次明确提出在全国实施科教兴国战略。此后，江泽民总书记代表中共中央在中国科学技术协会第五次代表大会上特别指出，在社会的各种资源中，人才是最宝贵最重要的资源。[①] "人才资源是第一资源"的思想逐步确立，科技人才队伍建设的任务被提上了日程。

2002 年，我国第一次制定发布了综合性人才队伍建设规划，即《2002—2005 年全国人才队伍建设规划纲要》。

（四）科技人才队伍建设的蓬勃发展（2003~2011年）

2003 年 12 月，中共中央、国务院召开了第一次全国人才工作会议。这次会议明确提出实施人才强国战略，阐述了人才强国战略的科学内涵、指导思想、根本原则和基本要求，强调要坚持尊重劳动、尊重知识、尊重人才、尊重创造的方针，把促进发展作为人才工作的根本出发点，紧紧抓住培养、吸引、用好人才三个环节，加强人才资源能力建设，深化人才体制改革，大力培养各类人才，加快人才结构调整，优化人才资源配置，促进人才合理分布，充分开发国内国际两种人才资源，努力把各类优秀人才集聚到党和国家的各项事业中来。会议提出，党管人才原则是开创人才工作新局面的根本保证，阐明了党管人才的重大意义、科学内涵、工作要求和工作格局，强调要坚持党总揽全局、协调各方的原则，各级党委和政府要把人才工作作为一项重大而紧迫的战略任务，切实抓紧抓好。

2010 年 5 月，中共中央、国务院召开了第二次全国人才工作会议。这次会议召开的目的是面向我国社会主义现代化建设新起点下的人才工作新形势、新任务，要求全国上下统一思想、提高认识，把建设人才强国作为战略目标，努力将人才工作中的各项措施落到实处；充分尊重人才成长规律，注重科学性、客观性，避免片面性、主观性，着力提高人才工作科学化水平；注重人才使用，做到人尽其才、用当其时、人岗匹配，充分发挥各类人才的

---

① 江金权：《江泽民党建思想研究》，人民出版社，2004，第 259 页。

作用；营造尊重人才、见贤思齐的社会环境，鼓励创新、容许失误的工作环境，待遇适当、无后顾之忧的生活环境，公开平等、竞争择优的制度环境，促使优秀人才脱颖而出；坚持和完善党管人才原则，切实改进党管人才方法，真正做到解放人才、发展人才，用好用活人才，要求各地区各部门迅速行动起来，科学制定当前和今后一个时期的人才发展规划和具体措施，抓紧实施重大人才政策和重大人才工程，为人才成长和作用发挥创造良好环境。①

（五）全面深化科技人才管理及队伍建设（2012年至今）

党的十八大以来，科技人才工作进一步成为科技体制机制改革的出发点和落脚点，科技体制机制改革体现了以人才为核心的引领作用。

2017年10月，党的十九大报告明确指出，人才是实现民族振兴、赢得国际竞争主动的战略资源。加快建设创新型国家，要培养造就一大批具有国际水平的战略科技人才、科技领军人才、青年科技人才和高水平创新团队。② 党的十九大报告中提出"战略科技人才"一词，在我党历史上尚属首次，而且置于各类科技人才的首位，进一步说明了战略科技人才的重要性。

2021年9月27~28日，中央人才工作会议在北京召开。习近平总书记出席会议并发表重要讲话，强调要坚持党管人才，坚持面向世界科技前沿、面向经济主战场、面向国家重大需求、面向人民生命健康，深入实施新时代人才强国战略，全方位培养、引进、用好人才，加快建设世界重要人才中心和创新高地，为2035年基本实现社会主义现代化提供人才支撑，为2050年全面建成社会主义现代化强国打好人才基础。

---

① 李丽莉：《改革开放以来我国科技人才政策演进研究》，博士学位论文，东北师范大学，2014。
② 《决胜全面建成小康社会　夺取新时代中国特色社会主义伟大胜利——在中国共产党第十九次全国代表大会上的报告》，2017年10月18日。

二　科技人才相关制度与政策的变革

（一）职称制度的建立与发展

职称制度是我国科技人才管理的一项基本制度，这一制度在团结凝聚科技人才、激励科技事业发展、提升科技人才队伍整体素质等方面发挥了积极作用。职称制度经历了技术职务任命制、技术职称评定制、专业技术职务聘任制、全面深化职称制度改革等不同历史阶段，其功能定位、适用范围、构成要素及内在结构关系不断发生重大变化，呈现了不同历史阶段的相应特点，无论是在内涵上还是在作用上都发生了较大变化，体现了当时经济社会需求的改革思路。但在国有企事业单位内部，职称制度作为专业技术人员职务管理制度的属性始终没有变。

1. 技术职务任命制的建立和发展

新中国成立之初，科技干部的评价、使用、激励等与其他干部没有区别，"职称"就是职务的名称，是职务等级工资制的组成部分。根据当时科技干部的特点和状况，中央参考民国时期的专门职业及技术人员管理制度，借鉴苏联干部管理模式和制度，制定和实行了技术职务任命制和职务等级工资制。技术职务适用范围限于机关技术人员（工程技术人员）、大学教学人员、中学教学人员、小学教学人员、科学研究人员、新闻工作人员、出版编辑人员、卫生技术人员、翻译工作人员和文艺工作人员 10 个系列。[①]

新中国成立初期，中央于 1952 年和 1955 年进行了两次重大工资制度改革，调整了专业技术职务等级工资。科技干部管理制度经历了从最初的"大一统"模式，转向"统一领导下的分级分类"管理体制，到"强调统一管理"机制的转变。1966 年，技术职务任命制遭到破坏而停滞，直到

---

① 余兴安、唐志敏主编《人事制度改革与人才队伍建设（1978—2018）》，中国社会科学出版社，2019。

1978 年改革开放时期才得以恢复。其间，为解决一些人学术、技术水平提高后不能晋升职务的问题，中央还做出了根据学术、技术水平晋升资格称号的动议。

2. 技术职称评定制的建立和发展

改革开放初期，在科技干部回归岗位和落实党的知识分子政策的强烈需求下，根据中央的精神，职称制度得以恢复和重建。但因当时无法兑现职务工资待遇，只能实行技术职称评定制，用以表明专业技术人员的学术技术水平。所谓"恢复技术职称"是指恢复 1966 年之前的职务名称，但不与工资待遇挂钩。这一时期首次提出并明确了职称概念，即表明专业技术人员水平能力和工作成就的称号；没有岗位要求和数量限制，没有任期，终身享有；不与职务、待遇直接挂钩；由行业专家依照标准和程序评审确定；职务分类、评定标准和程序由国务院职称主管部门统一管理。从 1978 年恢复职称评定到 1983 年，正式批准的职称系列发展到 22 个。

3. 专业技术职务聘任制的建立和发展

1986 年，国务院发布《关于实行专业技术职务聘任制度的规定》，决定在全国全面实行专业技术职务聘任制度。历经 30 年的改革完善，直至 2016 年《关于深化职称制度改革的意见》出台，这一制度成为我国历史上实施时间最长、影响最深远的职称制度，对各行业各部门的各类专业技术人员和科技干部的职业发展产生了重要影响，在我国科技干部管理中长期发挥着"风向标"和"指挥棒"的作用。

4. 新一轮职称制度改革开启

1986 年我国实施专业技术职务聘任制以来，伴随经济政治体制的不断发展，职称制度也处于不断改革和完善的过程中，2016 年 11 月 1 日，中央全面深化改革领导小组第 29 次会议审议通过了《关于深化职称制度改革的意见》，这是专业技术职务聘任制实施 30 年来首次出台的改革意见，具有里程碑的意义，职称制度迎来了新的历史阶段。该文件的目标是最大限度地激发人才创新创造创业活力，拓展专业人才职业发展空间，不

断提升我国科技人才供给水平，提升科技人才队伍的整体实力和国际竞争力。①

（二）科技人才表彰奖励制度的建立与发展

科技人才表彰奖励制度是科技人才管理制度的重要组成部分，是尊重劳动、尊重知识、尊重人才的具体行动。新中国成立之初，中共中央就提出了对科技人才的表彰奖励政策，主要针对生产中的发明和技术改造进行奖励，以精神奖励为主，附带少量物质奖励。党的十八大以来，中共中央、国务院对科学技术发展越来越重视，对科技人才奖励也越来越全面，从起初笼统的"优秀人才"逐步完善为"突出贡献人才""拔尖人才"等，分类细致，覆盖面广。

1. 新中国成立初期的表彰奖励制度

1950 年 8 月，新中国的首个奖励决定《关于奖励有关生产的发明、技术改进及合理化建议的决定》由政务院下达。此外，还发布了首个保护知识产权的条例，即《保障发明权与专利权暂行条例》。1954 年 5 月，政务院正式颁布《有关生产的发明、技术改进及合理化建议的奖励暂行条例》，标志着我国正式建立了科技人才表彰奖励制度。1963 年 11 月，国务院对上述奖励条例进行调整和修订，废止了 1950 年和 1954 年的条例，重新颁布了《发明奖励条例》和《技术改进奖励条例》。②

2. 表彰奖励制度的恢复和重建

1978 年 3 月，全国科学大会在北京隆重召开，科学的春天到来。共计 7657 项通过评选的科研成果在此次大会上得到党中央的表彰奖励，极大地激发了科技人才的工作热情，标志着我国科技人才表彰奖励制度正式恢复。同年 12 月，国务院发布了《中华人民共和国发明奖励条例》，提出奖金按照贡献多少分配，不能搞平均主义，这样才能有针对性地激励科技人才，真

---

① 余兴安、唐志敏主编《人事制度改革与人才队伍建设（1978—2018）》，中国社会科学出版社，2019。
② 张志坚主编《当代中国的人事管理》，当代中国出版社，1994。

正发挥激励的作用。1979年11月，国务院修订了《中国科学院科学奖金条例》，并在此基础上出台了《中华人民共和国自然科学奖励条例》。经过修订后的内容包括：一是由国家科委负责自然科学奖的评审工作；二是奖励只能在自然科学领域内进行；三是将奖励等级由3个调整为4个，并增设特等奖。

1980年5月，为进一步做好国家自然科学奖励的评审工作，国家科委出台《自然科学奖励委员会暂行章程》，并成立了自然科学奖励委员会。1984年4月，国务院发出《关于修改中华人民共和国自然科学奖励条例的通知》，同年9月，国务院发布《中华人民共和国科学技术进步奖励条例》，修改后的条例提高了自然科学奖励的奖金额度，明确了国家级科学技术进步奖的奖励标准和范围，标志着国家级科学技术进步奖正式成立。经国务院批准，该条例将国家级科学技术进步奖分为3个等级，对有突出贡献的项目授予特等奖。此外，除了国家级科学技术进步奖，还设立了省部级科学技术进步奖。

1987年9月，中国科学技术协会（以下简称"中国科协"）设立了"青年科技奖"，并制定了《中国科学技术协会青年科技奖条例》。该条例规定获奖者年龄不得超过35岁，并在第2年更名为"中国青年科技奖"，由中央组织部、人事部、中国科协共同组织评审、颁奖等各项工作。相关条例经过修订更改为《中国青年科技奖条例》。"中国青年科技奖"设立以来，对规范青年科技人才工作标准、完善青年科技人才激励机制起到了至关重要的作用，一直是选拔、培养中国拔尖青年科技人才和高层次科技人才的重要参考依据。

3. 表彰奖励制度的发展和整合

1993年颁布的《中华人民共和国科学技术进步法》确立了国家科学技术奖励的法律地位，其中的第八章是关于科学技术奖励的专门规定，由此推动了我国科学技术奖励的法制化建设。1995年12月14日，经国家科委第33次委务会议讨论通过的《国家科学技术奖励评审委员会章程》，进一步修改调整了国家科技奖励评审机制，将国家自然科学奖、技术发明奖、科学技

术进步奖"三大奖"的评审委员会合并成一个，并采用"两级三审"的评审制度，奠定了现行科技奖励制度的基础。

1998 年召开的全国人事厅局长会议提出，要努力为专业技术人员创造应有的工作条件，营造和谐的群体氛围，宣传专业技术人员的先进事迹，表彰和树立一批优秀专业技术人员典型。为了给科技人才创造应有的工作条件，营造和谐的工作氛围，宣传科技人才的先进事迹，推动科技人才队伍建设，全国杰出专业技术人才表彰工作于 1999 年正式启动。当时的设计是每 3 年表彰一次，每次表彰 50 人左右。表彰的主要对象是在我国科技、教育、文化、卫生等领域和工农业生产一线为社会主义现代化建设做出突出贡献的杰出专业技术人才，重点是创新型人才。表彰的主要目的是弘扬科技人才热爱祖国、拼搏创新、攀登奉献的崇高精神，激励广大科技工作者为实现全面建成小康社会的宏伟目标和建设创新型国家贡献力量。

人事部于 1999 年组织承办第一次全国杰出专业技术人才表彰工作。经过从下而上、从上而下的反复推荐，从全国科教文卫以及一线农业生产等领域，挑选出 50 名为社会主义现代化建设做出突出贡献的优秀人才予以表彰，并受到了时任党和国家领导人的接见。同年 5 月 23 日和 12 月 26 日，国务院与科技部分别发布了《国家科学技术奖励条例》与《国家科学技术奖励条例实施细则》，标志着我国现代国家科技奖励体系正式建立。

4. 表彰奖励制度的完善

《2002—2005 年全国人才队伍建设规划纲要》中提出，要建立国家级功勋奖励制度，对为国家发展做出突出贡献的管理人员和科研人员予以国家级奖励。

2003 年 12 月，中共中央、国务院发布的《关于进一步加强人才工作的决定》提出，坚持精神奖励和物质奖励相结合的原则，建立以政府奖励为导向、用人单位和社会力量奖励为主体的人才奖励体系，充分发挥经济利益和社会荣誉双重激励作用。建立国家功勋奖励制度，对为国家和社会发展做出杰出贡献的各类人才给予崇高荣誉并实行重奖。进一步规范各类人才奖项。坚持奖励与惩戒相结合，做到奖惩分明，实现有效激励。

从 2002 年起，我国陆续开展了第二次到第六次全国杰出专业技术人才表彰工作，共计 342 名杰出专业技术人才受到表彰，并被授予"杰出专业技术人才"奖章，时任党和国家领导人接见了受表彰人员和全体与会代表。

历次全国杰出专业技术人才表彰大会为来自不同地区、不同行业、不同领域的杰出专业技术人才和各地、各部门、各中央企业的科技人才提供了相互交流学习的平台，促进了我国科技人才队伍的建设。

（三）学术技术带头人培养制度的建立与发展

新中国成立以来，党中央、国务院高度重视科技干部和科技人才的培养与使用，造就了一支规模较大、素质较高的科技人才队伍。改革开放后，经济社会发展急需大批青年科技人才和专业技术人才，尤其是学术和技术带头人，但老专家逐步退休，中青年专家青黄不接，严重短缺。针对这一问题，党的十四届三中全会提出了"要造就一批进入世界科技前沿的跨世纪的学术和技术带头人"的要求。为落实中央决定精神，1994 年，人事部专门召开了全国专家工作会议，全面部署了跨世纪学术和技术带头人培养工作，决定组织实施"百千万人才工程"。①

"百千万人才工程"是根据国家科技发展规划和经济社会发展需要制定的，旨在加强中国跨世纪优秀青年人才培养的一项重大举措，坚持以培养为主的原则，并不侧重于选拔，至今已有近 30 年的历史。"百千万人才工程"的重点是：在对国民经济和社会发展影响重大的自然科学和社会科学领域，面向 45 周岁以下的优秀专业技术人才群体，培养一批不同层次的学术和技术带头人及后备人选。据统计，截至 2021 年末，"百千万人才工程"国家级人选达到 6500 余人，分布在国内的各行各业，他们通过不懈努力，在航空航天、装备制造、生物技术、通信信息、新能源新材料等重点领域取得了一大批具有世界先进水平的重大科研成果，为提高我国自主创新能力、推动经济科技发展做出了突出贡献，为国家培养了一大批急需的高级科技人才，

---

① 余兴安主编《当代中国人事制度》，中国社会科学出版社，2022。

在材料科学、环境保护等领域所做的贡献尤为突出。

1. 学术技术带头人培养制度的建立

1995 年 4 月，国务院办公厅转发了人事部、国家科委、国家教委、财政部四部委发布的《关于培养跨世纪学术和技术带头人的意见》。根据这个文件的精神，1995 年 11 月，人事部、国家科委、国家教委、财政部、国家计委、中国科协、国家自然科学基金委员会七部门联合下发了《"百千万人才工程"实施方案》，正式启动实施"百千万人才工程"，并提出了三个层次的培养目标：第一个层次，培养上百名 45 岁左右、能达到世界一流科技水平，并在世界科技界享有盛誉的学术和技术带头人；第二个层次，培养上千名 45 岁以下、具有国内领先水平的学术和技术带头人；第三个层次，培养上万名 30~45 岁、在各学科领域具有较高学术造诣、成果显著、起骨干或核心作用的学术和技术后备人选。"百千万"不完全是一个数量上的概念，其根本目的在于培养一支年龄结构合理、科研能力突出的学术和技术带头人队伍，从整体上提高我国学术技术水平和科技队伍素质。

为了实现上述目标，方案中还提出了两个阶段的实施步骤：第一个阶段，到 1997 年时，选拔一批数量在五六千名、年龄在 30~40 岁的优秀青年人才，作为重点培养对象；第二个阶段，到 2000 年时，在对国民经济和社会发展影响重大的 50 个左右一级学科和 500 个左右二级学科门类中，培养一批具有国内一流或世界高水平的科研人才，使他们成长为跨世纪的各学科领域带头人，从而优化我国学术和技术带头人队伍结构，全面推动我国科技人才队伍建设。

2. "百千万人才工程"制度的改革和发展

根据中共中央办公厅、国务院办公厅《关于加强专业技术人才队伍建设的若干意见》精神，为继续做好年轻一代学术和技术带头人培养工作，2002 年 5 月，在认真总结经验的基础上，人事部、科学技术部、教育部、财政部、国家计委、国家自然科学基金委员会和中国科协 7 个部委联合下发了《新世纪百千万人才工程实施方案》，对 2002~2010 年新世纪"百千万人才工程"的实施进行了规定，提出国家级人选每两年选拔一次，每次选拔

500 名左右，在各地、各部门推荐的基础上，经专家评审，并报"工程"领导小组批准产生。"新世纪百千万人才工程"的目标是，到 2010 年，培养数百名具有世界科技前沿水平的杰出科学家、工程技术专家和理论家；数千名具有国内领先水平，在各学科、各技术领域有较高学术技术造诣的带头人；数万名在各学科领域成绩显著、起骨干作用、具有发展潜能的优秀年轻人才。"新世纪百千万人才工程"的主要特点：一是突出了工作重点，以培养国家急需紧缺的高级人才为目标，重点是培养在关系国民经济和社会发展关键学术技术领域涌现出来的具有较大发展潜力的优秀人才，以及适应我国加入世界贸易组织新形势要求的信息、金融、财会、外贸、法律和现代管理等领域急需的高级专门人才；二是拓宽了选拔领域，提出"其他企事业单位中符合条件的，也可以选拔"；三是丰富了培养措施，进一步完善机制和加强环境建设，完善竞争和考核机制，加强以入选人员为核心的高层次科技人才队伍建设。①

3. "百千万人才工程"制度的完善

《国家中长期人才发展规划纲要（2010—2020 年）》和《专业技术人才队伍建设中长期规划（2010—2020 年）》明确提出，要进一步实施并完善"百千万人才工程"，制定不同层次、不同类别、不同地区的人才培养计划。2012 年，中央组织部、人力资源和社会保障部等 11 个部门联合下发了《国家高层次人才特殊支持计划》，将"百千万人才工程""国家高层次人才特殊支持计划"等统筹实施。

为贯彻落实相关政策精神，进一步实施并完善"百千万人才工程"，加强高层次创新型专业技术人才队伍建设，人力资源和社会保障部等 9 个部门于 2012 年共同印发了《国家百千万人才工程实施方案》，明确提出，从2012 年起，用 10 年左右的时间，选拔培养 4000 名左右"工程"国家级人选，重点选拔培养瞄准世界科技前沿，能引领和支撑国家重大科技、关键领域实现跨越式发展的高层次中青年领军人才。该实施方案的亮点主要有 5

---

① 苏尚尧：《中华人民共和国中央政府机构（1949—1990 年）》，经济科学出版社，1994。

个：一是选拔范围拓展到非公领域；二是要特殊培养、大胆使用；三是支持自主组建创新团队；四是紧缺人才可实行项目工资；五是给予领军人才优先资助。

（四）高层次人才工程制度的建立与发展

人才是实现民族振兴、赢得国际竞争主动的战略资源。20世纪90年代开始，为充分参与国际竞争，解决人才断层、高层次人才短缺等问题，我国开始启动实施一系列人才工程项目，作为推动人才队伍建设的重要举措。实施人才工程是做好人才工作的重要抓手，也是被实践证明了的成功经验。人才发展要集中利用有限资源，实行重点突破，从而带动整体发展，我国实行的人才工程，主要以自然科学领域的科技人才作为培养对象。

目前我国认可度高的高层次人才工程有：教育部的"长江学者奖励计划"，科技部的"创新人才推进计划"，国家自然科学基金委员会的"国家杰出青年基金"。在"国字号"人才工程的带动下，各地围绕重大战略决策、产业发展计划、重点建设项目需求，基本建立了相应的人才工程，如江苏实施"双创计划"、陕西推行"三秦学者"计划等。这些人才工程与人力资源和社会保障部"百千万人才工程"、教育部"长江学者奖励计划"、中国科学院"百人计划"等部委人才工程一起，形成了多层次、多渠道、相互衔接的人才工程体系。

党的十八大以来，围绕落实习近平总书记"聚天下英才而用之"的重要人才思想，我国积极探索以人才工程为抓手，突出"高精尖缺"导向，不唯地域、不求所有、不拘一格，更积极、更开放、更有效地集聚人才，走出了一条符合中国国情、体现中国特色社会主义制度优势的科技人才队伍建设之路，为创新中国加速崛起奠定了坚实的人才根基。

1. "长江学者奖励计划"的建立和发展

1998年8月，教育部和李嘉诚基金会共同启动实施了"长江学者奖励计划"，"长江学者奖励计划"包括特聘教授、讲座教授岗位制度和长江学者成就奖。2002年7月7~9日，首届"长江学者论坛"在汕头大学举行。

2004 年，为全面贯彻党的十六大精神和全国人才工作会议精神，深入实施"科教兴国"战略和"人才强国"战略，教育部对"长江学者奖励计划"进行了调整，进一步加大了实施力度，每年计划聘任特聘教授、讲座教授各 100 名，聘期为 3 年，李嘉诚基金会给予了一定支持。

新的"长江学者奖励计划"依然是国家重大人才工程的重要组成部分之一，与高层次人才引进计划等共同构成国家高层次人才培养支持体系。基于同条件、同平台、同标准等原则，着力培养和吸引青年科技人才。"长江学者奖励计划"的实施，有力促进了高校间的交流与合作，推动了高校人事制度改革，并辐射和带动了地方及地方高校高层次科技人才队伍建设。类似的"珠江学者计划""闽江学者计划""天府学者计划"等一批人才计划相继提出并实施，逐渐形成有利于优秀科技人才脱颖而出和充分发挥作用的学术氛围。

2. 国家杰出青年基金的建立和发展

20 世纪 90 年代，为解决当时我国科研队伍人才老化、后继乏人的问题，在陈章良等众多科学家的呼吁下，1994 年 3 月 14 日，国务院批准设立国家杰出青年科学基金（以下简称"杰青基金"），由国家自然科学基金委员会负责管理，用于资助在基础研究方面已取得突出成绩的 45 岁以下青年学者自主选择研究方向开展创新研究。杰青基金的目标是促进青年科技人才成长，吸引人才，培养一批进入世界科技前沿的优秀学术带头人。杰青基金的战略定位是面向创新型国家建设的战略需求，发现和培养新一代学术领军人才，实施创新驱动发展战略。杰青基金设立初期允许海外中国籍学者申请并可在回国前有一段缓冲期。

杰青基金自设立以来得到了党和国家领导人的亲切关怀。1995 年 4 月，中央领导接见了首批杰青基金获资助者；1999 年 6 月，国务院领导人出席了杰青基金实施周年座谈会，他们对杰青基金在吸引人才、稳定人才、培养人才等方面取得的成绩给予了充分肯定。

杰青基金历经多年发展，其申报条件与资助模式发生了多次变化，但一直不变的是坚持本土培养与海外延揽并重。在注重培养国内学者的同时，采

取多种措施吸引优秀海外学子回国发展、为国效力，杰青基金的资助强度和规模不断提高。目前，杰青基金的资助强度已由设立初期的 60 万元/项增加到 400 万元/项；资助规模已由设立初期的 50 项/年增长到 300 多项/年。

多年来，杰青基金资助的具有较大国际影响力的多位院士，已经成长为国内各学科领域领军人物的专家学者，以及科技部门领导者、决策者等。杰青基金获得者是我国高层次科技人才链和人才库的重要组成部分，使我国科学国际影响力显著提升。①

（五）博士后制度的建立与发展

博士后制度是我国培养高层次创新型青年科技人才的一项重要制度，自 1985 年建立以来，截至 2023 年 6 月，我国累计招收博士后研究人员 34 万名，已设立博士后流动站 3352 个、博士后科研工作站 4388 个，设站单位涵盖国家经济社会发展各主要领域。绝大多数出站博士后成为国家科研骨干、学术技术带头人，有 150 名博士后研究人员当选"两院"院士，博士后制度在我国的人才制度体系中发挥着培养青年研究人员的特殊作用，也成为各地区各部门培养吸引高层次人才的重要渠道。

1. 博士后制度的创立

我国博士后制度是在诺贝尔奖获得者、华裔物理学家李政道的倡议下建立的。1984 年 5 月，邓小平在人民大会堂会见了李政道，并仔细听取了其关于实施博士后制度的意见和方案。1985 年 5 月，国家科委、教育部和中国科学院在广泛吸收各领域专家学者和留学回国博士的建议并征求相关部门和地方意见的情况下，向国务院报送了《关于试办博士后科研流动站的报告》。1985 年 7 月 5 日，国务院正式批准该报告，下发试办博士后科研流动站文件，该文件构建了我国博士后制度的基本框架，标志着我国博士后制度的正式确立。1985 年 7 月 17 日，我国成立了全国博士后科研流动站管理协调委员会（以下简称"全国博士后管理委员会"），统一组织和管理全国博

① 王晓初主编《专业技术人才队伍建设与管理》，中国劳动社会保障出版社，2012。

士后工作。经过审定，在全国 73 个科研、教学单位中建立博士后科研流动站 102 个，招收博士后研究人员 255 名。初创阶段，实行两级管理体制，中央对设站单位直接进行宏观管理；设站规模比较小，主要集中在理科和少数工科；招收规模逐年翻番，留学回国人员占相当大的比重；博士后日常经费以国家财政计划拨款为主。

2. 博士后制度的探索

1988 年，博士后工作划转人事部负责。为了更好地支持博士后研究人员，我国于 1990 年 5 月设立了中国博士后科学基金会，李政道担任名誉理事长，邓小平题写了会名。此后，因为博士后数量的增加，博士后日常工作开始逐渐暴露出管理中的一些问题与不足，博士后管理体制改革势在必行。从 1989 年开始，人事部和全国博士后管理委员会在多个省份的国家、地方设站单位进行博士后管理体制改革试点，逐步下放管理权限，促进博士后工作的顺利开展，并在 1992 年出台了《博士后工作管理体制改革试点暂行办法》，进一步规范试点工作。[①]

为促进产学研结合，加速培养更多的优秀人才，博士后设站规模大幅提升，1994 年开始在企业设立博士后科研工作站，越来越多的博士后走进企业，成为博士后事业新的增长点。博士后工作逐步规范化，博士后进站、中期考核、出站等各项配套措施逐步完善，至 1998 年，博士后工作稳步发展，无论是博士后科研流动站和博士后科研工作站的设站数量还是博士后的招收规模，都有了较大幅度的增长，设站学科从最初集中在少数理科、工科逐步发展到理、工、农、医、文、哲、法、经济、教育、历史、军事、管理等十二大学科门类的 78 个一级学科。

3. 博士后制度的发展

随着博士后事业的不断壮大，为适应国防科技的需要，2000 年开始在军队设立博士后科研工作站；为顺应加入世界贸易组织后金融开放的要求，开始在银行、证券公司设立博士后科研工作站；为满足经济社会快速发展对

---

① 姚云：《中国博士后制度的发展与创新》，《教育研究》2006 年第 5 期，第 36~40 页。

高层次人才的需求，一些有条件的设站单位还自筹经费，扩大招收博士后研究人员的规模。这些措施促进了人才、科技、经济的紧密结合，有力推动了博士后制度服务于经济社会发展的需要。

为了适应中国经济与社会体制改革，促进博士后事业的发展与我国经济社会发展整体规划和国家科技人才战略更加紧密地结合，2001 年，人事部出台了《博士后工作"十五"规划》，提出适应社会主义市场经济体制的要求，围绕实施人才战略和建设高层次人才队伍，创新管理体制，改革管理模式，充分调动有关地区、部门和单位的积极性，积极扩大博士后研究人员的招收规模，着力提高质量，努力培养一大批经济和社会发展迫切需要的高层次人才。同年颁发的《博士后管理工作规定》对管理部门职责、设站以及博士后招收、待遇、科研经费管理、工作评估等进行了规定，进一步规范了博士后管理工作。2003 年，在保留保本取息运作模式的同时，建立了国家财政年度拨款的资助制度，确定了基金资助经费逐年递增的原则，实现了基金资助模式从保本取息到财政拨款的历史性转变；资助力度由小到大，资助额度由低到高。2004 年，全国博士后管理委员会召开第十七次会议，把"培养高素质、高水平的博士后"作为博士后工作的战略定位，并确立了将博士后工作重点从扩大设站规模转到提高质量上来的工作思路。为加强博士后工作信息网络系统建设，提高博士后工作的信息化水平，2004 年开发建成了"全国博士后管理信息网络系统"，2006 年在全国范围内实现博士后进出站网上办公，使博士后进出站管理工作更加便捷、高效。[①]

2006 年，人事部出台《博士后工作"十一五"规划》，提出创新完善制度，稳步扩大规模，注重提高质量，造就创新人才，加快培养一支适应社会主义现代化建设需要，具有自主创新能力的跨学科、复合型和战略型博士后人才队伍。同年，全国博士后管理委员会修订了《博士后管理工作规定》，使博士后管理工作更加规范化、制度化。2008 年，人力资源和社会保

---

① 潘晨光、方虹：《独具特色的中国博士后制度》，载《中国人才发展报告 No.1》，社会科学文献出版社，2004。

障部颁布了《博士后科研流动站和工作站评估办法》,规范了博士后科研流动站、工作站评估工作。2009 年,人力资源和社会保障部制定下发了《关于推进博士后工作管理体制改革的意见》,决定全面推进博士后工作管理体制改革,充分发挥地方政府在博士后工作中的重要作用,形成国家、地方(部门)和设站单位分级管理体制。

2011 年,人力资源和社会保障部出台《博士后事业发展"十二五"规划》,提出围绕加快转变经济发展方式的主线,全面实施科教兴国战略和人才强国战略,改革完善制度,着力提高质量,优化布局结构,鼓励多元投入,健全服务体系,造就创新人才,加快培养一支跨学科、复合型和战略型博士后人才队伍。

为深入实施人才优先发展战略,更好地发挥博士后制度在培养高层次创新型青年科技人才、推动大众创业万众创新中的重要作用,2015 年国务院办公厅下发《关于改革完善博士后制度的意见》,提出通过改革设站和招收方式,完善管理制度,加强培养考核,促进国际交流,充分发挥博士后制度在高校和科研院所人才引进中的重要作用、设站单位在博士后研究人员培养使用中的主体作用、博士后研究人员在科研团队中的骨干作用,推动博士后制度成为吸引、培养高层次青年人才的重要渠道。2017 年发布的《"十三五"国家科技人才发展规划》提出,"改革博士后制度,发挥高等学校、科研院所、企业在博士后研究人员招收培养中的主体作用,为博士后从事科技创新提供良好条件保障"。

三 变革机理与未来发展

(一)干部人事制度改革与科技人才队伍建设的关系

吏治是政治的关键性问题,人事管理是政府的重要职能,人才队伍建设是国家发展的基础支撑。新中国的干部人事制度,是党中央、国务院根据中国特色社会主义政治体制与经济社会发展需要,在革命年代党的干部人事工

作的基础上，借鉴古今中外人事管理的有关经验，逐步建立和发展起来的。干部人事制度改革是完善现行干部人事制度，打造一支高素质执政队伍，实现聚天下英才而用之的制度保证。

干部人事制度改革是社会发展的"稳定器"，是经济发展的"助推器"，是科技发展的"加速器"。通过深化干部人事制度改革，形成科学的干部选拔任用机制，选好干部、配好班子、建好队伍、用好人才，形成完备的组织体系，充分调动干部推动科学发展的积极性。中国正处于全面建设社会主义现代化强国的重要历史机遇期，国际和国内都存在一些不稳定因素，干部人事制度改革、公共权力运用对于推动全面深化改革、稳固党的执政地位起着关键性作用。深化干部人事制度改革，将为国家稳定、经济繁荣、科技突破做出贡献。[1]

中国特色社会主义进入了新时代，我国社会主要矛盾已经发生变化，新局面、新形势、新任务对党和国家工作提出了许多新要求，进一步深入推进干部人事制度改革、加强科技人才队伍建设，是新时代党和国家全面深化改革的重要任务。

当今世界正经历百年未有之大变局，科技的竞争不再是单纯的人才数量的比拼，而是越来越聚焦于高端顶尖科技人才集聚度的竞争、人才制度环境的竞争、人才作用发挥程度的竞争。新时代人才强国战略将围绕瞄准科技领域、加强科技创新、布局科技发展、培养科技人才来制定，干部人事制度改革将为科技人才队伍建设提供制度保障和政策引领。因此，探索建立适应科技发展规律、人才培养和使用规律的科技人才管理制度和政策体系，夯实科技人才队伍建设在国家创新体系建设中的核心地位，促进教育链、人才链、创新链、产业链的深度融合与协同发展，激发各类科技人才创新活力和潜力，加快关键核心技术突破，方可应对日益激烈的国际竞争。[2]

---

① 张永刚：《推进干部人事制度改革的意义、历程及举措探析》，《学术论坛》2012年第12期，第29~33页。

② 王懂棋：《十九大关于干部人事制度改革论述的重要意义》，《领导科学论坛》2018年第6期，第24~33页。

（二）建立健全适应新形势发展需求的科技人才管理体制的必要性

习近平总书记在 2021 年 9 月召开的中央人才工作会议上强调，人才是自主创新的关键，顶尖人才具有不可替代性。科技人才是科技事业发展的根本，科技人才队伍建设是新时期建设科技强国的主要任务。党的十八大以来，习近平总书记多次就人才工作与科技发展的关系问题进行论述。

新时期新形势下，针对高水平科技自立自强的战略需求，立足国际竞争日趋激烈的复杂背景，科技人才队伍建设不仅需要中西方科学技术的交流和文化之间的交融，形成科技人才"引进来"和"走出去"的双向发展格局，更重要的是建立健全适应新时代发展需求的科技人才管理体制机制，确立科技人才引领科技发展的战略思想，形成具有中国特色、适合科技人才成长的良好生态。[1]

科技人才队伍建设绝不意味着自我隔绝，而是要加大人才对外开放力度，结合新形势加强人才国际交流。调研发现，我国科技人才队伍建设面临三个方面的突出问题。一是科技人才国际化发展机制有待优化调整。当前，我国深入推进国际科技合作，通过支持我国科研机构和高等院校与国外一流科研组织联合建立研发机构等政策措施，加速国际化科技人才队伍培养，但在一定程度上仍然存在与国外科研组织合作广度和深度不足、合作渠道不够畅通等问题。受名额和经费等因素限制，部分科技人才无法保证定期参与国际深度交流。而对于经历短期国际化培训的科技人才来说，其核心素养和专业水平并未从根本上得到提升。二是培养学科专业结构有待优化。伴随高等教育改革的深化，我国学科专业体系建设取得了重大成就，为科技人才队伍建设提供了坚实的基础与保障。但是，立足世界百年未有之大变局，我国学科专业体系将面临多重挑战。尤其是在适应经济社会转型升级需求、应对科技产业变革等方面，科技人才队伍建设的学科专业设置有待进一步分类调

---

[1] 程豪：《健全政策体系、优化成长环境，走好科技人才自主培养之路》，《科技日报》2022 年 5 月 30 日，第 8 版。

整。部分学科门类划分得过宽或过窄、所包含一级学科或专业数量不均衡的情况，在一定程度上制约了人才供需平衡发展，对创新发展的支持不足。三是我国科技人才管理体制和政策有待补充完善。改革开放以来，我国科技人才管理体制和政策一直在发展和优化，但从关系科技人才成长的科研规律、招生制度等方面政策来看，科技人才培养体系没有完全符合科研规律；服务于科技人才培养、科技人才成长规律及科研活动自身规律的相关政策联动不够紧密；科技人才考核评价存在周期短、频次多的特点，不利于形成潜心治学的科研环境。

新时代新形势对科技人才队伍建设提出了新要求，建立健全适应新时代发展需求的科技人才管理体制是实施人才强国战略的必由之路。新时代，科技人才队伍建设应该坚持党管人才原则，以人本发展、创新发展、协同发展、开放共享的理念引领科技人才队伍建设，塑造创新型科技人才队伍，推进科技人才队伍优化整合，营建科技人才队伍发展环境，加快建设世界重要人才中心和创新高地。

（三）未来科技人才队伍建设的发展方向

2022年10月，在中国共产党第二十次全国代表大会上，习近平总书记指出："必须坚持科技是第一生产力、人才是第一资源、创新是第一动力，深入实施科教兴国战略、人才强国战略、创新驱动发展战略，开辟发展新领域新赛道，不断塑造发展新动能新优势。"[①] 人才问题，归根结底是生产力问题，综合国力竞争其实是人才竞争。在百年奋斗历程中，我们党始终重视培养人才、团结人才、引领人才、成就人才，团结和支持各方面人才为党和人民建功立业。

在中央人才工作会议上，习近平总书记提出，要深入实施新时代人才强国战略，加快建设世界重要人才中心和创新高地，为2035年基本实现社会

---

① 《牢牢把握高质量发展这个首要任务》，人民网，2023年2月14日，http：//opinion. people. com. cn/n1/2023/0214/c1003-32623023. html。

主义现代化提供人才支撑，为 2050 年全面建成社会主义现代化强国打好人才基础，擘画了新时代我国人才工作新蓝图。为建设世界科技强国，强化科技创新的战略支撑作用，必须打造规模宏大、结构合理、本领高强、学风优良的科技人才队伍，深化科技人才发展体制机制改革，完善战略科学家和创新型科技人才发现、培养、激励机制，为他们脱颖而出创造条件。打造新时代科技人才队伍需要政策引领、生态构建、多方合力。①

1.营造有利于人才发展的良好制度环境

当前，我国已经进入全面建设社会主义现代化国家、向第二个百年奋斗目标迈进的新征程，尤其需要科技工作者和各类科技人才充分发挥聪明才智。因此，必须营造有利于科技人才发展的制度环境，坚持创新在我国现代化建设全局中的核心地位，实施更加积极的人才政策，积极推进人才法治化、国际化进程，打造有利于人才引进的政策环境，探索建立有利于人才集聚的体制机制。

进一步推进科技领域"放管服"改革，充分保障科研和管理自主权。建立以信任为基础的科研管理机制，不断优化科研人员管理模式，深化科研经费管理改革，进一步赋予科研人员人财物自主支配权，积极为科研人员减负松绑。

树立正确的人才发展理念，加强公平普惠环境和基础制度建设，为国际国内、不同创新主体的各类人才提供公平的发展机会，充分发挥领军人才、骨干人才、青年人才的作用，实现基础研究、应用基础研究、技术创新、成果转移转化和支撑服务等各类人才均衡发展。

2.建立高质量科技人才自主培养体系

增强自主创新能力，提升原创能力和关键核心技术突破能力，必须建立高质量人才自主培养体系。新时代科技人才的培育，需要立足科研实践这一根本途径，充分利用我国科技创新的广阔天地，把优秀科技人才凝聚培养与

---

① 唐贵瑶、张淑洁：《加强新时代科技创新人才队伍建设》，《中国人才》2022 年第 11 期，第 70~71 页。

重大科技任务、重大科研布局、重大创新平台建设等有机结合，为优秀科技人才脱颖而出、茁壮成长提供更加肥沃的土壤。

要围绕学科领域布局和高水平团队建设，加强原始创新人才和青年人才培养，把优秀青年人才放到重大科技攻坚行动中、放到重要岗位上去历练。同时，需要加大对基础研究的支持力度，聚焦"从0到1"重大原创，前瞻部署、稳定支持和重点培育一批具有引领作用的交叉前沿方向，加强基础学科、新兴学科、交叉学科建设，加快建设中国特色、世界一流的大学和优势学科。

深化科教融合协同育人，大力培育高素质科技创新创业人才，注重培育科技人才敢于从头开始、从零开始的创新精神，坐得住"冷板凳"、吃得了"闭门羹"的意志品质，以及扛得住"重担子"的担当意识。

3. 完善科技人才评价和激励机制

完善科技人才评价和激励机制，要加快构建以创新价值、能力、贡献为导向的科技人才评价体系，建立和完善有利于优秀拔尖人才发挥作用、有利于青年人才脱颖而出、有利于队伍创新能力提升和有利于结构动态优化的人才制度体系。

第一，完善科技人才评价和激励机制，推动用人单位切实改进人才分类评价制度，避免将入选人才工程作为承担科研项目、获得科技奖励、评定职称、聘用岗位、确定薪酬待遇等的限制性条件。

第二，完善基于绩效考核的收入分配机制，落实好科技成果转化奖励政策，精准激励保障服务国家战略、承担国家使命的重点人才和重点团队，形成鼓励承担国家重大任务、潜心重大基础前沿研究、突出重大业绩贡献、体现公平公正与激励约束的科技人才收入分配制度体系。

第三，充分考虑科研人员群体特质和创新动力机制，平衡物质激励和精神激励。树立正确的评价导向，形成荣誉性激励与物质激励的脱钩机制。

第四，对人才评价实施动态跟踪和调整，注重个人评价与团队评价相结合、过程评价与结果评价相衔接。特别重视青年科技人才激励，适当延长基础研究人才和青年人才的评价考核周期。

4. 优化科技人才发展生态

不断优化人才发展环境，营造风清气正的科研创新生态，是凝聚优秀人才、促进人才成长、释放人才潜能、发挥人才作用，吸引和激励广大科技人才踊跃投身世界科技强国建设的关键所在。

第一，强化有利于促进潜心致研的作风学风，加强对科技人才的政治引领和政治吸纳，强化国家意识，弘扬爱国奋斗精神和新时代科学家精神，增强"创新科技、服务国家、造福人民"的责任感和使命感。

第二，严把学术质量关、学风道德关，加强科技伦理相关制度建设，让科学精神和科研诚信真正内化为科研人员的行为准则和精神追求。加快科研诚信体系建设，优化科技创新软环境，完善人才评价诚信体系，建立失信行为记录和惩戒制度，探索建立评审专家责任和信誉制度，实行退出和问责机制。

第三，营造兼容并包、宽容失败的科研创新氛围，促进学术民主。以求真求实、质疑批判、独立思想、合作探究的科学精神大力推动我国自主科技创新。倡导科学面前人人平等，鼓励年轻学者敢于独抒己见，敢于质疑和超越权威思想。

第四，相关单位要为科技人才提供"尊重创新、自由灵活、宽容失败、保障平等、成果激励"的创新环境，通过各方合力营造新时代科技创新的良好氛围。

5. 多方合力搭起科技人才创新攀登的阶梯

随着科学技术迭代升级，多个科学技术领域进入了"发展攻坚期"。科技人才正面临新的变局、新的改革。对此，应把握科学发展规律，看清当下新形势、抓住当下新机遇，举全国之力，联合科研单位、高校院所、高新企业，在前沿科学、战略性新兴产业领域"下大功夫""做真文章"。

通过加强顶层设计，明确战略定位，构建科技创新资源流通机制、高校等科研组织合作机制等有效机制，联合开展重大科技项目攻关，实现人才链、创新链与产业链的深度融合。要以打造高端产业集群为抓手，整体提升经济发展质量，逐步构建区域协同创新共同体。为科技人才提供创新交流平台，搭建科技创新攀登阶梯，坚决打赢新时代关键核心技术攻坚战。

B.3

创新高地建设与科技人才
创新生态系统分析[*]

徐　芳　王福世　杨坤煦[**]

摘　要： 党的二十大报告提出加快建设世界重要人才中心和创新高地。北京创新高地建设成效显著，人才政策体系全面建立，市场培育主体蓬勃发展，金融资本支持氛围活跃，科技创新成果加速转化。然而北京在创新高地建设和科技人才创新生态系统构建中仍然面临许多挑战。本报告围绕创新创业生态系统等相关理论，通过分析北京高水平创新高地和科技人才创新生态系统建设的现状，发现面临的挑战，并借鉴国际经验做法，从建设具有首都特色的国际人才社区联合体、开发服务科技人才的数据资源共享平台、构建激励科技人才创新的多元主体参与的资金支撑体系、改革深化国家重点实验室人才管理的赋能机制、营造浓厚的鼓励科技人才创新创业的价值认同感和文化氛围、不断提升科技人才高品质生活和工作的基础设施建设水平等多个维度提出加快建设世界人才中心和创新高地、完善科技人才创新生态系统的具体对策与建议。

关键词： 创新高地　科技人才　创新生态系统

---

* 本报告系北京市社科基金重大项目"北京国际人才社区建设研究"（20JCA056）的阶段性成果。

** 徐芳，首都经济贸易大学党委副书记、教授、博士生导师，主要研究方向为劳动经济与人力资源管理、人才学，具体包括人才学理论及人才发展战略、战略人力资源管理、培训与开发理论及技术、知识管理与组织创新、领导力等；王福世，首都经济贸易大学劳动经济学院博士研究生，主要研究方向为人才学、劳动经济学；杨坤煦，首都经济贸易大学劳动经济学院博士研究生，主要研究方向为创新与人才发展。

党的二十大报告提出，要加快建设世界重要人才中心和创新高地，着力形成人才国际竞争的比较优势，把各方面优秀人才集聚到党和人民的事业中来。2022 年 4 月 29 日，习近平总书记在审议《国家"十四五"期间人才发展规划》时强调："要坚持重点布局、梯次推进，加快建设世界重要人才中心和创新高地。北京、上海、粤港澳大湾区要坚持高标准，努力打造成创新人才高地示范区。一些高层次人才集中的中心城市要采取有力措施，着力建设吸引和集聚人才的平台，加快形成战略支点和雁阵格局。"① 党的十八大以来，新型举国体制使我国人才工作取得了历史性成就。2021 年，我国各类研发人员全时当量达到 572 万人年，居世界首位；研发经费投入从 2012年的 1.03 万亿元增长到 2022 年的 2.80 万亿元，位居世界第二；内地入选世界高被引科学家数量由 2014 年的 111 人提高到 2022 年的 1169 人；全球创新指数排名由 2012 年的第 34 位上升到 2022 年的第 11 位。教育、科技与人才为实现高水平科技自立自强提供了有力支撑，也为建设世界重要人才中心和创新高地打下了坚实基础。

北京科技、教育、人才资源密集，要在国际科技创新中心建设中承担更大责任，在推动形成世界级创新高地方面做出表率，为实现高水平科技自立自强提供有力支撑。北京印发了《"十四五"北京国际科技创新中心建设战略行动计划》、《北京市"十四五"时期国际科技创新中心建设规划》和《"十四五"时期中关村国家自主创新示范区发展建设规划》，明确了发展目标和愿景，即到 2025 年，国际科技创新中心基本形成，建设成为世界科学中心和创新高地。而健全新型举国体制，构建科技人才创新生态系统是加快建设世界重要人才中心和创新高地的必然要求。因此，本报告通过分析北京创新高地建设与科技人才创新生态系统构建的现状，梳理和发现存在的问题及面临的挑战，并借鉴发达国家经验做法，提出北京加快建设世界人才中心和创新高地、完善科技人才创新生态系统的具体对策与建议。

---

① 《中共中央政治局召开会议　习近平主持会议》，"最高人民检察院"百家号，2022 年 4 月 29 日，https://baijiahao.baidu.com/s? id=1731420136289775454&wfr=spider&for=pc。

一 现状分析

（一）北京高水平创新高地建设成效显著

习近平总书记在《求是》杂志发表的《深入实施新时代人才强国战略 加快建设世界重要人才中心和创新高地》一文中指出，人类历史上，科技和 人才总是向发展势头好、文明程度高、创新最活跃的地方集聚。相关研究表 明，如果一个国家在一定时期内的科学成果数量超过了全世界成果总数的1/ 4，这个国家就可称为世界科学中心。世界科学中心最显著的特征是处于最佳 年龄区（25~45岁）的科学家数量占据国际优势，因为最佳年龄区的科学家 正处于创造力爆发期，具有较强的创造性。历史上，世界科学中心从意大利 转移到英国，再到法国、德国和美国（见图1）。1962年，汤浅光朝提出"科 学活动中心转移论"，即科学中心发生转移的主导因素包括文化震荡、经济增 长、科技革命等。"五要素钻石模型"提出，经济繁荣、思想解放、教育兴 盛、政府有力支持等社会因素以及科学成果涌现时机因素共同导致世界科技 创新中心的形成、演进与更替。① 此外，高质量科学家的流动既促进了科学知 识的传播，也可看作世界科学活动中心的转移规律，且不同优势学科对于世界 科学活动中心形成的贡献度也各有不同，并随着学科交叉融合程度降低。②

世界知识产权组织发布的全球创新指数（Global Innovation Index，GII） 从创新投入和创新产出两个维度评价国家在创新能力方面的表现，人力资本 是反映世界科技创新中心创新能力的重要创新投入指标。根据创新高地的相 关理论，本报告主要从市场培育主体发展、人才政策体系建设、金融资本支持 状况、科技创新成果转化等多个维度分析北京创新高地建设取得的显著成就。 为便于量化比较分析，本报告依据《2022年全球创业生态系统指数报告》，分析

① 潘教峰等：《世界科技中心转移的钻石模型——基于经济繁荣、思想解放、教育兴盛、政 府支持、科技革命的历史分析与前瞻》，《中国科学院院刊》2019年第1期。
② 韩芳等：《世界科学活动中心研究——基于高质量科学家流动》，《科学学研究》2022年第 10期。

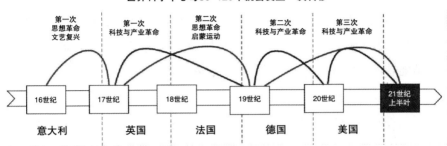

世界科学中心每80~120年就会发生一次转移

| 第一次
思想革命
文艺复兴 | 第一次
科技与产业革命 | 第二次
思想革命
启蒙运动 | 第二次
科技与产业革命 | 第三次
科技与产业革命 |

| 16世纪 | 17世纪 | 18世纪 | 19世纪 | 20世纪 | 21世纪
上半叶 |

| 意大利 | 英国 | 法国 | 德国 | 美国 |

文化震荡、经济增长与科技革命都对世界科技创新中心转移产生作用力

图1 16~21世纪世界科学中心转移情况

出目前北京创新高地建设与硅谷、纽约等相比仍存在的差距及面临的主要问题。

1. 市场培育主体蓬勃发展

"三城一区"的创新发展新格局基本形成。北京在建设国际科技创新中心的进程中，抓好中关村科学城、昌平未来科学城、怀柔科学城、北京经济技术开发区"三城一区"建设，深化科技体制改革，努力打造北京经济发展新高地。中关村科学城建设科技创新出发地、原始创新策源地、自主创新主阵地，昌平未来科学城建设全球领先的技术创新高地，怀柔科学城建设世界级原始创新承载区，北京经济技术开发区建设具有全球影响力的科技成果转化承载区。截至目前，中关村已完成31个国家工程研究中心、106个国家重点实验室建设，拥有北京量子信息科学研究院等一批世界一流的新型研发机构，以中国科学院为代表的科研院所99家，百度、小米、联想、字节跳动等一批领军企业。昌平未来科学城能源谷和生命谷拥有国家重点实验室、国家和北京工程技术中心、省部级研发中心、产业公共服务平台多家，涌现一批自主创新成果。怀柔科学城29个达到国际领先水平的大科学装置投入使用，科教基础设施平台、交叉研究平台、中国科学院科研院所、中国科学院大学等高校和中央企业持续入驻。

协同创新培育千万亿级产业集群。北京形成了"国家实验室—国家重点实验室—新型研发机构"协同创新体系，中关村、昌平和怀柔3个国家

实验室实现高标准入轨建设，依托高校、科研院所和领军企业，合作建立了4个国家技术创新中心和78个国家工程研究中心，培育形成了新一代信息技术、科技服务业两个万亿级产业集群以及医药健康、智能装备、人工智能、节能环保、集成电路5个千亿级产业集群。

2. 人才政策支持体系全面建立

根据各创新区域的发展定位，北京在市级和区级层面出台了有针对性的人才引进培养政策。以"三城一区"的人才政策为例，海淀区实施以"高聚工程"与"海英计划"为主的科技人才政策。"高聚工程"聚焦引进创新领军人才、创业领军人才、领军企业家、投资家、创新创业服务领军人才。"海英计划"聚焦全球顶尖人才、创新领军人才、科技服务领军人才、青年英才等，引进并培育海内外引才平台、"双站"平台、重点人才创新创业基地等3类平台及"海英之星"奖学金项目。昌平区政府致力于营造优越的创新人才工作环境，发布"昌聚工程"政策，致力于创新人才工作机制改革与政策创新，旨在引进一批具有世界水平、能够突破关键技术、发展高新产业、带动新兴学科的科技创新人才、产业领军人才和高端专业人才等。怀柔区通过设立人才服务专员、发放"雁栖人才卡"等多种形式，不断提升国际人才服务水平，获得"雁栖人才卡"的人才群体主要包括行业科技领军人才、高精尖产业企业家等。北京经济技术开发区"人才10条"主要为人才在一个地方创新创业的奖励、扶持、培养、服务、住房、医疗、教育、落户、出行和社会荣誉10个方面建立保障制度。

3. 金融资本支持氛围活跃

中关村天使投资、创业投资及服务活跃，创业服务体系健全，搭建了由科技企业孵化器、创新型孵化器、创业服务机构、天使投资人机构等各类主体组成的创业孵化服务体系，构建了从项目发现、识别、孵化、投资到推出的全过程培育体系。昌平未来科创中心围绕企业全生命成长周期和经营需求，搭建了八大创新服务体系，为行业技术、创业指导、创新培训、市场拓展、品牌宣传、投融资等方面提供创新创业全流程服务。怀柔科学城健全"从0到1"和"从1到10"的创新成果转化资金政策体系，怀柔科学城管委会与银行等金融机构签署战略合作框架协议，为创新小镇和入驻科技型企业创新创业提供融资服务。北京经济技术开发区每年设立 10 亿元产业高质量发展统筹资金，通过股权投资的方式，推动开发区产业高质量发展，重点支持"三城一区"产业科技创新、持续发展等项目。

4. 科技创新成果加速转化

强化转化平台建设，完善技术转移体系。优化技术交易市场，持续发挥创新引领作用。2021 年，海淀区发明专利授权量 40455 件，同比增长 19.6%，占北京市的 51.1%；PCT 专利申请量 4085 件，同比增长 16.8%，占北京市的 39.4%。北京经济技术开发区承接"三城"转化项目 700 项，培育了高端汽车、产业互联网、生物医药、新一代信息技术四大千亿级产业集群，吸引世界 500 强企业 97 家，引育国家高新技术企业 1868 家，各级"专精特新"企业 562 家，其中国家级专精特新"小巨人"企业 85 家。实施"北京高校高精尖创新中心建设计划"，"从 0 到 1"原始创新和"卡脖子"关键核心技术攻关涌现一批世界领先的原创科技成果。

（二）北京科技人才创新生态系统调研的基本情况

在新时代人才强国战略实施的背景下，健全新型举国体制，打造具有全球竞争力的开放创新生态是我国打造国家战略科技力量的必然选择，而构建科技人才创新生态系统是这一必然选择下的重大战略任务和有效途径，也是加快建设世界重要人才中心和创新高地的必然要求。人才创新生态系统研究中较具代表性的是 Isenberg 提出的由文化、政策、金融、人力、市场、基础设施 6 个维度组成的创新生态系统模型。[①] 表 1 列举了 Isenberg 创新生态系统模型的主要维度，为研究科技人才创新生态系统奠定了坚实的理论基础。从职业动机和社会认同的角度来看，创新人才的回报诉求不仅涉及组织层面的全面薪酬激励体系，更涉及职业发展生态和创新人才服务体系的建立。[②]

[①] D. Isenberg, "The Entrepreneurship Ecosystem Strategy as a New Paradigm for Economic Policy," *Institute of International and European Affairs* 781 (2011).

[②] Y. Baruch, D. M. Rousseau, "Integrating Psychological Contracts and Ecosystems in Career Studies and Management," *Academy of Management Annals* 13 (2019).

从创新关键载体研究视角来看，技术移民等人才引进政策、知识产权归属等制度、信息资源共享环境、科技成果转化保障等会影响重大创新平台的人才赋能成效。[1] 积极情绪的拓展建构理论研究有助于调动人才创新创业的积极情绪，激发工作动机，拓展人才的认知、行动范围，积累个人资源，增强人才创新创业能力，促进人才职业成长，持续强化人才引领发展的战略地位。[2] 因此，为激发科技人才的创新创业活力，需要营造世界级科技人才创新生态系统，增强人才创新创业能力。

表 1　Isenberg 创新生态系统模型主要维度

一级维度	二级维度	一级维度	二级维度
政府政策	人才政策	人力资本	人才资源
	人才发展机制		人才队伍
	知识产权制度		人才平台
市场环境	市场主体	基础设施	宜居住宅
	产业集聚		配套设施
	市场网络		国际服务
金融资本	金融机构	文化环境	创新精神
	创业投资		创新文化
	创业孵化		创业文化

科技人才创新生态系统是指以科技人才为创新应用主体，以高校和科研机构为人才培养单位，以企业为价值创新阵地，以政府为制度创新支撑，以中介机构为服务中心，以金融机构为投入创新主体，由人才和其他不同群落相互作用，共同参与创新生态系统的创新活动，进而达到促进生态系统创新与产出的目的。为探索如何优化"三城一区"国际化人才生态环境，助力北京国际科技创新中心建设，本报告课题组聚焦北京科技人才创新生态系统

---

[1] 杨超、危怀安：《政策助推、创新搜索机制对科研绩效的影响——基于国家重点实验室的实证研究》，《科学学研究》2019 年第 9 期。

[2] B. Fredrickson et al. , "Open Hearts Build Lives：Positive Emotions, Induced through Loving-kindness Meditation, Build Consequential Personal Resources," *Journal of Personality and Social Psychology* 95 （2008）.

现状开展了专题调研。课题组先后到怀柔科学城、北京经济技术开发区及华为北京研究院等 13 家单位进行了实地调研，并分别召开与政府、管委会、相关委办局以及高科技企业负责人、高科技领军人才的座谈会，发放了"科技人才创新生态环境研究调查问卷"，对 150 人进行了问卷调查，回收有效问卷 100 份，重点了解"三城一区"在优化人才生态环境等方面面临的困难与挑战。

课题组借鉴影响因子比较高的国内外期刊中使用的相关量表，选取符合我国国情的指标设计调查问卷初稿，问卷采用李克特 5 点计分法。形成问卷初稿后，对相关科技人才进行试调研，在此基础上再次修改调查问卷，形成调查问卷终稿。正式调研对象为中关村科学城、北京经济技术开发区、怀柔科学城等"三城一区"内具有代表性的高新技术企业（如华为北京研究院）的高层管理者、部门管理者、领军及骨干人才、研发人员等科技人才。科技人才对"三城一区"创新生态系统的多维度量化现状分析结论如下。

1. 科技人才对政府制度环境和基础设施环境的评价得分很高

科技人才对"三城一区"内的政府制度环境改善和基础设施建设给予了很高的评价，政府制度环境改善和基础设施建设极大地满足了科技人才的工作生活需求。政府制度环境主要从政府人才、平台和文化支持 3 个二级维度衡量。主要体现在以下几个方面：政策引才，"三城一区"政府为企业科技人才提供了良好的人才引进服务，出台的人才奖励支持政策对企业科技人才发挥了良好的激励作用；政策育才，为引进的科技人才提供管理、技术、市场、融资等方面的培训服务，推动国际人才社区建设，政府引导企业建设技术中心、博士后工作站等研发平台，注重产学研协同创新平台建设，培育科技人才；政策留才，政府树立典范，公开表彰和宣传优秀创新创业人才，相关的人才政策支持提高了科技人才幸福感和长期居留意愿。

基础设施环境主要从基础设施可获得性和治理状况 2 个二级维度来衡量。数据分析结果显示，基础设施建设的可获得性较强、治理状况较好。交通设施、通信和网络基础设施、商业办公楼宇建筑、基础教育硬件资源、医疗硬件等资源可获得性强，有效支持了企业科技人才发展。而且，基础设施

保持了较强的连通性，国际化程度不断提高，在一定程度上满足了科技人才对高品质基础设施的追求。

2. 科技人才对创新创业文化环境和人力资本环境的评价得分较高

"三城一区"作为北京国际科技创新中心建设的主平台，创新创业的文化环境氛围逐渐形成，人力资本加速积累，科技人才对创新生态系统的创新创业文化环境和人力资本环境满意度仅次于政府制度环境和基础设施环境，得分较高。创新创业文化环境主要从创新创业文化、自力更生文化和尊重创新创业企业家文化3个二级维度来衡量。科技人才普遍认为"三城一区"创新创业文化氛围更加浓厚，社会价值观和文化强调创造力与创新，鼓励承担创新创业经营风险，对创业冒险、出错、失败比较宽容。社会尊重创新创业企业家，科创企业家国际声誉高。

人力资本环境主要从创新创业企业家人力资本开发和骨干人力资本开发2个二级维度来衡量。"三城一区"注重利用区位优势吸引人才，集聚了一批创新创业企业家和科技骨干人才，科技人才可以便捷获取专业的创新创业服务，人才流失率低、幸福感强，区内人才的国际化程度逐渐提高。

3. 科技人才对金融环境和市场环境的评价得分有待提升

金融环境、市场环境与科技人才所在企业的发展关系紧密，当前"三城一区"金融环境、市场环境的评价得分与创新创业文化环境和人力资本环境的评价得分相比有待提升。金融环境主要从正式融资便捷度、非正式融资便捷度和融资服务3个二级维度来衡量。数据分析结果显示，企业科技人才对融资服务的评价得分最高，商业银行、天使投资人、信用担保机构可以便捷地为企业提供融资服务；其次是正式融资便捷度得分，科技人才所在企业可以便捷地获取商业贷款、政府资金融资和社会资本支持；最后是非正式融资便捷度，主要指企业通过获得捐赠基金进行融资。

市场环境主要从市场竞争强度、客户需求动荡性、市场潜力和市场支持4个二级维度来衡量。数据分析结果显示，科技人才对"三城一区"的企业市场支持和市场潜力保持着更加积极的评价态度，科技人才认为当地供应商市场完善，企业可以通过便捷的社会网络开拓市场，但是市场竞争强度、难以预测的消费者需求和偏好，使得科技人才对市场竞争强度和客户需求动荡性的评价得分略低于市场支持和市场潜力的评价得分。

二 北京创新高地和科技人才创新生态系统建设面临的挑战与存在的问题

（一）北京建设世界一流创新高地面临的挑战

《2022 年全球创业生态系统指数报告》从绩效、资金、连通性、市场、知识、人才及经验方面评价了世界主要城市的创业生态系统建设情况。在绩效方面，北京处于国际领先地位，本报告主要选取了资金、市场、连通性、人才及经验、知识 5 个主要维度重点比较分析。

1. 创业早期资金获取及增长能力有待提高

资金维度的衡量指标包括早期资金获取及增长能力、质量与活动，早期资金获取及增长能力主要包括当地企业创业资金的早期获取和增长，质量与活动主要包括当地创业投资者经验，以及活跃投资者占比和新投资者数量。2022 年全球创业生态系统总排名前五的资金维度指数得分显示，北京在质量与活动方面表现优异，但是在早期资金获取及增长能力方面得分为 7 分，硅谷、纽约等早期资金获取及增长能力得分均为 10 分（见表 2）。主要原因在于，北京创业资金的早期获取及增长能力更多依赖政府投资支持，而以企业为主体的创业资金获取及增长能力还有待提高。

表 2　2022 年全球创业生态系统总排名前五的资金维度指数得分

单位：分

城市	早期资金获取及增长能力	质量与活动
硅　谷	10	10
纽　约	10	10
伦　敦	10	10
波士顿	9	9
北　京	7	10

2. 有形知识产权商业化不足

市场维度的衡量指标包括地方市场规模、全球领先的公司和知识产权商业化，2022年全球创业生态系统总排名前五的市场维度指数得分显示，一是北京在知识产权商业化方面的得分为3分，而硅谷、纽约、伦敦以及波士顿均为10分，北京对有形知识产权商业化的政策支持偏弱；二是北京的地方市场规模得分为7分，硅谷、纽约以及波士顿在地方市场规模上的得分均为10分（见表3）。主要原因在于，北京相关政策更注重对知识管理过程的开发和利用，而对有形知识产权商业化的政策支持容易被忽视。

表3　2022年全球创业生态系统总排名前五的市场维度指数得分

单位：分

城市	地方市场规模	全球领先的公司	知识产权商业化
硅　谷	10	10	10
纽　约	10	10	10
伦　敦	5	10	10
波士顿	10	9	10
北　京	7	9	3

3. 科学研究的基础设施建设需要进一步提升

连通性维度的衡量指标包括当地连通性和科学基础设施，前者主要指生态系统中技术会议数量等构建的拟合指标，后者主要以孵化器数量、企业研发实验室数量、顶级研究医院数量以及生命科学专项拨款的平均金额度量。2022年全球创业生态系统总排名前五的连通性维度指数得分显示，北京的当地连通性得分为6分，与全球顶尖城市的当地连通性相比，尚存在一定的差距。北京在以生命科学为重点衡量科学基础设施方面也存在一定的差距（见表4）。主要原因在于，目前北京的昌平未来科学城、怀柔科学城尚处于发展建设阶段，距离世界一流创新高地的科学基础设施发展建设水平还有一定的增长空间。

表4　2022年全球创业生态系统总排名前五的连通性维度指数得分

单位：分

城市	当地连通性	科学基础设施
硅　谷	10	10
纽　约	10	10
伦　敦	9	10
波士顿	8	10
北　京	6	1

4. 生命科学研究人才培养质量和科学研究产出量需要进一步提高

人才及经验维度的衡量指标包括成本、人才质量与可得性、STEM人才可得性、生命科学人才可得性、生命科学人才质量、生态系统内的扩张经验、创业经验等。2022年全球创业生态系统总排名前五的人才及经验维度指数得分显示，北京在STEM人才可得性、生命科学人才可得性、生态系统内的扩张经验和创业经验4个方面保持全球领先。但是，人才质量与可得性方面得分为8分，而生命科学人才质量得分仅为4分（见表5）。可见，北京在工程、生命科学人才数量方面具有全球竞争优势，但是在生命科学人才质量方面与全球领先的城市相比仍存在一定差距。

表5　2022年全球创业生态系统总排名前五的人才及经验维度指数得分

单位：分

城市	成本	人才质量与可得性	STEM人才可得性	生命科学人才可得性	生命科学人才质量	生态系统内的扩张经验	创业经验
硅　谷	5	10	3	5	10	10	10
纽　约	7	10	10	10	9	9	10
伦　敦	4	9	10	10	6	10	10
波士顿	5	9	10	10	9	10	9
北　京	9	8	10	10	4	10	10

5. 生命科学研究的全球竞争力不足

知识维度的衡量指标包括专利和研究，2022年全球创业生态系统总排

名前五的知识维度指数得分显示，北京在专利方面表现突出，得分为 10 分，高于全球排名前四的硅谷、纽约、伦敦和波士顿。北京国家一级生命科学研究得分较低，因此在研究方面的得分仅为 4 分。主要原因在于，一是高校对生命科学人才的培养与企业实际需求存在供给与需求不匹配的情况，二是缺乏生命科学领域的高层次尖端人才，相关领域的人才质量提升缓慢，最终导致研究产出质量和数量亟须提升。

表 6　2022 年全球创业生态系统总排名前五的知识维度指数得分

单位：分

城市	专利	研究
硅　谷	9	10
纽　约	6	10
伦　敦	8	7
波士顿	7	10
北　京	10	4

6. 科技成果转化强度有待提升

目前，我国高校拥有的研究成果和专利发明多是科研项目的产出，研发的起源主要是科学研究和技术基础理论前沿，这就导致与企业实际需求和市场发展趋势对接不够充分，高校的科研成果与市场存在一定的"距离"，需要通过二次开发、集成开发等过程产生产业化价值。由此可见，我国产学研合作机制仍存在一些突出问题，导致科技成果转化强度有待提高。

（二）科技人才创新生态系统建设存在的主要问题

1. 目前人才政策难以满足部分企业特别是民营企业发展需求

顶尖科技人才的吸引和保留是非常重要的工作。顶尖科技人才及团队比例偏低，复合型科技人才和创新型人才缺乏是很多机构面临的问题。北京集聚了全国 60% 的科研力量，如何激发人才创新活力仍然是难点。调研发现，部分体制内和体制外单位的政策资源供给结构不够均衡，职称评价制度的评价标准与部分企业实际需求脱节，导致部分企业对职称评价参与度不高。人才落户政策变化较快，容易造成企业人才引进工作断档。主要原因在于，政策更倾向于高校、科研院所、国有企业等体制内单位，高层次科技人才的户口、住房、人员编制、医疗保障等问题相对容易解决，但在部分民营企业中相关政策难以落实。

2. 服务科技人才的数据资源共享平台需要完善

科技人才数据资源共享平台是数字时代人才发展的重要平台，也为建设世界重要人才中心和创新高地赋能。对于城市与国家而言，人才的动态变化及提供的价值形式复杂多样，因此对人才存量、层次、专业、领域、分布等动态信息的统计与分析是面临的巨大挑战。目前，我国科技人才数据库系统建设仍存在人才成果信息来源分散、人才数据统计标准不统一、重复建设、资源共享性不强等主要问题。一方面，科技人才信息范围广、类型多、容量大，在目前的数据库中没有形成统一的数据规范和标准，对数据交换共享造成了技术上的困难。同时，人才信息的分类编码大多采用现有的国家或部门标准，标识维度单一，提供的信息内容不完善，也直接影响了科技人才信息资源的开发、共享和利用。另一方面，科技人才数据资源共享平台缺少动态更新功能，除了涵盖以人才简历信息为基础的主体数据库，还应涵盖集文献、专利、成果、机构等关联数据库于一体的信息检索、统计、发布平台。

3. 企业缺乏长期稳定的研发投入

长期稳定的研发投入保证了经济体在重大科学前沿与支撑经济社会发展的领域获得长足积累，这种累积效应容易对高层次人才形成一种固化吸引。[①] 企业缺乏长期稳定的研发投入难以形成对高层次人才的固化吸引。2019 年全球研发投入 100 强榜单中，旧金山湾区有 21 家企业入选，且多集中于软硬件技术、生物技术等前沿领域，其中，7 家企业在 2006~2019 年一直保持可持续的研发投入。此外，调研发现，很多科创企业高风险、高收益项目缺乏引导资金支持。主要原因在于，科创企业主要依靠核心技术开展经

---

① 王健美等：《新形势下北京海外高层次人才竞争方略与对策》，《科技中国》2022 年第 2 期。

营，特点是技术新、轻资产、研发投入大、前景不确定。例如，某生物医药研发企业高管指出，目前企业获取一定的优惠政策需要经过指标考评，但是研发企业产品周期长，研发阶段没有利润，因而没有产值、税收等直接经济指标的贡献，导致现有考评体系无法真实衡量企业自身价值，不利于这类企业获得政策支持。而这类企业一旦研发成功并且上市，就会获取很高的经济效益和社会效益。

4. 重大科技创新平台优势仍未充分释放

当前，北京在智能制造、数字技术、新能源等关键领域形成了一批全国重点实验室和新型研发机构等重大创新平台，但是与建设世界人才中心的要求相比，仍然存在一定差距。一方面，重大科技创新平台在全球范围内引进了战略科学家、科技领军人才、青年拔尖人才等，但"一直引"和"长期缺"的困境仍然存在。另一方面，在重大科技创新平台运行与实施中，人才赋能创新平台的机制还不健全，这客观上造成前沿技术领域"卡脖子"问题仍然突出。此外，国家实验室尚不能在全球范围内配置人才、技术、研发、制造等创新要素。这些问题不仅制约着重大科技创新平台科技创新能力的提升，也使战略性、前瞻性领域关键技术人才培养面临瓶颈。

5. 人才创新创业文化氛围感需要进一步增强

北京是全国创新创业文化氛围最好的城市之一，但与硅谷等国际顶尖的科技创新中心相比，开放包容、精准创新的人才创新创业文化氛围感需要进一步增强。部分单位创新意识不强，过于注重向创新要效益，使得部分优秀的传统科研文化逐渐消失，而以市场为导向的新科研创新创业文化尚未形成，导致部分科技人才没有把基础研究创新作为安身立命之本。创新创业文化建设仍显滞后，战略科学家、科技领军人才相关的基础研究创新创业成功案例宣传不到位。

三 国际经验启示

围绕创新高地和科技人才创新生态系统建设的主体，本报告重点选取硅谷和马里兰科学生命园区、波士顿 128 公路科创走廊、卡文迪许实验室和林肯实验室在人才政策制度、科技人才创新生态体系建设、科技人才培养方面的典型经验,为北京创新高地和科技人才创新生态系统建设提供实践启示。

(一)硅谷和马里兰生命科学园区普适型人才政策制度保障

作为美国科技创新园区的典范,硅谷和马里兰生命科学园区所在地政府通过一系列普适型人力资源流动、人才保障、产学研激励以及知识产权保护等政策为科技人才提供保障。主要体现在,一是人才流动政策在一定程度上解除了竞业限制,为人才流动提供了便捷,也方便了企业对相关人才的引进;二是为一些本土稀缺的高层次人才提供相应的移民政策;三是产学研政策方面,鼓励高校教师自主进行产学研合作和成果转化,同时在制度上提供了激励教师创业、兼职、技术创新等保障;四是政府在给予高层次人才融资政策方面,方式多样化且具有较大力度。马里兰州科技发展公司还为孵化器提供补助,孵化器继而"反哺"企业,形成良性循环链条。

(二)波士顿128公路科创走廊创新体系重塑

波士顿 128 公路被称为"美国的技术公路",经历了从繁荣到衰落再到崛起的跌宕变化。重塑创新体系、激活创新走廊是 128 公路再次崛起的关键原因。典型做法有以下几个。一是精准创新。相比于硅谷的开放式和勇于试错的创新方式,波士顿更追求创新的精准度。首先,创新方向准确。麻省理工学院(MIT)针对创新团队提供定制课程、指导和活动,制定创新基准原则,如提高人类生活质量、研究内容具备交叉性、方向具有独创性等,让创新更容易落地。其次,提供创新机会。MIT 工业联络计划的参与,让创新更容易被转化。MIT 工业联络计划是一个由学校、政府、企业组成的生态网,连接超过 1700 家企业,其中 800 家为世界领先公司。学校、企业都有合作义务,平均每年会有 600 个合作项目接洽,对于其中具有商业价值的项目,企业会购买其专利或者进行孵化。二是生活留人。创业者需求激活了波士顿老城的更新,通过打造 10 分钟生活圈,满足 10 分钟步行范围内工作、居

住、购物、娱乐、文化等需求。其中，最具代表性的是被称为"全球最具创新性 1 平方英里""全球医药产业的华尔街"的肯德尔广场。该广场集聚了众多全球顶尖的生物医药公司办公机构和生物技术公司，其中 80% 为初创企业。肯德尔广场的成功与紧邻 MIT 的区位优势密不可分，更离不开打造创业孵化空间、串联重要创新节点、构建魅力生活环境的更新策略指导。三是走廊升级。走廊升级主要源自以下三个方面的需求。其一，实验室空间需求。MIT 作为创新源头，却无法满足行业对海量实验室空间的需求，于是 128 公路成为这些实验室的主要承载区。其二，实验设备需求。随着实验室空间建设的提速，实验设备、医疗器械等科研设施的需求也进入爆发式增长期。需求的增长，更给了公路沿线本土企业再次做大做强的机遇。其三，新公司发展需求。128 公路郊区化园区依然符合规模越来越大的初创企业对独立性、安全性、形象感的诉求，新公司纷纷从老城区搬到 128 公路沿线。

（三）卡文迪许实验室和林肯实验室重大创新平台人才赋能

卡文迪许实验室是近代科学史上第一个社会化和专业化的科学实验室，产出了包括发现电子、发现 DNA 的双螺旋结构等在内的众多影响人类进步的科学成果，培养出了 29 位诺贝尔科学奖获得者，另有 30 位诺贝尔科学奖获得者曾在实验室进行研究。其成功的原因有以下几个。首先，与时俱进的创新理念。在不同时期根据科学发展和社会经济需要适时进行研究领域的创新，保证了科研创新成果的持续形成。其次，高效多元的合作。与大学多个学院合作研究，实现跨学科系统的融合。最后，较高的人才遴选质量。通过制定清晰的人才引进目标，在录用环节严格选拔，保证实验室骨干成员在 50 人左右，充分激发团队创新活力。

林肯实验室是美国大学首个实现跨学科的技术研究开发多功能实验室，聚焦极具战略意义的表面物理、固态物理等基础研究领域并处于世界领先地位。其成功的原因有以下几个。首先，充足的资金来源。在科研资源方面，美国国防部资助经费占林肯实验室总经费的 96%~98%。其次，完善的基础设施。围绕生物技术、网络安全等领域，共建有 41 处大型科研基础设施用以支持实验室的研究。最后，较高的科研资源流通效率。MIT 通过设立资助项目办公室与其进行专项对接，协调科研合作中各类人力、资金、设施等资源的对接。

四　北京高水平创新高地与科技人才创新生态系统建设的对策建议

本报告通过分析北京高水平创新高地与科技人才创新生态系统建设的现状，发现面临的挑战及存在的主要问题，并借鉴国际经验做法，从建设具有首都特色的国际人才社区联合体、开发服务科技人才的数据资源共享平台、构建激发科技人才创新的多元主体参与的资金支撑体系、改革深化国家重点实验室人才管理的赋能机制、营造浓厚的鼓励科技人才创新创业的价值认同感和文化氛围、不断提升科技人才高品质生活和工作的基础设施建设水平等多个维度提出加快建设世界人才中心和创新高地、完善科技人才创新生态系统的具体对策与建议。

（一）建设具有首都特色的国际人才社区联合体

北京立足政治中心、文化中心、国际交往中心和科技创新中心建设，完善人才战略布局，着力推动科技创新主导型、文化创意主导型、国际组织主导型和智能制造主导型国际人才社区建设，营造开放创新的人才生态环境，吸引多元化国际人才，稳步推进全球人才中心和创新高地建设。

一是推动科技创新主导型国际人才社区建设。以中关村科学城、昌平未来科学城和怀柔科学城为联合载体，加快吸引科技创新型国际人才。发挥政府引导作用，集聚风险投资人才，提升创新成果转化率。加快形成企业研发系统驱动模式，鼓励支持企业与其他研发创新主体合作，建立互利共生的合作伙伴关系，驱动形成科技创新群落。通过创意设计营造鼓励创新的文化氛围。

二是推动文化创意主导型国际人才社区建设。以新首钢和通州区国际人

才社区为载体，加快吸引文化创意型国际人才。政府制度支持是文化创意主导型社区发展的决定性因素。纵观纽约苏荷文化艺术区、伦敦南岸艺术产业园等世界知名的文化创意园区，大都基于废旧工厂资源实现成功转型，政府制度支持在转型前期起到了核心引导作用。首钢园区应以成功承办2022年冬季奥运会为主要契机，不断吸引和举办更多国际会议和活动，逐渐扩大国际影响力。通州应依托环球影城建设文化创意型社区，加快文化创意类产业和人才集聚。

三是推动国际组织主导型国际人才社区建设。以朝阳区和顺义区国际人才社区为载体，加快吸引国际组织型、国际交往型人才。朝阳区集聚了北京约80%的国际组织、70%的世界500强跨国公司地区总部，顺义区是北京对外开放的重要窗口。跨国企业和国际组织具有全球化视野、多元化人才背景，他们善于开拓创新、精通国际规则、了解国际市场。首先，细化对政府和非政府组织的法律支持，形成有效的国际组织法律制度支持体系。其次，加强政府对国际组织的资金支持，据美国霍普金斯大学的调查数据，纽约国际组织平均收入来源结构中，政府资助占48%。最后，可将目标更多地锁定新兴的国际组织，聚焦吸引文化类、科技创新类发展相关议题的新兴国际组织，提高国际组织的入驻率。

四是推动智能制造主导型国际人才社区建设。以北京经济技术开发区国际人才社区为载体，加快吸引智能制造型国际人才。成立"北京市智能装备产业发展战略咨询委员会"，广泛开展全球性技术合作与交流。设立"北京市智能制造产业引导基金"，以政府投资为引导，以市场化方式运作，吸引广大社会资本参与，重点支持智能制造企业向数字化和智能化方向升级。积极承办国际性或全国性的智能制造论坛与大会等，提升北京市智能制造产业区域性品牌的影响力和知名度。

（二）开发服务科技人才的数据资源共享平台

开发人才大数据库，注重复合型人才的引进和培养，创新顶尖人才和团队的引进方式。围绕科技人才的存量、层次、专业、领域、分布等供给侧信息，分别从人才流动、赋能、激励与保障维度构建数据库应用模块，从而对人才数据进行总体性、特色性及动态性的把控与分析。首先，打破"数据壁垒"，统一信息分类编码体系和入库基本标准，建立数据规范和标准。围绕不同类型的战略创新人才分别制定科学的管理准则、评价标准、晋升机制。提高人才数据使用效率，也为实现科技人才数据共享奠定基础。此外，开发人才大数据云图，建立共享协作的国家级科技人才数据库平台，通过数据进一步分析创新行为逻辑与人才创新发展规律，并建立能够覆盖全过程的数字化管理体制机制。围绕科技人才成果产出、研究热点、学术谱系、社会网络、合作能力、学术能力进行分析，从而为制定人才发展政策、引导人才合理流动、人才引进等方面提供科学依据。根据北京产业发展特色，重点引进和培养符合产业发展需求的复合型人才。通过人工智能等手段，对政策精准推送、科学决策、资源配置、流程匹配等方面进行优化，并基于科技人才大数据库，构建包含人才引进、培育、评估、激励等的全链条人才价值指数模型，完善人才价值链生态系统。

（三）构建激发科技人才创新的多元主体参与的资金支撑体系

针对研发型企业的特点，改进现有的指标评估体系以反映企业实际价值，从而给予优惠政策扶持。主要从四个方面加以完善：一是以研发资金投入作为考核指标；二是以自主研发的科技成果所获得的专利作为考核指标；三是针对原创的新药研发，以国内和国际临床批件证明作为考核指标；四是以拥有专业的投资机构和融资的量作为考核标准。加快形成以头部企业为主的全球产业网络，为海外经营的企业完善法律法规及知识产权等制度，针对百度、小米等具有较大研发投入的企业，支持其在合作国家设立企业研究发展中心、分支机构和孵化载体，逐步形成北京国际化产业网络，以就地吸引、使用、培养人才，及时掌握不断变化的国际创新需求。此外，持续加大对企业后期创业资金的支持力度，构建"政府资金引导+企业资金主体+社会资金支持"的资金支撑体系。

（四）改革深化国家重点实验室人才管理的赋能机制

发挥国家重点实验室对关键核心技术领域顶尖人才和紧缺人才的集聚作用。关键核心技术以人工智能、量子信息、区块链、生物技术"四个占先"领域，集成电路、关键新材料、通用型关键零部件、高端仪器设备"四个突破"领域为主攻方向，发挥国家重点实验室的战略科技力量，集聚和支持一批关键核心技术领域的顶尖人才和紧缺人才。同时，政策重点关注青年科技人才培养，建立和完善对青年科技人才的早期开发、持续追踪培养机制，加强青年科技人才培养各关键环节的政策支持，为青年科技人才创造更多创新创业的机会。支持国家级科研机构、新型研发机构"择优滚动支持"重点领域青年人才。

完善国家重点实验室科技人才管理的赋能机制。由政府有关部门牵头，面向特定产业领域，对相关论文、专利、获奖、项目等做文献检索与分析，获取"高被引科学家""关键专利发明人""获奖科学家""顶尖科研项目团队"等，建立和绘制全球高层次人才数据库和人才地图。根据产业发展需求，扩充 STEM（科学、技术、工程、数学）专业范围，加大对实验室 STEM 人才的引进和培养力度。建立短期引才和长期引才相结合的实验室国际引才机制。针对短期引才，设立资深访问基金，聘请各领域专家来实验室交流，促进成果在交流中产出；针对长期引才，设立卓越青年基金并推广，面向全球招收有能力的年轻人才，给予 3～5 年资助，对人才提出的计划给予支持。

（五）营造浓厚的鼓励科技人才创新创业的价值认同感和文化氛围

教育、科技、人才工作要一手抓，形成新的竞争优势。鼓励支持营造创新创业的文化氛围，大力集聚战略科技人才，提升人才自主培养能力，加大基础学科拔尖人才培养力度。优化人才发展环境，做好人才服务。围绕战略科学家、科技领军人才、青年科技人才、卓越工程师等各类创新人才的特点，从职业动机和社会认同角度开发"创新人才价值认同画像"，从创新的双元能力、团队协调能力和生涯适应能力角度开发"创新人才能力素养画像",从物质激励、心理认可、职业生态支持和人才服务有效性角度开发"创新人才回报诉求画像"。总结归纳不同创新人才队伍的职业发展路径,将科技人才个体职业生涯发展与组织管理、产业政策和政府管理等多层面进行有机整合。遵循人才成长规律和科研规律,推出更多"解渴管用"政策,切实为人才松绑鼓劲。营造更加浓厚的鼓励科技人才创新创业的价值认同感和文化氛围。

(六)不断提升科技人才高品质生活和工作的基础设施建设水平

完善科技人才的生活配套基础设施。加强科技人才公寓建设,建设不同类型的科技人才公寓,解决科技人才住房难题和交通难题。探索智慧城区建设,引进国际先进的物业管理经验和模式,提升智慧物业服务和社区的精细化管理水平。为科技人才提供全方位的服务保障,为高层次人才在家属就业、子女入学、住房、国际医疗等方面提供优厚条件和待遇。政府引导社会资本在国际化人才集聚的地方以及规划的重点区域,重点布局建设一批艺术馆、剧院、公共图书馆、咖啡厅、城市会客厅等公共文化设施,并赋予更多的公共空间社交属性,让人才在交往中碰撞灵感、创造价值。通过营造国际化的文化休闲氛围,提升人才在北京的融入感、幸福感。

B.4
创新高地建设的科技人才战略对比分析与展望

冯喜良　苏建宁*

摘　要： 人才是第一资源，创新是第一动力，大力推进创新高地建设与深入实施科技人才战略息息相关。互学才能互促、互鉴才能共赢。推动我国科技人才战略向前、向实发展，需以世界眼光学习发达国家的先进经验，系统总结我国北京、上海和以深圳为代表的粤港澳大湾区等地区的典型做法，在对比之中为完善我国科技人才战略找差距、补短板、做展望。未来，我国在实施科技人才战略和建设创新高地的过程中，应重点从做好科技人才培养工作中心下移、群体前移，做好引才力度与引才精准度的结合，做好产学研协同"三个做好"方面用力、发力。

关键词： 创新高地　科技人才战略　产学研协同　招才引智

习近平总书记在中央人才工作会议上做出了加快建设世界重要人才中心和创新高地的重要部署，深刻指出了"国家发展靠人才、民族振兴靠人才"。[①] 当前，我们正处于百年未有之大变局中、实现中华民族伟大复兴的

---

* 冯喜良，首都经济贸易大学劳动经济学院教授，博士生导师，主要研究方向为劳动关系、人才发展；苏建宁，首都经济贸易大学劳动经济学院博士研究生，高级工程师，主要研究方向为劳动关系。
① 《深入实施新时代人才强国战略　加快建设世界重要人才中心和创新高地》，《求是》2021年第24期。

征程上，我们比任何时候都需要人才、重视人才，唯有凭借强大的人才之基、之势，才能积蓄强大的科技创新动能，为实现中国式现代化蓝图集聚磅礴力量。

2021 年，上海经济信息中心发布《全球科技创新中心评估报告 2021》，该报告分别从基础研究、创新经济、产业技术和创新环境等 4 个方面，对全球 150 个创新型城市或城市圈进行了分析评估。报告显示，近年来我国的科技创新实力得到了进一步增强，在全球科技创新 100 强中，共有 14 个城市入围，较之前新增了 4 席，北京和上海整体排名分别上升 1 位和 3 位。[①] 瑞士洛桑国际管理发展学院发布的《2021 年 IMD 世界人才竞争力报告》显示，我国内地排第 36 位，比 2020 年上升 4 位。[②] 党的十八大以来，党中央始终将创新高地建设和科技人才培养作为推动高质量发展的重中之重来抓，不断加大创新投入，多措并举提升人才，特别是科技人才的培养效能，助力我国科技水平与创新能力的全面跃升。2021 年，我国研究和试验发展（R&D）经费投入达 27956 亿元，按现价计算比 10 年前增长了 1.7 倍，年均增幅 11.7%，在 GDP 中的占比达到 2.44%，接近了 OECD 国家的平均水平，投入规模仅次于美国，稳居世界第 2 位。[③] 重要人才中心和创新高地建设成绩斐然。

在看到成绩的同时，习近平总书记强调要看到"我国人才工作同新形势新任务相比还有很多不适应的地方"。[④] 这突出表现在科技人才多而不优、创新高地建而不强、人才战略性与政策精准性匹配度不高、人才体制机制中长期存在的诸多矛盾与问题并未得到彻底解决等。放眼世界，世界各国特别

---

① 《2021 全球科技创新中心百强城市发布》，《河南科技》2021 年第 13 期，第 3 页。

② 《洛桑国际管理发展学院报告：全球人才竞争力，香港排亚洲第一》，环球网，2021 年 12 月 10 日，https：//china. huanqiu. com/article/45vKRtEIv5A。

③ 《新动能茁壮成长　新经济方兴未艾——党的十八大以来经济社会发展成就系列报告之九》，国家统计局网站，2022 年 9 月 26 日，http：//www. stats. gov. cn/xxgk/jd/sjjd2020/202209/t20220926＿1888675. html。

④ 《深入实施新时代人才强国战略　加快建设世界重要人才中心和创新高地》，《求是》2021年第 24 期。

是发达国家始终将人才强国、科技兴国、创新立国战略一以贯之予以巩固加强，国家间对科技人才、创新成果的竞争已日趋白热化。美国、英国、德国和日本等国家凭借雄厚的科技实力、强大的创新动能已然成为世界人才中心和创新高地，在激烈的国际竞争中牢牢占据主导优势。聚焦国内，以北京、上海和粤港澳大湾区为代表的区域也在持续发力推动全球科技创新中心的建设，打造科技人才中心和创新高地。综合国力竞争归根结底是人才竞争。在世界各国竞相建设科技人才中心和创新高地的时代背景下，我国必须增强忧患意识，把握人才特别是科技人才发展的主动权，切实将科教兴国、人才强国战略部署落到实处。

互学才能互促、互鉴才能共赢。推动我国科技人才战略向前、向实发展，需以世界眼光学习发达国家的先进经验，系统总结我国北京、上海和粤港澳大湾区等地区的典型做法，在对比之中为完善我国科技人才战略找差距、补短板、做展望，而这也是本报告的主旨所在。

一 国外创新高地科技人才战略分析

何为创新或人才高地，从地理学上看，"高地"指的是比地平面高的地方。何丽君认为，人才中心和创新高地聚集数量充足、结构优化、活力充沛的世界级高层次科技人才、创新性人才，汇聚各类原创性、前沿性的世界级科研创新成果，引领未来科技革命和产业的发展方向。从某种意义上看，人才与创新是一个"孪生"词语，且人才中心和创新高地建设是一个相辅相成、互为因果、共生共存、协同耦合的系统工程。[①] 人才是构建创新高地的载体与内核，没有人才作为源头，创新高地建设就无从谈起。同样，全面推进创新高地建设，也是为营造育才、引才、用才的良好生态环境，两者同为一体、密不可分。

---

① 何丽君：《中国建设世界重要人才中心和创新高地的路径选择》，《上海交通大学学报》（哲学社会科学版）2022年第4期，第33~42页。

基于此，本部分着眼于世界著名的创新高地和人才中心，深度解析其一脉相承、赓续迭代的科技人才战略，力争在对比之中找到其成为科技人才中心、创新高地的基因密码。

（一）美国——大力引才、精准育才、市场化用才，打造世界人才高地

在过去的 400 年，世界科学中心发生过 5 次转移，分别从意大利、英国、法国、德国转移到现在的美国。日本学者汤浅光朝对世界科学中心的转移轨迹进行过相关研究，提出了世界科学中心转移的归因理论，认为"文化震荡、经济快速增长、社会变革、新学科的崛起和科学家的集体流动"是影响世界科学中心形成的因素。[1] 作为目前的世界科学中心，美国的科技崛起与上述因素息息相关，其科技水平和实力在目前世界各国中独树一帜。以诺贝尔奖获奖人数为例，截至 2020 年，诺贝尔奖共计颁发给世界数十个国家和地区的 930 人，其中美国的获奖人数最多，累计有 384 名诺贝尔奖获得者，超过了获奖总数的 40%。[2] 同样，专利水平直接反映了一个国家的科技实力。世界银行的相关数据显示，2011~2020 年，美国的专利申请数量（非居民）遥遥领先于其他发达国家，如图 1 所示。

美国虽拥有广袤的土地和丰富的自然资源，但它成为世界科技中心的首要原因，并不是其拥有丰富的物质资源，而是其拥有雄厚的人才资源。美国的人才战略具有开放、务实、阶段性、包容性、整体性和与时俱进等特点。[3] 无论是早期移民阶段、西部开发阶段、二战与后期阶段、20 世纪 90年代一超多强阶段还是金融危机后期阶段，美国始终将科技和人才发展战略作为重中之重一以贯之。

---

[1] 吕有勇：《世界科学中心转移轨迹的启迪：科技创新与人才团队培育问题浅析》，《中国基础科学》2014 年第 4 期，第 3~10 页。

[2] 邱晨辉：《诺奖得主哪家多？美国连续 5 年拿下诺贝尔生理学或医学奖》，《中国青年报》2021 年 10 月 4 日。

[3] 蓝志勇、刘洋：《美国人才战略的回顾及启示》，《国家行政学院学报》2017 年第 1 期，第50~55 页、第 126~127 页。

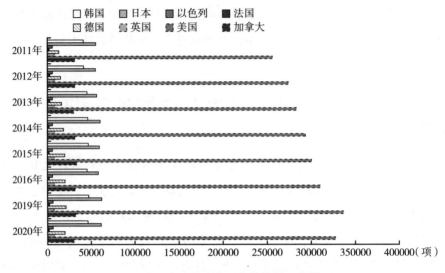

图1 主要发达国家专利申请数量（非居民）

资料来源：国家统计局（根据世界银行等国际组织公布数据整理而得）。

在吸引人才方面，美国将"聚世界英才而用之"的引才战略发挥至极致。大量优质科技人才的流入成为美国保持长久竞争力的关键。20世纪60年代以后，美国引进了大量科技移民，这些科技移民为推动美国科学技术发展做出了卓越贡献。以物理、化学和医学领域的诺贝尔奖为例，1901~1959年，美国获得诺贝尔奖的人数为25人。1965年，美国出台新移民法后，赴美移民激增，1961~2016年，美国获得诺贝尔奖的人数达到了79人，是1901~1959年的3倍多，这与美国更为开放的移民政策有直接联系。2016年美国获得诺贝尔奖的6位科学家均是移民。[①]《硅谷指数2022》显示，硅谷64%的科学技术工作者与48%的居民都是外国移民。美国对待科技移民的举措并非一成不变、一把标尺，而是随着国家的科技发展不断进行动态调整。进入21世纪后，美国将引才重点放在了STEM（Science，科学；Technology，技术；Engineering，工程；Mathematics，数学）等专业上。2016年，在美国获得计算机、数学和工程专业的博士群体

---

① 石磊、罗晖：《美国科技人才流动态势分析》，《全球科技经济瞭望》2018年第5期，第41页。

中，有临时签证的比重已达到50%以上。① 美国持续开放迭代的移民政策如表1所示。

表1 美国主要移民政策梳理

时间	移民法名称	政策要点
1952年	《外来移民与国籍法》	受过高等教育、具有专业技术能力的人拥有了获得限额移民资格
1953年	《难民—逃亡者法》	对于来美专业技术人员、美国侨民和公民的外籍亲属可作为非限额移民入境
1965年	《外来移民与国籍法》	移民配额10%优先给专业技术人员，或能够给美国经济社会发展带来突出贡献的人才
1990年	《合法移民法改革法案》	将技术移民的配额进一步提高至32%，确定了职业移民优先权，解除了在科学、艺术、教育领域中有杰出成就者的配额限制
1998年	《美国竞争力和劳工改进法》	1999~2000年将H-1B的配额从每年6.5万人增加至11.5万人
2000年	《21世纪美国竞争力法》	2001~2003年，将H-1B计划的年度限额增加至19.5万人

资料来源：石磊、罗晖的《美国科技人才流动态势分析》，部分内容进行了删减。

在人才培养方面，无论是在数量上还是在质量上，美国建成了世界上首屈一指的育人基地。在这一过程中，高校无疑是科学技术的策源地与科技人才的孵化地。在数量方面，美国国家教育统计中心（NCES）2018年统计数据显示，美国共有各类高校6502所，② 而根据我国教育部2021年教育年报显示，我国目前各类高校共计3012所，美国高校在数量上仍明显高于我国；在质量方面，根据2021年的QS全球大学排名，美国在前100名的高校中占了28席，而中国只占了12席，且排名前十的高校中美国高校就

---

① 石磊、罗晖：《美国科技人才流动态势分析》，《全球科技经济瞭望》2018年第5期，第43页。

② 《中美高校数量、在校人数对比：美高校是中国2倍，在校人数中国优势明显》，腾讯新闻，2020年7月10日，https：//view.inews.qq.com/wxn/20200710A059BG00？originPath=w2。

独占了 5 席。① 美国完善的高校育人体系的建立，与美国政府持续加大教育投资，深入推动教育改革密切相关。20 世纪 80~90 年代，美国提出"美国 2000"教育改革方案。② 1991 年，美国出台新教育发展战略，提出到 2000 年要将科学和数学相关专业的教师数增加 50%以上。2006 年，美国进一步实施《美国竞争力计划》，提出要通过在教育和科研上的更大投入，保持其在科技创新中的领先地位。2009 年，美国进一步颁布《美国创新战略》以及其实施的具体行动计划，提出要加大对人才培养和科学项目的资金投入、R&D 等指标达到 3%以上。③

在人才使用方面，美国成功形塑了一项高度市场化的科技成果激励与转化机制。在科技成果激励方面，美国于 1980 年颁布的《拜杜法案》，从法律上保障了高校科研成果的转换和知识产权，极大地激发了科技人才的成果转化热情。④ 在产学研融合方面，美国通过国家自然科学基金会（NSF）支持下的产业—大学合作研究中心（I/UCRC），成功搭建了产学研一体化的合作桥梁。值得一提的是，NSF 仅通过少量的资金支持，带来了更多渠道的资金投入，甚至可以达到 1∶8 的杠杆效果，即 NSF 在 I/UCRC 项目中给予 1 美元的专项资助，可随之带来 8 美元的其他资金资助，而其中又以企业的缴纳会费为主要来源，形成了企业主动、高校积极、政府联动的良性科研生态，具体运作模式如图 2 所示。⑤

科技人才战略的落地实施与创新高地建设密切相关。目前，美国已形成纽约硅巷、加州硅谷等多个极具吸引力的科技人才聚集地与创新创业高地，各地区在科技人才引进、培养和使用等方面形成了独具特色的政策体系。

---

① QS 中国官网，https：//www. qschina. cn/university-rankings/world-university-rankings/2022。
② "America 2000：An Education Strategy"，Education D. O.，Washington D. C.，1991，p. 52.
③ 蓝志勇、刘洋：《美国人才战略的回顾及启示》，《国家行政学院学报》2017 年第 1 期，第 50~55 页、第 126~127 页。
④ 田德新、张喜荣：《美国创新人才培养机制》，《西安外国语学院学报》2003 年第 3 期，第 85~87 页。
⑤ 范惠明、邹晓东、吴伟：《美国的协同创新中心发展模式探析——I/UCRC 的经验与启示》，《高等工程教育研究》2014 年第 5 期，第 153~158 页。

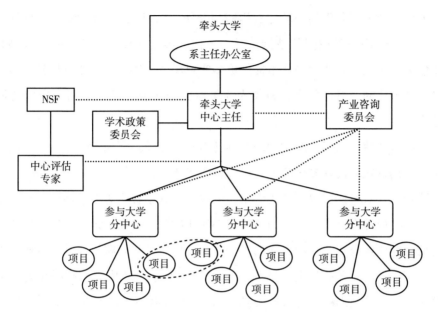

图 2　I/UCRC 项目运作模式

资料来源：根据 I/UCRC 2013 年年会资料整理得出。

在人才引进方面，纽约与硅谷等地具有强大的人才聚集力。纽约于 2009 年发布了《五大行政区经济发展计划》，力争将纽约打造成高技术的人才引擎地。在该计划中，政府将重点放在了"应用科学"项目建设上，通过资助康奈尔科技城、哥伦比亚大学数据科学和工程研究院等项目，创造了上千个企业、4 万余个新岗位；[①] 硅谷方面，虽受疫情影响，但硅谷对科技人才的吸引力依旧强劲。《硅谷指数 2022》显示，硅谷的就业岗位新增近 7.9 万个，其中面向科技人才的岗位增加近 1.85 万个，较 2019 年增加了 2%，硅谷总的外国出生居民占比已达 39%。

在人才培养方面，纽约铺设"科技人才管道"（Tech Talent Pipeline）。近年来，纽约与众多世界 500 强公司通力推出了"科技人才管道"计划。

---

① 李建华：《纽约向全球科技创新中心转型的成功经验》，《全球科技经济瞭望》2022 年第 5 期，第 57~60 页。

一方面，通过与各类培训教育机构密切合作，以科技暑期培训项目为抓手，帮助毕业生快速掌握岗位技能；另一方面，推出"CUNY 2X Tech"计划，不仅推动了优质企业为毕业生提供更多实习岗位，还支持企业科技骨干参与高校教学活动，打通了高校科技人才供给端与企业科技人才需求端的协同通道。

在人才使用方面，纽约和硅谷等已由政府驱动转变为大学驱动、市场驱动。纽约依托域内众多研究型大学的科研优势，打造了密切协同的高校—产业联合体，对科研成果的转化应用已由政府主导型转变为大学驱动型。一些知名高校内部设立了多个助力科技成果转化的服务中介组织，如哥伦比亚大学的科技创业公司、纽约大学的工业联络办公室等。以纽约大学的工业联络办公室为例，相关统计数据显示，目前已有 70 余家新成立的高科技公司依赖纽约大学的最新研究成果，该办公室目前已累计授权专利 767 项，其中60% 得到转化应用。[①] 与纽约的"大学驱动型"有所不同的是，硅谷对于科技成果的转化战略更趋向于"市场驱动型"。《硅谷指数 2022》显示，2021年硅谷地区的风险投资达到 441 亿美元，创历史新高。

（二）加拿大——引才成效显著、留才可圈可点，兼具精准性与系统性

综观加拿大的科技人才战略，其不仅在引才上成效显著，还在留才上可圈可点。作为美国的近邻国，在美国较强的"虹吸"效应下，加拿大面临大量科技人才流失的挑战。面对这种局面，加拿大分别在引才和留才方面出台了一系列举措。在引才方面，2007 年 5 月加拿大制定了"让科技成为加拿大优势"的人才战略，还出台了首席研究员计划，瞄准世界科技领域的顶尖人才，在世界范围内产生了广泛影响；除了大力引进战略型、顶级科学家外，加拿大对其他专业型人才也大开方便之门，如 2008

---

① 苏洋、赵文华：《我国研究型大学如何服务全球科技创新中心建设——基于纽约市三所研究型大学的经验》，《教育发展研究》2015 年第 17 期，第 1~7 页。

年的"优先移民行动计划"、2012 年的"博士类移民"计划等，一系列极具吸引力的政策的出台，让加拿大成为很多海外科技人才流入的主要目的地之一。[①] 在留才方面，加拿大政府认为政策留才的前提是环境留才、平台留才。1997 年，加拿大设立了独立的创新基金（CFI），用于资助科研院所、高等院校的科研设施建设与项目，已有 536 个科研院所和高等院校获得 CFI 的相关资助。

加拿大针对科技人才的相关政策服务除具有力度大、精准度高的特点外，还具有系统性、务实性等的特点。如加拿大为方便海外人员更好地留加工作，通过所得税专项减免、知识产权保护、增设针对移民的"临时实习岗位"等方式，让众多海外移民更好地安心留加、满意留加。加拿大科技人才战略的成功实施，不仅消除了美国"虹吸"效应的不利影响，还开辟了海外人才竞相流入的新局面，这对我国部分地区，如京津冀区域的人才结构失衡问题，具有重要的参考、指导意义。

（三）英国、法国和德国——持之以恒重视人才建设，与时俱进发展人才政策

英国、法国和德国作为传统的工业强国，时至今日仍在世界创新科技舞台上占有重要地位。这些国家聚焦科学技术的发展前沿，不断与时俱进，其在长期实践中形塑的科技人才战略具有宝贵的学习价值与借鉴意义。

为更加清晰、系统地展示英国、法国和德国在科技人才发展和创新高地建设方面的典型做法，本报告采用表格的方式对其进行对比，如表 2 所示。

表 2　英国、法国和德国科技人才战略对比分析

内容		国家	具体举措
科技人才引进	广纳留学生	英国	• 20 世纪 80 年代确立了市场化的留学政策，已成为世界上仅次于美国的海外留学目的地； • 设立一系列人才资助计划，包括海外研究生计划、Wolfson 研究功勋奖等

---

① 吴曼、朱梦娴：《加拿大国际科技人才战略的启示》，《全球科技经济瞭望》2013 年第 4 期，第 62~67 页。

续表

内容		国家	具体举措
科技人才引进	广纳留学生	法国	• 学费减免,实施公立教育免费制度; • 奖、助学金政策,法国政府每年向留学生提供2.2万个名额; • 社会福利政策,留学生与本土学生享受同等交通、住宿和医疗补贴待遇等
	高端人才引进	英国	• 2020年发布《英国研究与发展路线图》,推出"全球人才签证",高层次科学人才可在无工作邀请前提下获得签证 • 2017年修改移民积分系统,高技术人才等可更加便利地获得英国身份
		法国	• 通过岗位聘用等方式,向全球招募博士生,法国外籍博士占比超过40% • 2018年提出2027年前实现接收50万名留学生的目标,并给予了大量资金支持
		德国	• 学费免除,公立大学基本不收学费,每年政府用于留学的支出约23.2亿欧元; • 完善的奖、助学金制度,目前有200项奖学金供留学生选择] • 各类非营利科研协会和基金会,如弗朗霍夫协会的"吸引力"计划、洪堡基金会的"洪堡科学基金",吸引海外高层次科技人才来德 • 出台"蓝卡"计划,对于数学、自然科学、IT类高技术人才,在有雇主的前提下,可直接获得德国"蓝卡"
科技人才培养	教育改革与科研支持	英国	• 投入专项资金,用于提升中小学教师质量;设立针对硕士研究生和博士研究生的拨款计划; • 完善学徒制和技能培训体系,重点以STEM技能培训为主
		法国	• 打造国际化科研社区,法国高校外籍教授、副教授与讲师的占比分别为11.2%、16.2%
		德国	• 实施双元制职业教育,让学生接受科学理论和实践操作的双重培养; • 发起德国大学"卓越计划",设立"国际研究奖学金",鼓励德国大学与国外学术机构、大学开展跨学科、跨领域的学术合作

内容		国家	具体举措
科技人才环境	典型创新高地建设	英国	• 构建多级政府共治的科技创新管理体系； • 推出"Tech City"计划,打造集金融与科技创新于一体的现代化中心； • 设立金融控制管理局,专门制定针对科学技术产出的研发、个人收入以及设备采购等方面的税收减免政策； • 基于伦敦世界金融地位,引入大量资金投入众多中小科技企业,2010~2015年伦敦科技型企业增长近50%,并提供了近3万个科技型岗位

资料来源:《法国高等教育研究与创新概况》,法国高等教育、研究与创新部网站,2022年4月5日,https://www.enseignementsuprecherche.gouv.fr/fr/l-etat-de-l-enseignement-superieur-de-la-recherche-et-de-l-innovationen-france-47821;陈强、王浩、教帅《全球科技创新中心:演化路径、典型模式与经验启示》,《经济体制改革》2020年第3期,第152~159页;哈巍、陈东阳《法德日国际学生教育投入的比较与思考》,《光明日报》2019年7月30日,第13版;罗剑钊《国外人才政策对我国优化科技人才战略的启示》,《科技创新发展战略研究》2017年第2期,第43~48页;秦琳、姜晓燕、张永军《国际比较视野下我国参与全球战略科技人才竞争的形势、问题与对策》,《国家教育行政学院学报》2022年第8期,第12~23页;何丽君《中国建设世界重要人才中心和创新高地的路径选择》,《上海交通大学学报》(哲学社会科学版)2022年第4期,第33~42页;季晶、刘璞、陈正军《发达国家科技人才战略对我国相关工作的启示》,《人力资源管理》2016年第10期,第19~20页。

(四)以色列——"柔性开放外引、自主特色内培",助力打造世界人才高地

以色列以强大的科技实力闻名于世。相关研究显示,在以色列狭窄的国土上,高科技公司的总数超过了4000家,平均每2000人就拥有一家高科技公司,密度可谓全球最高。① 以色列之所以能成为世界级创新高地与科技人才聚集高地,是因为其实施了卓有成效的"外引内培"科技人才战略。在人才吸引方面,以色列作为一个犹太国家,对海外众多犹太科学家具有天然吸引力,自20世纪90年代起,以色列大力实施海外人才吸引政策,大批在

---

① 陈海砚:《以色列科技人才战略的启示》,《中关村》2021年第4期,第69页。

国际上享有盛誉的科学家纷纷涌入,直接助力了以色列科技实力的快速增强。在这一过程中,以色列坚持"不求所有、但求所用"的柔性引才用才理念,为便于科学家跨国工作,一直在双重国籍上持开放积极态度,目前有近5%的以色列人拥有双重国籍。在人才培养方面,犹太民族一直非常注重教育功能,大多数以色列人自幼儿阶段就接受了科学思想的启蒙,加之其特有的兵役制度,使得以色列的科技企业拥有了肥沃的孵化土壤。此外,以色列也通过各类资助计划,如国家引才计划、卓越研究中心计划,以及科技孵化资金、风险投资基金等,大力支持科技人才的引入、培养和使用等,如针对入选以色列科技孵化规划的中小企业,政府可为其提供85%的运营经费,最高可达60万美元。①

(五)韩国、日本——构建了全方位引人、全体系育人、全生态树人与用人体系

作为与中国一衣带水的两个国家,韩国和日本的科技创新能力享誉世界。解析两个国家在科技人才上的发展战略,对推动我国建设成为世界重要人才中心和创新高地具有启示意义。

首先,两个国家都把建设科技人才强国作为发展"先手棋"进行谋划部署。1998年,韩国推出了《人力资源、知识、新起飞:国家人力资源开发战略》;进入21世纪后,日本在深度调研的基础上,于2004年提出了《关于科学技术相关人才培养和使用的意见》。与之时间类似的是,我国于1995年提出了"科教兴国"战略。其次,两个国家都把吸引人才作为科技人才战略中的重要内容,而这又集中体现在"留学生政策"和"促进海外交流"两个方面。在吸引留学生方面,韩国近年来一直不遗余力地扩大韩国留学生规模,2012~2019年,韩国留学生人数已从8.69万人飙升至16.02万人,数量增长近1倍。疫情期间,韩国通过放宽打工政策、延长毕

---

① 王德禄:《硅谷、中关村、以色列三大全球创新高地的比较》,《中关村》2014年第1期,第78页。

业生就业签证时间等来吸引海外留学者。① 在日本，2017 年外国留学生的占比已由 2014 年的 5.3% 上升至 7.8%。为了不断扩大日本留学生规模，日本政府通过减免学费，多渠道发放奖、助学金等措施增强留学吸引力。仅以"国费留学生"为例，2016 年日本对于每位留学生的资助为 11.7 万～14.8 万日元（相当于人民币 6000～7700 元，以日元对人民币 1∶0.05 计算）。② 在"促进海外交流"方面，韩国提出了建设世界高水平大学计划，大力吸引海外专家来韩从事科学技术研究，③ 并于 2011 年实施了新《国籍法》，为海外高层次科学技术人才来韩工作开"绿灯"。同样，日本提出了要搭建"人类前沿科学计划"等国际研究平台，通过海外的招才引智推动国内科技水平的提升。2018 年，海外赴日从事科学技术的相关人员约 35 万人。④

除大力引才外，韩国和日本在"本地育才"方面的投入也不遗余力。韩国出台了《迈向 2030 年人才强国——科学技术人才政策中长期创新方向》，该政策中重点强调要针对科学家、青年研究学者、国际化人才给予专门的支持。据相关统计，韩国 2016～2020 年针对科技人员的财政投入较之前增长了 70%。⑤ 2021 年日本政府发布了《第 6 期科学技术创新基本计划（2021—2025）》，继续加大对科技人才的培养力度，包括增加科研岗位、提高科研待遇、增加女性科研人员占比等。⑥

---

① 《2021 年韩国留学市场现状及竞争格局分析》，证券之星，2021 年 6 月 26 日，https://baijiahao.baidu.com/s？id=1703612460855168372&wfr=spider&for=pc。
② 哈巍、陈东阳：《法德日国际学生教育投入的比较与思考》，《光明日报》2019 年 7 月 30 日，第 13 版。
③ "National Project towards Building World Class Universities"，韩国教育科学技术部网站，2022 年 1 月 8 日，https://www.moe.go.kr/boardCnts/viewRenew.do？boardID=337&lev=0&statusYN=D&s=moe&m=0303&opType=N&boardSeq=48381。
④ 《2021 年版科学技术创新白皮书：面向 Society 5.0 的实现》，日本文部科学省网站，2022 年 1 月 8 日，https://www.mext.go.jp/content/20210603-mxt_kouhou02-0000157。
⑤ 《第四次科学技术人才培养支援基本计划（草案）（2021—2025 年）》，韩国科学技术信息通信部网站，2022 年 7 月 24 日，https://www.kistep.re.kr/boardDownload.es？bid=0002&list_no=34616&seq=12940。
⑥ 《第 6 期科学技术创新基本计划（2021—2025）》，日本内阁府网站，2022 年 1 月 8 日，https://www8.cao.go.jp/cstp/kihonkeikaku/6honbun.pdf。

韩国和日本一直高度重视全生态树人、用人系统的构建。在培育创新环境、全生态树人方面，2016年以来，韩国首尔政府专门为广大市民开设了公民参与的创新治理学校，帮助普通首尔市民学习掌握创新基本机制与城市运作原理；日本东京作为全球著名的科技创新中心，在推动政产学研上走出了一条新路。日本文部科学省和经济产业省联合发布《产学官合作共同研究强化指南》，旨在促进企业需求与高校供给之间相匹配，该指南计划到2025年推动企业对学术研究投资的总额达到2014年的3倍。政府通过有效解决产学互联中的痛难点问题，大大提高了科研成果的转化效率与知识溢出速度。

二 国内创新高地科技人才战略分析

习近平总书记在中央人才工作会议上指出，"综合考虑，可以在北京、上海、粤港澳大湾区建设高水平人才高地"。[①] 近年来，北京、上海、粤港湾大湾区等地区对标对表世界著名人才中心和创新高地，结合自身资源区位优势、产业特征与资源禀赋，制定了加快建设世界重要人才中心和创新高地的目标纲领和行动计划，并取得了显著成效。目前，北京、上海与粤港澳大湾区的中心城市深圳，均已跻身创新高地评分前十的城市（都市圈），如图3所示。

为更好地对比北京、上海以及以深圳为代表的粤港澳大湾区在打造创新高地方面实施的科技人才战略，总结提炼发展过程中的"公约数"以及在对标对表国际一流创新高地中的"差距点"，本部分将对其建设创新高地过程中实施的科技人才战略进行解码分析。

---

① 《深入实施新时代人才强国战略 加快建设世界重要人才中心和创新高地》，《求是》2021年第24期。

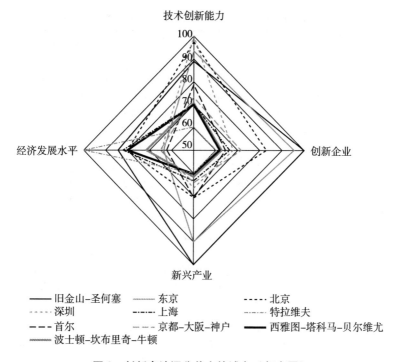

图3 创新高地评分前十的城市（都市圈）

资料来源：中国科技信息《全球科技创新中心数据分析》2022年第16期。

（一）北京——扎实有效的推进科技人才战略，助力打造全球科技创新中心目标的实现

北京近年来深入实施创新驱动和人才强市战略，在科技人才吸引和培育等多个方面取得了重要突破。2017~2022年，北京全社会研发投入强度保持在6%左右，专利授权量年均增长13%，中关村示范区企业总收入年均增长10%以上，北京现已跻身全球百强科技集群的前三名。[①] 一系列成绩的取得，离不开北京扎实有效的推进科技人才战略，现将北京近年来出台的相关政策进行梳理，如表3所示。

---

① 《2023年政府工作报告》，北京市人民政府网站，2023年2月23日，http://www.beijing.gov.cn/zhengce/zhengcefagui/202302/t20230223_ 2923029.html。

表3　北京市近年来出台的科技人才战略相关的政策文件

内容	时间	政策名称	政策要点
人才吸引	2021年12月31日	《关于支持外籍人才来京创新创业有关事项的通知》	• 取得《外国高端人才确认函》的外籍博士,可申请办理最长10年有效期的外国人才签证,家属相同; • 支持来北京创业的外籍人才通过园区或孵化载体申办来华工作许可
	2021年1月16日	《关于进一步加强中关村海外人才创业园建设的意见》	• 完善海外人才创业园工作体系;提升海外人才创业园服务能力;支持海外人才创业企业落地发展;拓宽海外人才创业项目融资渠道;支持优秀海外人才留京发展;优化创业环境;等等
	2018年12月17日	《关于进一步发挥猎头机构引才融智作用建设专业化和国际化人力资源市场的若干措施(试行)》	• 奖励标准为猎头服务费的50%单笔奖励,资金不超过50万元; • 每年重点支持50家左右用人单位与猎头开展合作,重点支持不超过200个人才选聘项目
	2015年1月12日	《关于开展2015年度留学人员科技活动择优资助工作的通知》	• 加大对留学人员在北京开展科技创新创业活动的扶持力度,加快留学人员科技项目的市场化和产业化进程
人才培养	2022年6月15日	《北京市全面推行中国特色企业新型学徒制加强技能人才培养实施方案》	• 通过企校双制、工学交替、双导师带徒等方式,培养中级(含)以上技术技能人才;培养期限原则上中级工为1年,高级工及以上为2年
	2017年4月6日	《首都科技领军人才培养工程实施管理办法》	• 选拔一批科技领军人才,给予相应经费支持,支持带领团队开展重大科学技术攻关、重大工程实施、科研成果转化和产业化辅导等
人才评价	2022年12月26日	《北京市深化实验技术人才职称制度改革实施办法》	• 建立符合实验技术人才职业特点的职称制度,以品德、能力、业绩为导向,以科学、分类评价为核心
人才服务	2021年12月29日	《人才市场管理规定》	• 进一步建立和完善机制健全、运行规范、服务周到、指导监督有力的人才市场体系
	2017年12月31日	《关于优化人才服务促进科技创新推动高精尖产业发展的若干措施》	• 实行更加积极、更加开放、更加有效的人才政策,促进科技创新,具体政策有加大科技创新人才引进力度、破除人才引进障碍、强化人才绿卡引才用才的作用等

资料来源:北京市人民政府网站。

从上述政策文件中可以看出，北京在推动建设创新高地过程中实施的科技人才战略涵盖了人才吸引、人才培养、人才评价和人才服务等各项内容。正是一项项政策的出台，推动了北京向打造全球科技创新中心一步步迈进。

（二）上海——"产业+人才"，助力创新中心和人才高地建设

近年来，上海深入实施人才引领发展战略，人才创新活力全面增强。人才兴推动产业兴。上海的高新技术企业、专精特新企业分别从 2017 年的 7642 家、1665 家增加到 2022 年的 2.2 万家、4942 家，两者增长接近 3 倍。[①] 2020 年，上海 R&D 经费投入为 1615.7 亿元，投入强度为 4.17%，远高于全国 2.4% 的水平，但与北京的 6.44% 仍有一定差距。[②] 表 4 是上海近年来出台的科技人才战略相关的政策文件。

表 4　上海近年来出台的科技人才战略相关的政策文件

内容	时间	政策名称	政策要点
人才吸引	2020 年 11 月 5 日	《上海市引进人才申办本市常住户口办法》	• 优化高端人才入沪政策，完善与上海经济社会发展相适应的人才引进政策体系
	2015 年 9 月 30 日	《关于服务具有全球影响力的科技创新中心建设实施更加开放的国内人才引进政策的实施办法》	• 对创业投资机构的合伙人、重要股东以及高级管理人才等的积分落户政策、入沪最低社保年限、直接入沪条件等进行了放宽
人才培养	2016 年 9 月 12 日	《上海市优秀科技创新人才培育计划管理办法》	• 制定了上海市青年科技英才扬帆计划、青年科技启明星计划、优秀学术/技术带头人计划、浦江人才计划 4 种类型的计划

---

① 《2023 年政府工作报告》，上海市人民政府网站，2023 年 1 月 11 日，http://www. shanghai. gov. cn/2023nzfgzbg/index. html。

② 《2020 年全国科技经费投入统计公报》，国家统计局网站，2023 年 2 月 6 日，http:// www. stats. gov. cn/sj/tjgb/rdpcgb/qgkjjftrtjgb/202302/t20230206_ 1902130. html。

续表

内容	时间	政策名称	政策要点
人才培养	2006 年 7 月 8 日	《上海领军人才队伍建设实施办法》	• 制定了基础研究类领军人才、应用开发类领军人才、社会科学和文化艺术类领军人才、经营管理类领军人才发展与资助策略
人才评价	2019 年 6 月 12 日	《关于上海市分类推进人才评价机制改革的实施方案》	• 对标国际标准，加快建立接轨国际规则、体现上海特色的人才评价标准体系； • 科学设置评价标准，坚持凭能力、成绩、贡献评价人才，克服唯学历、唯资历、唯论文等的倾向
人才激励与使用	2022 年 12 月 30 日	《上海市科技创新券管理办法》	• 企业（团队）每年通过创新券平台申领创新券，经审核通过后获得当年度创新券总额度； • 每家企业每年使用额度不超过 30 万元，每个团队每年使用额度不超过 10 万元
人才激励与使用	2021 年 6 月 30 日	《浦东新区科技发展基金"海博计划"创新创业青年人才资助专项操作细则》	• 给予博士后 10 万元的科研创新资助，如开展研究属于中国芯、智能造等重点产业，标准可提高至 20 万元； • 留学回国创办企业的，给予每家 15 万元的资助
人才激励与使用	2021 年 6 月 2 日	《上海市促进科技成果转移转化行动方案（2021–2023 年）》	• 开展赋予科研人员职务科技成果所有权或长期使用权试点； • 发布上海成果转化类紧缺人才开发目录，建立技术转移人才分类评价体系，畅通职业发展和职称晋升通道
人才环境	2023 年 2 月 27 日	《推进"大零号湾"科技创新策源功能区建设方案》	• 培育引进世界一流高层次人才，强化重点产业领域人才支撑； • 实施创新创业人才汇聚计划，强化以人为本的服务保障
人才环境	2020 年 1 月 20 日	《上海市推进科技创新中心建设条例》	• 建立健全与科技创新中心建设相匹配的人才培养、引进、使用、评价、激励、流动机制，为各类科技创新人才提供创新创业的条件和平台

资料来源：上海市人民政府网站。

与北京相关政策进行对比，上海在人才服务领域的政策偏少，但在人才激励与使用以及人才环境上出台了包括促进科技成果转移转化、青年创新创业人才激励等的多个文件。这与上海当地优良的产业发展环境、成熟的产学研协同体制等因素密切相关。

（三）以深圳为代表的粤港澳大湾区——创新生态链建设，引领科技创新发展

作为我国改革开放的前沿阵地，深圳一开始就走上了依靠科技创新的高质量发展之路，目前云集了华为、大疆、腾讯等大批享誉世界的科技型巨头企业。2022 年，深圳全社会研发投入占地区生产总值的比重为 5.49%，其中企业研发投入占深圳全社会研发投入的比重为 94.0%，市场驱动型特征明显，特别是深圳出台实施基础研究"深研"规划，基础研究投入增长67.4%，总量居全国城市第 3 位。[①] 以深圳为代表的粤港澳大湾区城市圈，已逐渐成为世界上重要的创新高地和人才聚集中心。表 5 是深圳近年来出台的科技人才战略相关的政策文件。

表 5　深圳近年来出台的科技人才战略相关的政策文件

内容	时间	政策名称	政策要点
人才吸引	2018 年 12 月 26 日	《关于印发深圳市诺贝尔奖科学家实验室组建管理办法（试行）的通知》	• 下大力气引进诺贝尔奖获得者来深圳工作，可根据实验室建设需要，给予最高 1 亿元的首个建设期资助方案
	2017 年 8 月 16 日	《关于印发深圳市院士（专家）工作站管理与资助办法（试行）的通知》	• 吸引院士（专家）来深圳开展科学项目研究，对于符合资助条件的建站单位，给予 50 万～100 万元经费资助
人才培养	2022 年 2 月 14 日	《关于印发深圳市全民科学素质行动规划纲要实施方案（2022—2025 年）的通知》	• 聚焦青少年、城市劳动者、老年人、领导干部和公务员重点人群，系统开展科学素质提升活动

---

① 《2023 年政府工作报告》，深圳市人民政府网站，2023 年 3 月 15 日，http：//www.sz.gov.cn/zfgb/2023/gb1278/content/post_ 10484054. html。

内容	时间	政策名称	政策要点
人才培养	2018 年 12 月 19 日	《关于加强基础科学研究实施办法的通知》	• 加强基础科学研究,制定到 2035 年建成可持续发展的全球创新创意之都,全社会研发投入占 GDP 比重达 6.0%,基础研究经费占 R&D 经费比重达 10%,战略性新兴产业增加值占 GDP 比重达 45.7%的发展目标
	2008 年 9 月 24 日	《关于提升高等院校自主创新能力的配套政策》	• 将各类高等院校纳入全市创新体系建设,加强创新人才培养,重视基础和应用基础研究,坚持引进与培训并重,加快科技成果转化
人才激励	2021 年 7 月 9 日	《2021 年度深圳市产业发展与创新人才奖申报指南》	• 资助对象重点向高新技术企业等战略性新兴产业单位倾斜; • 鼓励企业为 40 岁以下青年科技人才申报奖励; • 经认定的深圳高层次专业人才,可不受工作单位及职务限制
	2020 年 11 月 26 日	《深圳市重点企业研究院资助管理办法》	• 支持企业创建更高水平的创新载体,提升重点企业及其研究院自主创新能力,并按照依托单位上两个年度平均投入研发经费的 20%给予奖励补助,最高奖励补助为 500 万元
人才环境	2021 年 1 月 29 日	《深圳经济特区科技创新条例》	• 包含支持基础研究和应用基础研究、技术创新、成果转化、科技金融、知识产权、空间保障、创新环境等多个方面

资料来源:深圳市人民政府网站。

　　与北京、上海等地不同的是,深圳在科技人才培养方面出台了一系列文件,特别是针对青少年、城市劳动者、老年人、领导干部和公务员重点人群的科学素养提升方案具有前沿性、创新性。深入推进科技人才战略的实施,不只是对重点人群、关键岗位提供单纯奖助支持,更为重要的是要打造人人爱科学、崇技能、敬人才的生态环境，只有在"万物竞发"的时代背景下，才能真正吸引到、培养出、使用好优秀人才。

（四）各地规划相关政策梳理——以规划为引领，推动科技人才政策走深走实

近年来，北京、上海和粤港澳大湾区纷纷制定了迈向世界重要人才中心和创新高地的时间表、路线图，如北京于 2021 年 11 月出台了《北京市"十四五"时期国际科技创新中心建设规划》，上海于 2022 年 10 月制定了《上海打造未来产业创新高地、发展壮大未来产业集群行动方案》，粤港澳大湾区于 2019 年 2 月编制了《粤港澳大湾区发展规划纲要》。上述文件均对如何深入实施科技人才战略进行了具体阐述，如表 6 所示。

表 6　北京、上海、粤港澳大湾区近年来出台的科技人才战略相关的政策文件

地区	出台时间	政策名称	涉及的科技人才战略
北京	2021 年 11 月	《北京市"十四五"时期国际科技创新中心建设规划》	• 加大国际化人才吸引力度——实施"高聚工程"和"朱雀计划"，打造中关村人才特区； • 加大青年人才等创新型人才培养力度——持续实施"北京学者""智源学者""科技新星计划"等人才战略，加强对新一代信息技术、生命科学等领域以及 STEM 专业学生的培养； • "破四唯"和"立新标"并举，加快人才评价制度改革——加快建立以创新价值、能力、贡献为导向，符合科技人才成长规律的评价体系，完善科研人员职务发明成果权益分享机制； • 营造良好的人才发展环境，扩大科研经费使用自主权，强化高校与企业联谊，支持吸引企业人才担任"产业导师"
上海	2022 年 10 月	《上海打造未来产业创新高地、发展壮大未来产业集群行动方案》	• 实施未来技术"筑基计划"——组建一批未来技术学院，加强高校学科建设和人才培养； • 实施未来布局"领跑计划"——推动创新链与产业链深度融合，推动创新成果加快转化； • 实施未来"携手计划"——构建"科学家+企业家+投资家"一体机制； • 实施人才"雁阵计划"——面向全球推出"揭榜挂帅"项目，赋予科学家更大的自主权，引进全球顶尖人才，建立以市场化为导向的利益风险分担机制

地区	出台时间	政策名称	涉及的科技人才战略
粤港澳大湾区	2019年2月	《粤港澳大湾区发展规划纲要》	• 推动教育合作发展——鼓励合作办学,推动课程学分互认,为来粤的港澳人士随迁子女提供入学便利;打造国际教育示范区,鼓励教育交流合作; • 建设人才高地——开展外籍人士创办科技型企业享受国民待遇试点,建立国家级人力资源服务产业园,完善外籍高层次人才认定标准,畅通人才申请永久居住市场化通道,推动职业资格国际互认

资料来源：北京市、上海市和广东省人民政府网站。

基于前文对国外发达国家关于建设创新高地和实施科技人才战略的分析可以看出，国外的一些做法、经验在北京、上海和以深圳为代表的粤港澳大湾区的发展规划中也有所体现，如加大对海外高层次科技人员的引进力度、构建产学研一体化的"科学家+企业家+投资家"合作机制、创新人才评价和利益分担机制、加强对STEM专业学生的培养、注重培养全民科学素养等，这标志着北京、上海和以深圳为代表的粤港澳大湾区在加快建设世界重要人才中心和创新高地的过程中视野更为开阔、目标更加精准、举措更为科学。

三　创新高地建设的科技人才战略展望

（一）问题与不足

虽然我国北京、上海、以深圳为代表的粤港澳大湾区与世界主要创新高地的差距逐渐缩小，个别指标甚至已居世界前列，但我国仍应在看到成绩的同时检视自身的不足。习近平总书记在中国科学院第十九次院士大会、中国工程院第十四次院士大会上的讲话中指出，"我国人才发展体制机制还不完善，激发人才创新创造活力的激励机制还不健全，顶尖人才和团队比较缺乏"。① 同样，部分学者对北京、上海以及粤港澳大湾区等地区打造创新高地和人才中心过程中存在的问题进行了研究，如有学者认为北京在建设全球科技创新中心的过程中存在全球影响力尚显不足、原始创新能力与国外发达地区仍存在较大差距、创新制度保障力度小且成果转化效率低等问题；② 有的学者认为上海存在政府服务不到位、产学研合作机制不健全、市场未发挥主导作用、人才培养不适应发展需要等突出问题；③ 有的学者认为粤港澳大湾区在协同发展过程中存在稀缺资源竞争无序化、内部差异壁垒化等障碍④。本报告基于对国内外典型创新高地的科技人才战略分析，主旨是在对比中查找不足与发现差距，进而在进一步的对标对表中找准政策发力点与主攻点。

（二）科技人才战略发展展望

目前，我国要下大力气全方位培养、引进、用好人才，特别是科技人才。全方位，就是要贯穿科技人才培养、引进和用好的全过程，不是偏废其一，也不是零敲碎打，而是在结合科技人才发展的规律上，尊重规律、把握规律，切实将科技人才培养的各个供给点与我国经济社会发展、产业转型升级的多元需求点紧密结合，这样才能发挥人才的最大效能。

其一，在人才培养方面，要重视科技人才培养工作的重心下移、群体前移。所谓重心下移，就是要注重从年少时代即培养科学和创新精神，增强与提升全社会公民创新意识和科学素养。当前，很多地方在建设创新高地、培养科技人才时重点把目光放在了高等院校和科研院所，殊不知一个人的科研素养与创新能力不是在大学就能短暂培养出来的，而是要贯穿启蒙和成长的

① 《习近平：努力成为世界主要科学中心和创新高地》，《中国人才》2021年第4期，第4页。
② 旷薇、张章：《北京建设全球科技创新中心的思考》，2018中国城市规划年会会议论文，2018年11月，第9页。
③ 罗月领、高希杰、何万篷：《上海建设全球科技创新中心体制机制问题研究》，《科技进步与对策》2015年第18期，第28~33页。
④ 曾志敏：《打造全球科技创新高地：粤港澳大湾区融合发展的战略思路与路线图》，《城市观察》2018年第2期，第8~19页。

全过程，仅在教育末端发力就期望得到较多的科技与创新产出，往往事与愿违。在这方面，国外发达国家已经走到我国前面：2020 年，日本已有 217 所"超级科学中学"，并为中小学生建立了"小博士培养塾"；韩国构建了中小学数字教育体系，未来还将建设 500 所"人工智能学校"。① 值得肯定的是，深圳已在《深圳市全民科学素质行动规划纲要实施方案（2022—2025 年）》中强调，要加大针对青少年科技素养的系统培养力度。浙江在 2023 年宣布，要将人工智能作为中小学的基础性课程和必修课程。② 相信随着全链条、全培养周期的一体化建设，我国的科技人才培养战略能更加行稳致远。所谓群体前移，就是要加大对青年科技人才的支持力度。今日的青年科技人才，即为明日的后备领军科技人才。领军科技人才的成长不是一蹴而就的。雷曼等对不同年龄段的科技产出成果进行研究，结果发现，物理学家的最佳创新创造高峰在 20～30 岁、生物学家等最佳创新创造高峰在 40 多岁。③ 因此，科研项目、资助重点等应该多向青年科技人才倾斜，打破资历、称号的条件束缚。

其二，在人才引进方面，要做好引才力度与引才精准度的结合。当前，很多地区为在激烈的人才竞争中赢取主动，不惜花大力气、投入高成本来广揽天下英才，力度不可谓不大，但仍需将引才与地方实际、产业需求紧密结合起来，提高供需匹配度、精准度。人才不是名头越大越好，而是其专业方向、优势特长要能够与地区资源禀赋紧密结合，引领本地区未来科技与产业发展方向。此外，还需注重对留学生市场潜力的挖掘，一方面要继续加大对我国海外留学生回国就业的吸引力度，教育部相关统计数据显示，1978～2019 年，我国各类出国留学生已达 656.06 万人，其中 490.44 万人已完成学业，423.17 万人已选择回国就业，占已完成学业的

① 秦琳、姜晓燕、张永军：《国际比较视野下我国参与全球战略科技人才竞争的形势、问题与对策》，《国家教育行政学院学报》2022 年第 8 期，第 12～23 页。
② 《浙江：人工智能将成为中小学基础性课程和必修课程》，澎湃新闻，2023 年 3 月 16 日，https：//www.thepaper.cn/newsDetail_ forward_ 22323729。
③ 何丽君：《中国建设世界重要人才中心和创新高地的路径选择》，《上海交通大学学报》（哲学社会科学版）2022 年第 4 期，第 33～42 页。

86.28％，① 这是一个可喜的变化。另一方面要加大对海外留学生的吸引力度，如前文介绍的美国、加拿大、英国、日本等国家，无一不投入巨资来吸引海外人才到本地留学就业。在此过程中，还需注重对海外留学生科研潜力的开发和应用，要通过共建科研平台、共研科研项目来促进相互之间的交流合作，对于建设创新高地特别需要的 STEM 类人才，可通过进一步放宽长期居住和就业签证限制，让其更好地融入国内的科研生活环境。

其三，在人才使用方面，要做好产学研协同，提高市场化运作水平。产学研三者之间不是竖井般、孤立式的存在。三者之间的相互隔离只会造成科研资源的巨大浪费，而相互之间协同联动才能发挥科研创新的最大效能。NSF 支持下的 I/UCRC、日本东京的官产学一体的生态模式，都是产学研协同的典型参照。在这一过程中，可重点参照美国纽约的"大学驱动型"模式和硅谷等地的"市场驱动型"模式，从内而外的激发产学研合作的源动力，依靠市场良性运行机制提升科研创新成果的转化效率效能，推动高校与企业形成水乳交融的联合体，才是真正搭建了科技人才"英雄大有用武之地"的舞台，创新高地和人才中心的价值与作用才会得到最大化的体现和发挥。

---

① 《2019 年度出国留学人员情况统计》，教育部网站，2020 年 12 月 14 日，http：//www.moe.gov.cn/jyb_ xwfb/gzdt_ gzdt/s5987/202012/t20201214_ 505447.html。

B.5
创新高地建设的数字化战略分析与展望

刘颖 王鹭*

摘 要： 人才是实现民族振兴、赢得国际竞争主动的战略资源。为了促进人才资源效能最大化，我国围绕建设"人才中心"和"创新高地"提出了一系列政策构想。人才的集群效应可以促进知识共享、产出更多的知识，提升技术水平，优化创新过程，也可以集中资源、建立合作网络关系，对创新产出发挥基础性、决定性的作用。然而，当前我国"人才中心"的聚才效应仍有待提升，"创新高地"的聚集创新效果仍不明显。对此，本报告提出应依托数字化战略重构"人才中心"和"创新高地"的建设体系。具体而言，为了给"人才强国"的战略目标提供数字化的"解题方案"，本报告提出了三项政策建议：第一，基于数字化技术，做好创新高地的人才基础建设；第二，聚合数字化数据，对"创新人才"进行精准画像；第三，释放"数字化经济"新动能，以数字化人才优势引领产业发展。

关键词： 人才中心 创新高地 数字化战略 人才评价 产才融合

一 "创新高地"数字化建设的政策背景

"重视人才、尊重人才、善用人才"对于"创新高地"的数字化建设非

---

* 刘颖，博士，中国人民大学公共管理学院教授，博士生导师，组织与人力资源研究所所长，主要研究方向为人才评价与开发、领导力测评与开发；王鹭，中国人民大学公共管理学院博士研究生，主要研究方向为人才评价与开发、领导力测评与开发。

常重要。从"党政人才队伍建设"到"尊重知识、尊重人才"的基本论断，再到"人才强国"被确立为基本国家战略，体现了我国人才工程的稳定发展。进入新时代，我国将人才地位提升到前所未有的高度，并在建党百年这一重要历史节点召开了中央人才工作会议，庄严宣布"为实现第二个百年奋斗目标打好人才基础"，并做出了"中国要构建世界重要人才中心和创新高地"的重大决议，还提出了"可以在北京、上海、粤港澳大湾区建设高水平人才高地"的战略部署。① 这些重要论断与《中共中央关于制定国民经济和社会发展第十四个五年规划和二〇三五年远景目标的建议》做出的战略展望不谋而合，即到 2035 年我国要进入世界创新型国家的前列、实现建成人才强国的战略目标。党的二十大报告旗帜鲜明地指出，"必须坚持科技是第一生产力、人才是第一资源、创新是第一动力，深入实施科教兴国战略、人才强国战略、创新驱动发展战略，开辟发展新领域新赛道，不断塑造发展新动能新优势"，充分彰显了我国打造"世界级人才强国"的政治蓝图和战略决心。

我国"人才中心"和"创新高地"的建设构想，在 20 世纪 90 年代即崭露头角。1988 年 5 月，国务院批准建立第一个国家级高新技术产业开发区"中关村科技园区"，吹响了中国科技竞争和人才争夺的"冲锋号"。在此之后，我国先后提出了诸多关于人才培养和产业创新的相关政策，但真正将"人才中心"和"创新高地"视为"等量齐观"的发展要素，主要还是在"十四五"规划纲要颁布前后，形成了密集的政策效应。2019 年 2 月，中共中央、国务院发布的《粤港澳大湾区发展规划纲要》，专门提及"人才高地建设"的核心问题。2021 年 3 月，"十四五"规划纲要一针见血地指出要"支持北京、上海、粤港澳大湾区形成国际科技创新中心"。2021 年 7 月，科技部紧随其后，不仅宣布将继续支持北京、上海、粤港澳大湾区国际科技创新中心的建设，而且特别鼓励和支持"有条件的地方建设区域科技

---

① 《深入实施新时代人才强国战略 加快建设世界重要人才中心和创新高地》，《当代党员》2022 年第 1 期。

创新中心",有利于形成区域创新的增长极。2021年8月,国家发改委也提出重点打造北京、上海、粤港澳大湾区,将其定位为"具有全球影响力的科技创新中心",并指出加快推进北京怀柔、上海张江、安徽合肥3个综合性的国家科学中心建设。

那么,"人才中心"如何确保高密度、高质量、高活力?"创新高地"如何确保高产出、高效益?我国对这些问题探寻多年,一直未找到明确的答案。然而,数字化技术的蓬勃发展使很多的不可能变成可能,在知识经济时代,以信息共享为特征的"数字化人才中心",则是以往瓶颈的突破口。2022年6月,《国务院关于加强数字政府建设的指导意见》指出,"建立常态化考核机制,将数字政府建设工作作为政府绩效考核的重要内容,考核结果作为领导班子和有关领导干部综合考核评价的重要参考"。同样,2022年10月,习近平总书记在党的二十大报告中也强调,"加快发展数字经济,促进数字经济和实体经济深度融合,打造具有国际竞争力的数字产业集群"[①]。由此可见,运用数字化技术开展人才评价和创新成果评价、运用数字化战略做好人才的"选用育留"、基于数字系统建立统一的人才评价体系,能够提升人才服务数字化水平,真正为人才发展和国家创新插上"数字化翅膀"。

二 基于"人才中心"的创新系统构建

"人才中心"与"创新高地"始于"集群"的概念,关注价值链中所有参与者之间的相互依赖与相互作用。历史数据表明,人才的集群可以促进知识共享、产出更多的知识、提升技术水平。科技创新需要良好的互动环境,科技人才的交流和互动会刺激新想法的产生、优化创新过程、提高创新产出,同时可以集中资源、建立合作关系,降低交易成本和协调成本,将利

---

① 《高举中国特色社会主义伟大旗帜　为全面建设社会主义现代化国家而团结奋斗——在中国共产党第二十次全国代表大会上的报告》,《党建》2022年第11期。

益相关者聚集起来，不断吸引人才，不断产生知识溢出效应，对创新产出发挥了基础性、决定性的作用。"人才中心"与"创新高地"的建设是一项协同耦合、共生共荣的系统性工程，二者的良性互动将成为国家发展建设源源不竭的动力源泉。

（一）"人才中心"的创新效应

"人才中心"，即数量多、素质优、结构好、效益佳的人才高度集约，[①]形成了高质量人才群体的极核区[②]。"人才中心"能够凭借其独特优势群聚一批世界一流的创新创业人才，而这些人才能够在科技发展、新品研发、学术科研、产业变革等方面引领全球风潮，助力我国实现高质量发展。作为创新活动的主要实施者，人才决定了创新活动的活跃度，聚合的人才不仅有助于知识转移、知识共享和知识创造，而且有利于加强信息交流，获取和交换最新的技术手段、市场动态和产品需求，共同构建互助互惠的"创新网络"。因此，"人才中心"也需要通过完善的人才培养平台、高效的人才配置、合理的人才使用机制、优越的人才发展环境，真正让创新实现"量变到质变"的全能突破。

（二）"创新高地"对人才的需求

"创新高地"是指集聚数量充足、结构合理、活力充沛的世界级高层次创新人才，汇聚前沿性、原创性、颠覆性的世界级重大创新成果，能够引领世界科技革命与产业转型升级的特定区域。[③] 世界知识产权组织发布的《2021 年全球创新指数排名》显示，我国排名已上升至全球第 12 位，创新效能和创新领域都呈现"高歌猛进"的趋势。很显然，"创新高地"需要人才支撑，特别是近年来"创新高地"对人才的需求更多，亟须招揽那些高水平人才，包括科技主要领域的领跑者，新兴前沿与交叉科技领域的开拓

---

① 王通讯：《人才高地建设的理论与途径》，《中国人才》2008 年第 3 期。
② 叶忠海、郑其绪主编《新编人才学大辞典》，中央文献出版社，2015。
③ 王丽萍：《能岗匹配的方法基础——工作设计》，《中国人力资源开发》2002 年第 2 期。

者，精通核心科学与关键技术的顶尖人才、战略科学家、战略科技人才，等等。① 由此可知，人才是建设"创新高地"必不可少的资源，人才的聚集将为创新过程的新旧动能转换提供坚实基础。②

总体上看，"人才中心"和"创新高地"形成了一个互动系统，成就了"人才"和"创新"双轮驱动发展的双赢格局：一方面，"创新高地"通过创新平台和相关政策吸引数量多与质量高的高层次人才；另一方面，"人才中心"依托人才支撑起重量级科技成果的研发和推广，不仅能够实现科技产业的可持续发展，还能够进一步引领世界科技革命和产业转型升级。从这个角度看，加快集聚高端人才有助于创新潜能的释放，"创新高地"的比较优势将更加显著，而"创新高地"的建构也有利于"筑巢引凤"，吸引优秀人才形成"核心集聚"，在"聚天下英才而用之"的基础上，加速打造具有良好声誉的"人才中心"。

（三）人才和创新需求迭代

我国应该敏锐的把握人才和创新需求，做好治理升级和政策迭代。

1. 人才吸引需求带来"聚合式创新"

人才是国际竞争中最富潜能、最具生命力的要素。集聚国内外英才，将有效提升该地区的知识产出水平，吸引各项产业投资，并可能因为人才之间的联结、互补和共生，碰撞产出各类具有全球领先性、原创性、持续性的前沿技术和重大成果。各地"抢人大战"的创新政策表明，开放的教育政策、宽松的移民条件、丰厚的税收优惠、特色的产业规划、殷实的科研经费、多元的产业投资等，对于人才的吸引力会越来越大。当一个区域能够快速聚合高密度、高水平、高活力的人才时，其必将在创新能力上呈现"指数级"增长的态势。

---

① 萧鸣政、应验、张满：《人才高地建设的标准与路径——基于概念、特征、结构与要素的分析》，《中国行政管理》2022 年第 5 期。
② 张栋辉：《新旧动能转换要占据人才高地》，《人民论坛》2019 年第 31 期。

2. 人才流动需求引发"包容式创新"

人才只有在流动中才能创造活力和价值，才能推动其他"后发型"区域获得"后来居上"的发展机遇。人才作为"趋利避害"的理性经济人，总是会适时放弃那些创新活动不足、创新政策疲软、创新文化消极的"后进区域"，转而选择那些创新平台多、创新制度好、创新环境优、创新氛围浓的"积极区域"。这种无时不在的人才流动，实际上创造了一种"隐蔽压力"，要求各"人才中心"和"创新高地"必须形成互相竞逐的氛围，真正为人才提供安心、舒适、包容的发展环境，让人才在宽松的氛围之中探索创新成就。

3. 人才激励需求助推"颠覆式创新"

所谓"颠覆式创新"，即那种"从量变到质变"的创新变化，促进原有模式完全蜕变为一种全新的创新范式。[①] 要实现"颠覆式创新"的目标，离不开强有力的人才支持和智力保障。学者王通讯认为，"世界重要人才中心"是实现"颠覆式创新"的基础，而建设"世界重要人才中心"需要符合以下3个重要标准，即重要科学人才数量在世界占比应不低于25%、重要科研成果占比应不低于30%、重要科学家平均年龄不应高于50岁。[②] 按照这一标准，如果想要吸引数量众多的高质量人才，必须在物质激励、荣誉激励、信任激励等方面做到"齐头并进"，针对不同年龄、不同体系、不同学科的人才制定差异化的激励措施和扶持策略，以达到"因人而异"的效果。创新是一种人才在思考中"无意识"的产出，过多的外部评价会伤害创新，因此人才更需要良好的创新环境。

4. 人才培养需求催生"梯度式创新"

创新是一个延续性、持续性的过程，既需要"领头人"定基调、把方向，也需要"中间层"订计划、督过程，还需要"执行层"推进度、保质量。从这个角度看，创新的实现需要构建一个"老、中、青"相辅相成、

---

① C. M. Christensen, M. E. Raynor, R. McDonald, "What is Disruptive Innovation," *Harvard Business Review* 12 (2015).

② 王通讯:《加快建设世界重要人才中心》,《中国组织人事报》2021 年 10 月 14 日。

联合互动的梯队，形成一批世界一流的科学家团队和创业家团队，助推产学研同步发展，推动创新成果的转化。对此，在人才培养方面需要尊重和遵循人才成长规律，按照人才的潜力、资质和水平，鼓励采用"老带新""传帮带"的分层培养模式，为不同的创新成果配备差异化、梯度化的人才团队，实现循序创新、渐进创新的目标。

三 我国"人才中心"和"创新高地"建设的困境和根源

尽管近年来我国的人才工作成效显著，创新效能持续提升，但相较于西方发达国家而言，我国的"人才中心"和"创新高地"建设仍不可避免地面临"转型阵痛"和"发展壁垒"，主要表现在以下两个方面。

（一）"人才中心"的聚才效应仍有待提升

西方国家基本根据本行业、本领域和本地区的急需人才，设计了较为严密和科学的人才评价、人才激励、人才环境政策，形成了梯度化的人才发展体系。相比之下，我国的"人才中心"战略启动较晚，在诸多方面还存在天然差距，因此聚才效应尚未凸显。

1. 人才中心的要求和标准并不明确

尽管各地区积极建设"人才中心"，但是建设到什么程度可以称为"人才中心"，建设标准又是什么，目前尚不明确。"人才中心"的建设跟产业聚集密切相关，很多时候人才的缺乏是因为产业链的不完善，有了产业的"土壤"，才能有人才的聚集。目前，各地对产业的规划尚需优化，针对各地区的创新体系尚未构建。从中央到地方需要明确人才中心的要求和评价标准，给各地区指出与制定"人才中心"的努力方向和考核指标，以引领各方面人才制度的建设。

2. 人才评价制度设计亟待完善

我国的人才评价问题一直存在，评价标准不系统，重知识创造多过重创新转化。人才评价"五唯"现象仍然存在，地区和组织通过给"帽子"争夺人才，往往将以前的"帽子"作为新的人才评价标准，导致有些人戴着多顶"帽子"，无法实现系统创新。同时，较短的人才评价周期和严格的人才评价标准共同营造了高压化的人才评价环境，诱导人才将时间和精力投入到那些容易出结果的"短、平、快"科研选题上，选择性忽略了那些需要长期投入的基础性研究，容易产生创新研究的"虚假繁荣"。这一现象在小城市、小单位中更加明显。这个系统问题不解决，人才很难从海外聚集到国内、从大城市聚集到中小城市，难以推动"人才下沉"。

3. 人才发展环境痼疾难除

人才管理的核心应该打造一个公平、可持续的发展环境，让最有产出的、最有天赋的人能够得到赏识和奖励。人才环境问题比较复杂，只有完善各方面的制度，才能打造良好的人才发展环境。然而，缺乏细化的人才分析、人才评价制度的不完善和信息的缺失导致很多关于人才的决策存在偏差。例如在人才选拔中，经常分派给各单位指标，让各单位内部进行竞争，竞争方式各式各样，再加上一些硬性的标准，各单位选拔出来的"人才"未必是真正的人才。另外，在一些课题申请、调研立项、荣誉授予过程中，"行政主导"的暗线未彻底斩断，导致很多单位选拔出来的人才很多都是有行政职务的，同时行政职务高的"人才"还具备分配资源的权力。以上现象的存在，并不断产生连锁反应，久而久之，破坏了人才环境，使绩效导向的人才管理文化难以形成。

（二）"创新高地"的聚集创新效果仍不明显

党中央对"创新高地"的建设寄予厚望，并进行了详细的战略规划和政策表述。然而从当前的实施效果来看，"创新高地"的预期成效尚未达到。"人才聚"助"产业强"，建设"创新高地"的目标是通过人才聚集、流动与合作产生知识溢出效应，促进创新活动集中，进而为产业发展注入源源不断的动力，形成人才与产业融合发展的人才制度优势，推动经济高质量发展。但是，目前的"创新高地"普遍没有达到预期效果。

1. 创新领域人才缺口过大，导致"创新高地"产业体系存在结构性问题

在瞬息万变的新时代，各类创新领域层出不穷，创新赛道存在分化，各个"创新高地"的人才总量不够、质量参差不齐，人才培养与产业需求脱节情况严重，人才供给结构性短缺严重。这导致"创新高地"产业结构无法得到合理的规划，面临多个创新领域"多线发展"的局面。例如，数字经济、元宇宙、互联网金融、神经计算、人工智能、大数据、云计算等新技术催生出多种新业态、新模式，对专业人才的需求也"水涨船高"，各个"人才中心"和"创新高地"在这些领域的人才需求旺盛但人才供给不足。

2. 人才引进"磁力"不足，导致创新高地产业优势不足

人才引进的根本目标是促进我国产业、经济的长期发展。目前，许多地区还处于被动引才的阶段，难以实现积极"聚才"的效果，这一状况主要归因于人才发展软环境建设和产才融合发展的欠缺。人才引进工作仍以政策吸引为主，且政策工具的单一性特点比较显著，其中大多数强调物质保障，在人才发展软环境方面仍存在不足。西方国家为了吸引足够的人才参与创新，往往会在最急需的创新领域提供税收优惠、低利贷款、廉价土地、项目资助等，力求创造良好的人才发展环境。相比之下，我国在引才过程中主张待遇"平均主义"，各地出台的引才政策待遇高度雷同，这对创新领域人才的吸引力不足。

3. 人才使用定位不够明确，"创新高地"难以持续创新

培养、引进人才是基础，用好人才是根本。用好人才不仅要在"精准度"上下功夫，着力实现人才开发与产业结构、岗位需求的精准对接，还要切实为人才打造施展所长的舞台。近年来，各地政府纷纷响应中央部署，制订了一系列人才培养、引进计划，但其中存在一些脱离实际、大材小用的现象，导致难以为我国高质量发展提供高匹配度、高精准度的人才支撑。很多"人才中心"和"创新高地"在创新领域的开发上，往往瞄准"短、平、快"的领域进行资源和政策倾斜，形成了一种"功利化"的人才导向，诱使人才从事与之兴趣和长处不相匹配的创新工作。这种"能岗不匹配"的情况，可能会加剧人才的工作倦怠，造成其工作满意度下降、积极性不高。①

四 数字化战略重构"人才中心"和"创新高地"的对策建议

为了提高"人才中心"和"创新高地"的建设成效，我国应着力提高"创新人才"的能岗匹配度，运用创新方式选拔出适岗度最高、适配性最佳的人才，从而助力"创新高地"更加坚实、"人才中心"更加聚焦。对此，我国应大力推进数字化战略的实施，运用"数字化工具"实现精准人才测评，描绘人才画像、评估人才质量，从而为"人才中心"和"创新高地"建设添砖加瓦。

（一）基于数字化技术，做好创新高地的人才基础建设

人才数据库引入数字化技术，依托手机、平板和电脑等数字化载体完成"一键收集"，实现结果"一键保存"，并通过可视化方式直观展示人才结构。这有利于认清"创新人才库"的整体水平，做好测评结果的"数字化存档"，有利于完善人才数据库、领军人才数据库，并精心进行动态维护。

基于大数据分析、人工智能等手段识别、开发、验证，能够预测"创新应用转化能力"人才评价方案的效能，把人力资本、沟通、领导创新能力等作为指标，由此创造出可转化创新产品的科技人才选拔标准。数字化技术可以勾画人才合作图谱，清楚地了解现状，有的放矢地推动人才一体化发展政策的落实。数字化技术还可以基于社会网络分析，对重点科技领域的学者、企业 R&D 成员合作网络的紧密程度、中心化程度，以及合作网络连通性等演变态势加以感知，分析合作网络结构特征对创新成果产出的影响。

---

① 王丽萍：《能岗匹配的方法基础——工作设计》，《中国人力资源开发》2002 年第 2 期。

（二）聚合数字化数据，对"创新人才"进行精准画像

"创新"本就是一个较为抽象的描述性词语，而对于"创新人才"的描绘更显得困难重重。一般而言，在对传统的"创新人才"进行评价和描述时，往往采用语焉不详的定性评语对其能力情况进行笼统概括，不仅同质化程度较高，也缺乏说服力。数字化系统能够产生维度丰富的数据，并通过这些数据的组合、互通和串联，形成含义丰富、维度多元、指向明确的"大数据"，从而勾勒出精准的人才画像，为认识人才全貌提供有效的支撑。

首先，绘制精确的"创新人才"能力分布画像。数字测评系统具有直观、生动、形象和动态等优势，只需完成测评题目，即可在短短数秒内自动生成精美、详细的图表。当"创新人才"完成数字化能力测评后，可以设置合理的数据建模工具，采用柱状图、雷达图、折线图、饼状图等统计图绘制出"创新人才"的能力画像，并通过简洁的评语对"创新人才"的主要特点、行事风格和能力进行点评概括，画好创新能力的"全息影像"。其次，展示生动的"创新人才"能力成长画像。人才的创新能力并非一成不变，而是始终处于动态变化之中，随着科研攻关、项目推进和调研深入而不断增强，如果此时仍然以静止的、静态的目光对其能力进行评价，难免存在滞后性。数字测评系统的优势在于，每次人才测评的结果均以数字化形式存档和保存，因此可以方便对比历次数据变化情况，并据此绘制出人才的创新能力"成长轨迹"，直观感受人才的创新能力在哪个阶段进入了"快速增长期"，在哪个阶段陷入了"瓶颈期"，这将为发现人才的创新能力演化规律提供有益的参考借鉴。最后，区别化展示不同学科背景的"创新人才"能力优势画像。"创新人才"是一个复合型概念，包括文科人才、工科人才、理科人才、术科人才等多种类型，而每种学科背景的人才评价标准也存在差异，难以进行异质性创新能力比较。然而，数字测评系统可以通过科学准确的测评题项，从人才的填答选项中推导出人才在某个方面具备的能力优势，如逻辑思维能力、理论演绎能力、理念构想能力、项目执行能力、创意思考能力、逆向推导能力等，由此实现了多学科背景"创新人才"的"多方向比较"。

（三）释放"数字化经济"新动能，以数字化人才优势引领产业发展

"数字化经济"是一个融合的概念，既强调横向各个领域、各个地区、各个环境的联结，也强调纵向跨时间、跨阶段的系统性。从人才创新能力发展的角度来看，"数字化经济"包含以下几个方面。

首先，可以运用人工智能技术对整个"人才中心"的创新能力进行预测。人工智能技术的优势在于，可以通过复杂的模型计算，预测较长时间段内人才"创新能力"的变化情况。这种预测是基于该人才多年来持续进行的创新思考、创新成果、创新项目、创新实践，由此形成了丰富的"创新数据"，可供人工智能进行模型训练，进行更加精确的创新预测。

其次，尝试运用区块链技术对"创新高地"的"创新成效"进行记录，形成独一无二的"创新档案"。区块链技术的特征是不可篡改、不可抹除，是一种理想的数据记录方式。传统的能力测评方式往往面临结果混淆、数据丢失等问题，不利于进行长期追踪。但是，借助区块链技术的记录功能，可以精准记录并评估人才在"创新能力"方面的总体走向，形成详细的"创新档案"。

再次，依托大数据技术对"创新高地"的"创新实效"展开评估。大数据是各种"小数据""微数据"的集合，具有数据海量、维度丰富等特征。"创新"作为一项较为抽象的能力指向，在缺乏数据支撑的情况下往往难以做出准确评判。但是，在大数据技术的支撑下，人才的"创新行为"带来的成果转化、奉献精神、投入比例、经济效益，均可以通过"数据"的方式进行量化，从而形成对"创新实效"的直观认知，有利于进行人才激励和人才表彰。

最后，依托大数据和人工智能技术促进数字技术与实体经济深度融合，协同推进传统产业转型升级与培育新产业、新业态、新模式，通过政策制度创新培养一大批数字经济领域人才后备军，积极探索高效灵活的人才引进、培养、评价及激励政策。

五 结语

本报告探讨了数字化技术对"人才中心"和"创新高地"建设的积极影响。首先,回顾了"人才中心"和"创新高地"的建设、数字化战略的相关政策。其次,构建了基于"人才中心"的创新系统,阐述了"人才中心"和"创新高地"的互构效应,并提出了人才和创新需求迭代规律。再次,分析了我国"人才中心"和"创新高地"建设的现实困境,指出造成这一困境的根源在于数字化支撑不足。最后,在数字化战略的基础上,提出重构"人才中心"和"创新高地"的对策建议,分别从数字化技术、数字化数据、释放"数字化经济"新动能三个方面,论证了"创新人才"基础数据库建设、精准画像和数字化平台建设的方式方法,为推进我国的"数字化创新战略"提供了方向性思考。

需要强调的是,不同地区的"人才中心"和"创新高地"都有自己选择的产业和经济模式,在经济高质量发展中发挥不同的作用。数字化技术通过整合数据,从宏观上把控整个国家的"人才中心"和"创新高地"设计,让不同地区的"人才中心"和"创新高地"有效整合,有助于促进政府与市场协同参与"人才中心"和"创新高地"的建设,合理把控政府的参与程度,有效推动创新创业。

参考文献

何丽君:《中国建设世界重要人才中心和创新高地的路径选择》,《上海交通大学学报》(哲学社会科学版)2022年第4期。

评 价 篇

Evaluation Reports

B.6
高水平科技人才成长评价与规律分析

陈劲 杨硕 李根祎*

摘 要: 综合国力的竞争归根结底是高水平科技人才的竞争,科学构建高水平科技人才成长评价体系有助于建设高水平科技人才队伍和打造世界重要人才中心。本报告在界定高水平科技人才概念和分析国内外评价研究的基础上,依托胜任力模型和冰山模型提出了包含人才表现、人才能力与人才特质等维度的高水平科技人才冰山模型。进一步以人才特质为基础、以人才能力为核心、以人才表现为导向,构建兼顾不同类型高水平科技人才的成长评价体系。此外,基于高水平科技人才成长的客观规律,本报告建立了符合"基础期—发展期—成就期"阶段演变规律的高水平科技人才成长规律模型,并通过实例分析印证高水平科技人才成长规律模型的有效性。

---

* 陈劲,教育部"长江学者"特聘教授,清华大学技术创新研究中心主任,主要研究方向为科技政策、创新管理;杨硕,清华大学经济管理学院博士后,主要研究方向为科技政策、创新管理;李根祎,清华大学经济管理学院博士后,主要研究方向为科技政策、创新管理。

关键词： 高水平科技人才　评价体系　成长规律

一　引言

人才是创新的第一资源，创新驱动实质上是高水平科技人才驱动。人才是实现中华民族伟大复兴并赢得国际竞争比较优势的战略资源，世界科技强国的竞争归根结底是高水平科技人才的竞争。以习近平同志为核心的党中央坚持创新驱动实质是人才驱动，围绕新时代人才强国战略的部署和要求，在创新实践中培养壮大战略科学家、科技领军人才和卓越工程师队伍，选拔优秀青年人才，筑牢人才根基，打造培养高水平科技人才的战略支点。

在党对人才工作的全面领导下，我国已拥有全球规模最宏大的科技人才队伍，2021年R&D人员全时当量达到571.63万人年，稳居世界第一。我国科技人才队伍快速壮大、人才效能持续提升、人才比较优势稳步增强。然而，随着我国经济进入高质量发展阶段，我国创新人才远不能满足发展需要，复合型高层次科技人才占比较低的问题依旧存在，特别是科技领军人才匮乏。另外，从国际高水平科技人才结构来看，我国在5G通信、高铁装备、量子信息等领域领先全球，但在生命科学、信息科学等领域的基础技术和共性技术方面仍明显落后于西方发达国家。要想根本扭转我国技术跟跑局面，向并跑甚至领跑阶段迈进，必须加快落实新时代人才强国战略，冲出一条由高水平科技人才推动的科技强国之路。高水平科技人才成长评价是打造世界人才中心的重要抓手，能够有效反映科技人才数量和质量的变化，是评估我国科技人才队伍水平的关键。为有效激发各类科技人才创新活力，需进一步完善高水平科技人才成长评价体系。

习近平总书记在中国科学院第十七次院士大会、中国工程院第十二次大会上强调，"要按照人才成长规律改进人才培养机制，'顺木之天，以致其性'，避免急功近利、拔苗助长。要坚持竞争激励和崇尚合作相结合，促进人才资源合理有序流动。要广泛吸引海外优秀专家学者为我国科技创新事业服务。要在全社会积极营造鼓励大胆创新、勇于创新、包容创新的良好氛围，既要重视成功，更要宽容失败，完善好人才评价指挥棒作用，为人才发挥作用、施展才华提供更加广阔的天地"。① 习近平总书记在两院院士大会和中国科协第十次全国代表大会上指出，"要重点抓好完善评价制度等基础改革；在人才评价上，要'破四唯'和'立新标'并举，加快建立以创新价值、能力、贡献为导向的科技人才评价体系"。②

我国当前尚未形成科学统一、社会各界认可、符合人才成长规律的高水平科技人才成长评价体系，合理编制中国高水平科技人才评价指标，构建多维度、科学合理的高水平科技人才成长评价体系，并总结高水平科技人才成长规律，有助于客观把握我国科技人才的培育现状及演变趋势，进而为深入实施新时代人才强国战略、建设世界重要人才中心和创新高地提供科技人才培育参考和坚实人才支撑。

二 高水平科技人才的概念界定、成长规律与评价

（一）高水平科技人才概念界定

当前，学术界对高水平科技人才的概念界定尚未达成一致。在国际上，高水平科技人才指的是科技创新人力资源，即从事系统性科学和技术知识的生产、传播和应用活动的人员。国内一些学者从学历、职称、头衔等硬性指标角度定义高水平科技人才，认为具备一定的专业技术职称、学历层次达到中专及以上或拥有特定头衔的人员为高水平科技人才。例如，田瑞强将入选基本科学指标（ESI）数据库的科研人员认定为高水平科技人才。有些学者更看重人才的实践能力，认为高水平科技人才是为国家科技发展和人类文明

---

① 《习近平在中科院第十七次院士大会、工程院第十二次院士大会上的讲话》，中国政府网，2014 年 6 月 9 日，https://www.gov.cn/xinwen/2014-06/09/content_2697437.htm。
② 《完善科技人才评价体系》，人民网，2021 年 6 月 16 日，http://theory.people.com.cn/GB/n1/2021/0616/c40531-32131287.html。

发展做出卓越贡献的人。蔡学军指出，高水平科技人才是在专业领域有较高造诣或威望，对学科发展及所在领域贡献卓著，在一定程度上推动学科发展、科技进步和社会经济发展的科技人员。

当前，具有一定代表性的是马斌和李中斌赋予的定义，他们认为高水平科技人才是从事系统性科学和技术生产、转化等方面研究的能够创造价值的人力资源，该定义为后续高水平科技人才评价和详细指标内容确定奠定了理论基础。盛楠等人在上述研究的基础上，将高水平科技人才分解为科技创新人才和科技创业人才两类，并对它们进行了概念界定，认为科技创新人才是具有创新能力和创新精神的人才，科技创业人才则是具有敢闯敢拼精神、市场洞察力和经营管理才能，利用自主知识和核心科技创办企业的人才。根据《国家中长期科技人才发展规划纲要（2010—2020年）》，科技人才指的是具备一定专业知识和技能，长期从事科技活动，并为科技事业和经济活动创造了一定价值的人员。

基于现有文献研究有关高水平科技人才概念的界定，本报告认为，高水平科技人才指的是从事前沿科学和技术知识创造与实践应用工作，在某一学科或所在领域有卓越贡献和影响力，具有较强科技前沿敏感性和科技创造能力的科技人员。

（二）高水平科技人才成长规律

高水平科技人才的成长是一个综合、复杂的过程，通常受个人因素、家庭教育、学校培育、社会环境等多重因素共同影响。在一定的社会环境和家庭教育的影响下，人才自身成长过程中表现出的共性特征被称为高水平科技人才成长规律。为总结提炼高水平科技人才的成长规律与培养路径，国内外学者对高水平科技人才成长经历进行了深入分析与共性总结。

朱克曼通过对美国诺贝尔奖金获得者的生平、个体因素、社会条件以及科学研究贡献进行分析，发现诺贝尔奖金获得者具有4个共性特征：一是具有良好的家庭教育背景；二是得到了名校名师的栽培与指导；三是个人智力卓越、早期成果卓著，论文著作等知识成果丰富；四是注重积累研究资源，不断形成个人优势。卢嘉锡分析了20世纪中国一流技术科学家的学术生涯、学术成就、成长道路、成功经验和思想品格。Cao 考察了中国科学院院士的成长规律，发现中国科学院院士表现出 3 种共性特征。第一，大多数出生于中国东部地区，成长期的地区经济较为发达、家庭生活环境相对较好。第二，父母文化程度高，具有良好的家庭学习氛围。第三，大多数出身名校，有海外求学经历，师从名家。尚智丛考察了当代中国青壮年科学家的成长规律，发现我国科技人才在 31~35 岁科研较为活跃，在 36~45 岁科学创造力最为强劲，清晰阐释了中国科技人才的成长规律。上述研究结果表明，我国杰出的科技人才在成长过程中往往受个人因素、教育培养、创新创造能力等因素的影响。

（三）高水平科技人才评价

高水平科技人才评价是高水平科技人才识别、培育、管理以及重大科技活动开展的基础，构建高水平科技人才评价体系是推动建设新时代人才强国、世界重要人才中心和创新高地的基础性工作。学术界在进行高水平科技人才评价时往往从"结果"和"行为"两个维度展开分析，"结果"注重评测高水平科技人才的科研绩效，如科研论文和课题项目数量等；"行为"则注重考察高水平科技人才的德行、能力等自身特征。由于"行为"不易量化、难以准确识别，为减少高水平科技人才评价的主观性成分，当前学者主要从高水平科技人才的科研绩效角度进行评价，而对高水平科技人才自身评价较少。

目前，我国高水平科技人才评价体系过于单一，难以系统全面地评价并集聚高水平科技人才。一方面，多数学者在高水平科技人才评价过程中更加关注直接、显性的人才价值，而忽视了间接、隐性的人才价值，致使我国高水平科技人才评价存在严重的功利化倾向。另一方面，我国原始创新能力与高水平科技人才评价紧密相关，原始创新需要科研积累经历从量到质的转变过程，而高水平科技人才评价的功利化往往会促使人才心态浮躁，难以耐心进行科研积累，不利于我国原始创新成果的产生，继而阻碍了我国综合国力和核心竞争力的提升。鉴于此，李思宏等人认为，科技人才评价应从人才自身特征和成果绩效出发，提出构建包含人才特征、科研积累和课题特征 3 个维度的多层次评价结构。

赵伟等人基于胜任力模型与人体创新行为理论，提出了创新型科技人才评价冰山模型，认为创新型科技人才主要涵盖创新知识、创新能力、创新动机以及管理能力等基本素质。王前和李丽指出，在科技人才评价中过分追求学术成果等显性指标会引发浮躁的社会之风，应充分考虑评价指标间的内在联系，突出成果的代表性、原创性、学术影响力以及科技人才的潜力、社会责任感等自身因素。盛楠等人构建了以人才基本素质为基础、以创新创业能力为核心、以创新创业绩效为导向的科技人才评价体系。本报告在上述文献的基础上，充分考虑高水平科技人才的显性和隐性特征，遵循高水平科技人才成长规律，构建全面科学的高水平科技人才成长评价体系。

三　高水平科技人才成长评价的理论模型与构建原则

（一）高水平科技人才冰山模型

关于人才评价模型，具有代表性的是胜任力模型和冰山模型，其中，胜任力模型用于测量人才承担某一特定工作时应具备的胜任力，可以将高层次人才与普通人员明显区分开；冰山模型将胜任力划分为外显胜任因子和隐藏胜任因子，类似于"海中冰山"。

本报告在胜任力模型和冰山模型的基础上，提出了高水平科技人才冰山模型（见图1），以客观描述高水平科技人才进行科技活动时应具备的核心胜任力，为加快培育和精准遴选高水平科技人才提供借鉴参考。核心胜任力可以分解为外显性胜任力和隐藏性胜任力。其中，外显性胜任力代表能够通过培育、培训等手段积累的知识、技能、社会影响力等因素，而隐藏性胜任力是难以通过短期训练改变的人才特征，如本质特征、社会责任感、家国情怀、动力、能力等因素，也是人才在所处领域取得卓越业绩与成功的必备条件。

图1展示了高水平科技人才冰山模型，海面上显露的一小部分"冰山"为人才的外显性胜任力，人才表现包括人才拥有的技能、知识以及社会影响力。知识指能够通过书面语言、公式与图画等方式展现，被大众广泛理解、

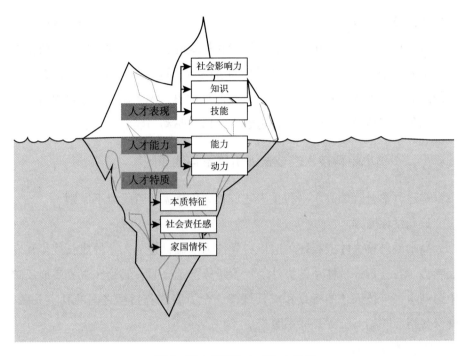

图1　高水平科技人才冰山模型

消化和吸收的认知与经验，本模型中的知识主要指人才已发表的文章、著作及承担的科研项目等内容，是对科研成果等外显知识进行的测度，主要面向从事基础研究的高水平科技人才。技能是人才通过学习和培养掌握的知识技巧与实践经验，本模型主要测度从事成果转化的人才获取的专利等产权，考察其利用技巧与经验进行实际转化的效果。社会影响力代表人才在所处领域的行业认可度，通过研究成果被引率、科技奖项等予以体现，基于科技成果质量对社会影响力进行测度更能引导人才潜心钻研，有利于减少学术浮躁之风。

　　藏匿于海中的"冰山"代表了高水平科技人才的隐藏性胜任力，主要包含人才特质和人才能力。具体而言，人才特质指的是人才从事科技活动的目的，表现为在爱国情怀和政治素养思想的指引下开展科技工作，包括人才的本质特征、致力攻关制约我国发展的技术难题和实现科技强国目标的社会

责任感以及忧国忧民的家国情怀。人才能力指的是人才在工作中发掘前沿领域、解决科学问题、提出新思想、探索新模式的创新与管理能力，本模型主要评价人才是否具有持续学习和发现并解决问题的能力。动力是人才开展工作的内驱力，表现为对工作具有较大兴趣与欲望，渴望通过工作实现自我价值，也包括将科技成果转化并创造经济价值的驱动力。

（二）高水平科技人才成长评价体系构建原则

构建科学合理的高水平科技人才成长评价体系应遵循以下原则。

1. 科学性原则

高水平科技人才成长评价应以科学性为基础，遵从人才的成长规律和发展趋势。在进行评价体系的设计及评价指标的选择时，必须客观真实地反映中国高水平科技人才的特点和成长规律，全面展现各指标之间的真实关系，确保各指标既相互独立又联系紧密。

2. 目的性原则

构建高水平科技人才成长评价体系的目的是科学评价高水平科技人才，更好地辨别、培育和管理高水平科技人才，助力打造高水平人才高地和人才强国。新时代人才强国战略目标下的高水平科技人才成长评价体系应注重激发社会科技创新活力，以科技促进人类文明进步为目的。为打造一支推动社会高质量发展的高水平科技人才队伍，不仅要以个人能力和业绩为导向，避免重学历、职称而轻能力、业绩的评价倾向，而且应注重提升人才能力和社会影响力，加快推动研究成果转化，以将科技与社会发展相结合为目的。

3. 简明性原则

复杂、繁多的研究指标，不仅可能增加数据收集与分析的工作量，还可能影响研究评价的质量。因此，在设计高水平科技人才成长评价指标时，要避免各评价指标过多过细，应选择具有典型代表性的指标。

4. 可行性原则

考虑调查、测评、统计的可行性，所选择的指标应在能科学考察高水平科技人才的前提下做到便于量化、易于采集和计算，尽量避免难以理解的指标。

此外，由于高水平科技人才成长评价的特殊性，在定量测度的基础上要加入定性分析，原则上做到定性和定量指标搭配使用。基于此，本报告在选择指标的过程中，充分考虑相关指标的可获得性和真实性，以期尽量贴近中国高水平科技人才成长的真实情况，切实反映高水平科技人才成长的多样性和复杂性。

5. 发展性原则

创新驱动发展战略强调应以实际需求为导向，高水平科技人才成长评价体系也应顺应时代潮流、人类发展大势，不断进行指标调整。高水平科技人才成长评价不是一成不变的，而是一个动态调整的过程，应依据评价目的、人才情况和社会发展情况等波动因素进行评估调整。基于此，高水平科技人才成长评价体系并非固化不变，应坚持发展性原则，将其打造为一个动态的评价体系。

四　高水平科技人才成长评价体系构建思路及指标体系

（一）高水平科技人才成长评价体系构建思路

高水平科技人才成长评价体系的构建大体可以分为以下三个阶段。一是定义阶段，界定高水平科技人才范围，明确高水平科技人才成长评价的目的和意义，根据评价目的制定相应的考核内容与具体标准。在建设世界重要人才中心和创新高地的要求下，需要在诸多领域形成我国人才竞争的比较优势，这就需要在基础研究、成果转化和应用开发等不同领域集聚高水平科技人才，对不同领域的高水平科技人才进行评价时应调整指标权重以实现科学评价。二是指标选择阶段，组织专家依据德尔菲法、层次分析法等不断优化高水平科技人才成长评价指标并确定相应指标权重，此阶段组织的专家更强调全面性，既要呈现高水平科技人才涵盖范围更广的特点，尽可能地覆盖更多的行业与领域，又要保证所设指标的科学性和可信度，助力有才能、有技术、有担当的高水平科技人才脱颖而出。此外，通过合理公正的高水平科技人才成长评价过程，凸显高水平科技人才成长评价体系的创新导向，为我国建设世界重要人才中心聚才引才。三是体系优化阶段，在实践过程中，应根据具体情况发现体系中存在的问

题并不断优化，依据评价体系的发展性原则和新时代人才强国战略要求对高水平科技人才成长评价体系进行不断改进和完善。

（二）高水平科技人才成长评价指标体系

《中共中央、国务院关于进一步加强人才工作的决定》明确指出，"建立以能力和业绩为导向、科学的社会化的人才评价机制。完善人才评价标准，克服人才评价中重学历、资历，轻能力、业绩的倾向。根据德才兼备的要求，从规范职位分类与职业标准入手，建立以业绩为依据，由品德、知识、能力等要素构成的各类人才评价指标体系"。然而，当前对高水平科技人才的评价仍存在功利化倾向，更加关注高水平科技人才的职称、学历、资历等，强调高水平科技人才的论文发表、课题项目承担的数量，而对高水平科技人才的创新能力及其对科技成果的影响力和转化率考核较少。高等学校和科研院所对高水平科技人才的评价更强调纵向课题项目承担和论文发表数量，人才承担的横向课题状况和科研成果质量未纳入评价范围。值得关注的是，若对从事基础研究、成果转化和应用开发等不同类型的人才均采取注重科技成果数量的评价标准，仅强调人才的课题项目承担和论文发表数量，将对潜心从事成果转化和应用开发的高水平科技人才产生不利影响，抑制高水平科技人才探索成果转化、成果原创性和提升成果影响力的热情，继而限制我国高水平科技人才创造活力的充分迸发。

本报告基于高水平科技人才冰山模型，兼顾不同类型科技工作的性质，以规避高水平科技人才成长评价过程中可能导致的人才功利化或消沉情绪倾向为目标，拟构建以人才特质为基础、以人才能力为核心、以人才表现为导向的指标体系（见表1）。具体而言，人才特质评价主要衡量高水平科技人才的本质特征、社会责任感、家国情怀；人才能力评价主要衡量高水平科技人才在各领域的动力和能力，尤其是重视对人才创新驱动力和发展潜力的评估，主要针对基础研究、成果转化和应用开发人才；人才表现的科学性评价是高水平科技人才成长评价的关键，重点衡量高水平科技人才的社会影响力、知识与技能。社会影响力衡量人才在某领域的行业认可度，包括研究成果被引率、科技奖项等。

针对知识的考核不仅要评估论文、著作和承担的科研项目数量，还要考察科研成果带来的经济和社会价值，避免过分强调研究成果数量而引发社会浮躁之风，面向基础研究人才。技能指人才在实践中形成的知识经验与成果转化，包括专利产权和转化效益，主要面向成果转化人才。

表1　高水平科技人才成长评价指标体系

一级指标	二级指标	指标说明	面向主体
人才特质	本质特征	人才的品质、德行、价值观等基本观念	基础研究、成果转化和应用开发人才
	社会责任感	对他人的伦理关怀、仁爱之情，对整体经济社会发展的责任感	
	家国情怀	人才具有的共同体意识、爱国主义、民族精神等	
人才能力	动力	人才开展工作的内驱力，对科技工作具有的兴趣与欲望	基础研究、成果转化和应用开发人才
	能力	发掘前沿领域及提出新思想、新模式的创新能力，解决问题的管理能力	基础研究、成果转化和应用开发人才
人才表现	社会影响力	人才在某领域的行业认可度，包括研究成果被引率、科技奖项等	基础研究、成果转化和应用开发人才
	知识	对科研成果等外显知识的测度，包括论文、著作、承担的科研项目数量等	基础研究人才
	技能	人才在实践中形成的知识经验与成果转化，包括专利产权和转化效益	成果转化人才

　　在新时代人才强国战略背景下，不仅要重视高水平科技人才队伍的建设，还要关注高水平科技人才的培养及其对科技强国建设的支撑作用，持续推动科技与经济的融合发展。高水平科技人才成长评价体系要兼顾不同类型人才的实际情况，尽可能地避免以往单一评价模式导致的重论文成果、轻技术专利问题，引导从事基础研究、成果转化和应用开发的高水平科技人才潜心钻研，避免出现学术浮躁之风。对从事基础研究的高水平科技人才，应突出科研成果的原创性、创新性以及研究成果在所处领域的影响力；对从事应用开发的高水平科技人才，应突出工作业绩与贡献，降低对此类人才产出学术论文、著作等科研成果的硬性要求；对从事成果转化的高水平科技人才，应着重强调

科技成果转化的效益效果，重视科技产生的经济效益以及随之产生的新经济、新业态等社会效益。

五　高水平科技人才成长规律模型与实例分析

（一）高水平科技人才成长规律模型

高水平科技人才的成长是有客观规律的，符合"基础期—发展期—成就期"阶段演变规律（见图2）。第一阶段是基础期，这是知识与技术的积累期，也是人才价值观、人生观等基本特质的塑造期，科技人才在此阶段逐渐明确人生奋斗的目标和方向。第二阶段是发展期，此阶段是人才充分发挥自身才能、持续学习、在实践工作和重大项目开展中成长、科学创造力最为强劲的阶段。第三阶段是成就期，人才已在专业领域具有一定权威和影响力，在家国情怀、民族精神等核心价值理念的引领下，将自身经验与科技成果反馈给社会，助推科技强国建设和经济社会发展。

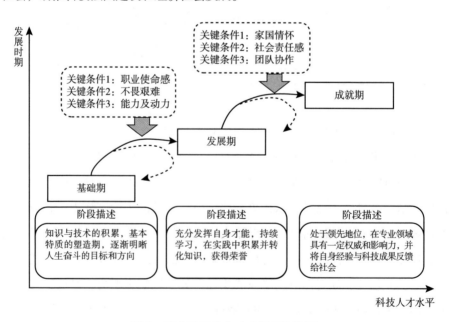

图2　高水平科技人才成长规律模型

在人才成长过程中，一些关键条件与人才特质起着重要作用。在基础期向发展期过渡的阶段，人才面临进步升级或维持现状的分流，只有具备创新与管理能力和强大动力，拥有强烈的职业使命感和不畏艰难的精神，才能脱颖而出，顺利迈入下一阶段。在发展期向成就期迈进的阶段，人才同样面临阶段分流，具有家国情怀、社会责任感并强调团队协作的人才能够排除万难进入成就期。"不以一己之利为利，而使天下受其利"的家国信念把人才的自身前途与国家民族发展紧密相连，激励人才履行社会责任并努力回馈社会。

（二）高水平科技人才成长实例分析

本报告通过实例分析印证高水平科技人才成长规律模型的有效性。轨道交通和土木水利与建筑工程是推动新型城镇化和城市化高质量发展的命脉，国家高度重视轨道交通和土木、水利与建筑工程领域的发展，加快建设交通强国、推动建筑产业现代化是全面建设社会主义现代化国家的关键支撑，而实现现代化离不开高水平科技人才。本报告以轨道交通领域的"最美科技工作者"梁建英和土木、水利与建筑工程领域的"感动交通十大年度人物"林鸣为分析对象，以印证高水平科技人才成长规律模型。

1. 职业使命感

高水平科技人才强烈的职业使命感是推动关键核心技术攻关、助力我国走上自主攻关之路的关键要素。在超级工程港珠澳大桥建设过程中，林鸣扛起了难度最大的岛隧工程重担，设计施工均无成熟经验可借鉴。作为港珠澳大桥岛隧工程的"当家人"和"领军人"，林鸣在强烈职业使命感的推动下，实现了沉管隧道领域的自主创新。

梁建英以强烈的责任心和职业使命感干好本职工作，将自身研究能力充分发挥，带领团队成功研制了运营时速200～350公里的高速动车组。即使在身体不适的情况下也要忍痛坚持，一直等待试验结果并提出试验改进方案。

2. 不畏艰难

压力产生动力，面对困难不服输。林鸣负责建设润扬大桥时，长江和基坑之间的土堤若有闪失，江水将瞬间灌满基坑。在危险严峻的作业环境下，林鸣毅然拿起小板凳坐在基坑底与工人一起施工，被誉为"定海神针"。林鸣带领团队实现了我国外海沉管安装技术的重大突破，设计施工均无成熟经验可以借鉴，人们从林鸣身上看到了不畏艰难、迎难而上的人才特质。

不畏工作艰苦。在研发试验期间，梁建英每天凌晨四点便启动准备工作，白天跟车十多个小时，夜里整理当天试验数据，并制定次日的试验方案。为了摸透动车组在高速运行条件下的动态行为、性能和规律，梁建英带领团队奔赴全国各地开展海量的科学研究试验。

3. 家国情怀

家国情怀和民族精神指引高水平科技人才在创新路上行稳致远。林鸣说："我们所建设的，从来也不是单纯意义上的商业项目，而是大国的经济宏图。"林鸣以一种"强国筑梦"的责任感，义无反顾地率领团队承担攻关世界建桥技术难题的重任，践行着实现中华民族伟大复兴和人类文明进步的崇高使命。

以国富民强、民族振兴、人民幸福为己任。梁建英指出，"靠人不如靠己"，产品可以买，但是核心技术和创新能力无法购买，一定要有自己的东西，才能不受制于其他国家。梁建英将家国情怀植根于中国轨道交通装备制造业的技术创新工作，她扎根一线，以实现国家富强、民族振兴、人民幸福为己任，以实际行动诠释中华民族伟大精神的真谛，与祖国共奋斗。

4. 社会责任感

勇担社会责任，构筑民族脊梁。林鸣认为，"桥的价值在于承载，而人的价值在于担当"。他以大无畏的担当精神带领团队开启了连接粤港澳三地、实现建桥强国梦的攻坚之战，开启了勇攀世界工程技术珠峰的创新之路。他认为，港珠澳大桥只是起点，只有更多高水平科技人才投身建设祖国的伟业中，才能构筑未来的中国脊梁。

以强烈社会责任感推动科技自立自强。梁建英具有强烈的社会责任感，她心里一直憋着一股劲："广袤的国土、巨大的客流量、复杂的地貌、国家的支持、旅客的期盼，你不做到世界最好，对不起这个国家和时代。"

5. 团队协作

林鸣十分强调整体团队的协同合作。林鸣带领团队精准勘测、精心设计、精细施工，港珠澳大桥海底沉管隧道整体沉降未超过 5 厘米，远远赶超世界同类工程沉降幅度。团队协作开发的外海沉管隧道施工成套技术，实现了我国外海沉管安装技术的突破，在中国深海创造了一项世界纪录。

团队协作攻克技术难关。梁建英打造了一支由博士、硕士和专业带头人等千余人组成的研发团队，指导研发团队从技术研究到方案设计，从仿真模拟到试验验证，攻克层层技术难关。梁建英强调，"中国高铁发展到今天，不是一人之功，也不是一个系统和一个专业之功，而是这个行业相关的所有人共同努力的成果"。

六　结语

高水平科技人才成长评价不仅是评估我国高水平科技人才发展水平的关键，也是建设世界重要人才中心和创新高地的重要抓手。然而，当前我国对高水平科技人才成长评价尚未形成科学统一、普遍认可的指标体系，并且严重忽视了间接、隐性的人才价值，致使我国高水平科技人才成长评价存在严重的功利化倾向。本报告在现有研究的基础上，以规避人才评价可能产生的人才功利化或消沉情绪倾向为目标，充分考虑人才的显性与隐性特征，构建了包括社会影响力、知识和技能的外显性指标，以及能力、动力、本质特征、家国情怀、社会责任感等隐藏性指标的高水平科技人才成长评价体系。

高水平科技人才成长具有客观发展规律，符合"基础期—发展期—成就期"阶段演变规律。在人才成长阶段分流过程中，高水平科技人才的职

业使命感、社会责任感、家国情怀、团队协作等关键特质起到关键作用，只有拥有这些特质，才能排除万难顺利迈入下一阶段。本报告以轨道交通领域的"最美科技工作者"梁建英和土木、水利与建筑工程领域的"感动交通十大年度人物"林鸣为分析对象，通过实例分析，发现职业使命感、不畏艰难、家国情怀、社会责任感和团队协作等隐藏性指标是高水平科技人才的关键特质，印证了高水平科技人才成长规律模型的有效性。

参考文献

蔡学军：《我国高层次人才队伍建设现状、问题与对策》，《中国人才》2003年第10期。

陈劲、杨硕、吴善超：《科技创新人才能力的动态演变及国际比较研究》，《科学学研究》2022年7月13日。

李思宏、罗瑾琏、田瑞雪：《科技人才评价与选拔体系构建思路》，《科技进步与对策》2009年第14期。

马斌、李中斌：《中国科技创新人才培养与发展的思考》，《经济与管理》2011年第10期。

瞿群臻等：《基于逻辑增长模型的科技人才成长规律及影响因素研究——以海洋领域科技人才为例》，《科技管理研究》2021年第12期。

尚智丛：《关于当代中国科技人才成长规律的几点认识》，《今日科苑》2016年第11期。

盛楠等：《创新驱动战略下科技人才评价体系建设研究》，《科研管理》2016年第S1期。

王璐瑶、陈劲、曲冠楠：《构建面向"一带一路"的新工科人才培养生态系统》，《高校教育管理》2019年第3期。

王前、李丽：《科技人才评价导向的若干误区与调整对策》，《科学与社会》2016年第42期。

赵伟等：《创新型科技人才评价理论模型的构建》，《科技管理研究》2012年第24期。

田瑞强：《基于履历信息的高层次科技人才成长与流动模式研究》，博士学位论文，中国科学技术信息研究所，2013。

〔美〕哈里特·朱克曼：《科学界的精英——美国的诺贝尔奖金获得者》，商务印书馆，1979。

卢嘉锡：《中国科学技术史（26 册）》，科学出版社，2016。

D. C. McClelland, "Testing for Competence Rather than for Intelligence," *American Psychologist* 28 (1973).

C. Cao, *China's Scientific Elite* (London& New York: Routledge Curzon), 2004.

L. M. Spencer, S. M. Spencer, *Competence at Work: Models for Superior Performance* (Wiley), 1993.

B.7
科技人才联合创新指标评价
与趋势分析*

陈书洁　付　涵　赵婧桦**

摘　要： 科技人才联合创新摆脱了传统分散创新的模式，是以攻关关键核心技术、占领科技基础研究前沿为目标而构建的体系化、开放式、协同性的密集创新合作模式，对推动创新链、产业链、资金链、人才链深度融合具有十分重要的战略意义。近年来，随着科技人才联合创新活动不断涌现，科技人才联合创新效能不断增强，科技人才联合创新制度环境不断优化。本报告基于2011～2020年中国科技统计年鉴、统计公报等的数据，构建了科技人才联合创新投入—效能评价指标体系。考察以科技合作、技术转移与外商直接投资为主的投入程度，以科学创新效能、经济创新效能、自主创新效能为代表的效能产出。研究发现，2011～2020年，科技人才联合创新趋势加快但区域差异明显。基于此，本报告提出了以下对策建议：加快产学研深度融合，提升科技人才联合创新效能；着力营造有利于科技人才联合创新的制度环境；推进区域科技人才联合创新分类施策。

关键词： 科技人才　联合创新　制度环境

---

* 在本报告数据收集阶段，部分数据只更新至2020年，为了数据的完整度，采用2011～2020年的数据。

** 陈书洁，管理学博士，首都经济贸易大学劳动经济学院人力资源开发与人才发展系党支部书记、副教授，北京经济社会发展政策研究基地副主任；付涵，首都经济贸易大学劳动经济学院人才学系硕士研究生，主要研究方向为科技人才创新；赵婧桦，首都经济贸易大学劳动经济学院人才学系硕士研究生，主要研究方向为人才制度理论。

一 科技人才联合创新运行态势分析

中国处于新一轮科技革命和产业革命交汇期,开放式创新体系强调各创新主体的深入互动以及对创新资源的整合与利用,中国基础研究整体水平和国际影响力正在显著提升。[①] 联合创新是开放式创新的重要模式,实现国家科技自立自强,离不开科技人才的重要引领和支撑,人才引领驱动是推动自主创新的关键。习近平总书记强调"坚持党管人才,坚持'四个面向',深入实施新时代人才强国战略,加快建设世界重要人才中心和创新高地"。[②] 党的二十大报告指出,必须坚持科技是第一生产力、人才是第一资源、创新是第一动力,深入实施科教兴国战略、人才强国战略、创新驱动发展战略,开辟发展新领域、新赛道,不断塑造发展新动能、新优势。《中共中央关于制定国民经济和社会发展第十四个五年规划和二〇三五年远景目标的建议》《关于深化人才发展体制机制改革的意见》《关于分类推进人才评价机制改革的指导意见》《关于开展科技人才评价改革试点的工作方案》等政策文件从顶层设计出发,坚持问题导向、分类推进、使用牵引、协同实施,以深化改革和政策协同来优化战略布局,为实现高水平科技自立自强和建设世界科技强国提供人才支撑。

科技人才联合创新具有复杂、开放、多维的发展特征。政府、企业、高校以及科研院所分别成为创新行为主体,贯穿包括人才培养、基础研究、应用实践、市场转化以及政策保障在内的整个创新过程。由于资源配置、功能定位存在一定的差异性和互补性,联合创新较一般创新活动更有可能实现"1+1+1>3"的协同效应。围绕国家重大科技任务,政府发挥统筹作用,在创新中承担引导和监督的角色,激发各创新主体的动力,提供资金支持、资源保障、奖励补偿、政策引导等多种形式的保障,定期对资助项目的进展和

---

① 陈劲:《新时代的中国创新》,中国大百科全书出版社,2021。
② 陈骏:《大力引培更多战略科学家》,《群众》2021年第24期。

成果进行评估和验收,以此来促进联合创新高效开展;高校、科研院所是构成国家创新体系的主体,发挥培养创新科技人才、营造创新生态环境、促进知识融合的作用,在联合创新体系中承担着基础研究的推进、科技成果的产出以及高素质人才的培养等任务;企业是科技成果转化与技术市场应用的重要主体,为了增强竞争优势,需要具备促进科技成果商业化的转化能力,不断对科技创新进行投入。这既包括对高校、科研院所提供研究支持,也包括引进科技人才,加大研发投入力度,取得高质量成果转化,实现经济市场技术兑现。联合创新需要各主体发挥资源优势、能力优势,共同进行技术研发和科技攻关。

科技人才联合创新是经济社会高质量发展的结果,科技人才创新效能的显现不仅依托科技人才创新实力,还与支持科技人才创新的制度环境相关。区域经济发展的不平衡性导致国内科技人才创新效能存在差异性。科技人才联合创新,不仅是开放式创新模式在本土制度环境中的拓展,还为中国以及其他新兴经济体的创新驱动发展提供了新的经验。

(一)科技人才联合创新活动不断涌现

随着科技合作的深入,各创新主体间的联合创新程度不断加深。近年来,跨区域的科技合作趋势愈加明显,为区域间科技人才联合创新活动的涌现提供了坚实的基础。

2011~2020年,高校科技活动经费中来自企业的资金总体呈递增趋势,如图1所示,企业投入高校的经费日渐增长,由2011年的243亿元增长到2020年的666亿元,增长了约1.74倍。校企科技合作一方面展现了以企业为科技创新主体的模式日渐成熟,另一方面表明了产学研深度融合的创新作用逐渐增强。

2011~2020年中国的技术市场技术流向地域合同金额和外商直接投资实际利用额整体呈现增长趋势,如图2、图3所示,2020年的技术市场技术流向地域合同金额较2011年增长了约6.13倍,2020年的外商直接投资实际利用额约是2011年的1.51倍,表明中国技术市场发展迅速。

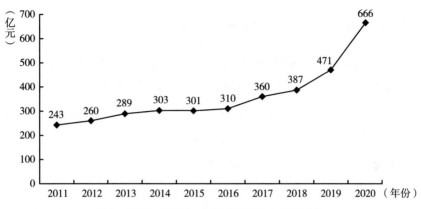

图1　2011~2020年企业对高校投入的资金数

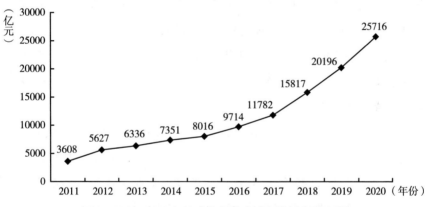

图2　2011~2020年技术市场技术流向地域合同金额

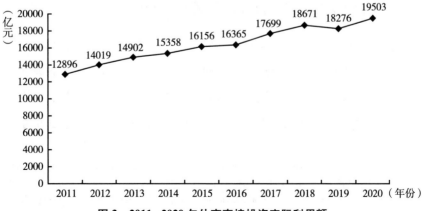

图3　2011~2020年外商直接投资实际利用额

（二）科技人才联合创新效能逐步提升

深入实施新时代人才强国战略以来，科技人才在中国式现代化建设中的支撑作用日益凸显。实施更加积极的科技人才政策，优化科技人才创新发展生态，通过人才引进、研发投入、项目扶持、成果确权等措施不断加大支持保障力度，科技人才联合创新效能逐步提升。

中国 R&D 人员全时当量与政府科技经费方面的投入逐年增加，R&D 人员全时当量由 2011 年的 288.29 万人增加至 2020 年的 523.45 万人，增长了 81.6%；2011 年的 R&D 经费投入为 8687.01 亿元，2020 年的 R&D 经费投入为 24393.11 亿元，增长了约 1.9 倍。研发人员数量的增长以及政府的科技经费投入体现了中国科技人才创新规模和投入方面取得的进展。

科技人才科学创新呈现活跃态势。2011~2020 年，实用新型专利占所有授权专利的比重最高；2011 年高校论文发表数量为 110.9 万篇，2020 年增长至 150.4 万篇，增长了 35.6%。

科技人才经济创新转换动能充足。中国的高新技术产品出口贸易额和规模以上工业企业新产品销售收入均呈增长趋势，2020 年高新技术产品出口贸易额是 2011 年的 2.45 倍。2020 年规模以上工业企业新产品销售收入是 2011 年规模以上工业企业新产品销售收入的 2.37 倍。

（三）科技人才联合创新制度环境不断优化

科技人才联合创新尤其需要营造良好的制度环境。政府、高校、科研院所和企业基于信任合作形成了关于创新的经济契约和社会契约。由中国的创新政策、规则等正式制度，以及创新精神的培育、价值观、氛围等非正式制度构成的制度环境，对科技人才创新起着关键作用。[1] 近年来，各

---

① S. Chen, J. Sun, Y. Liang., "The Impact on Knowledge Transfer to Scientific and Technological Innovation Efficiency of Talents: Analysis Based on Institutional Environment in China," 2022, *Technology Analysis & Strategic Management*, https://doi.org/10.1080/09537325.2022.2093710.

省市通过硬性支撑与软性引导，对科技资源在产学研多主体间的转移起到促进作用。北京等特大城市承担着引领重大科技攻关、从"0"到"1"自主创新的重要任务，着重聚焦与未来科技相关的产业，对科技战略创新、拥有卓越技能的拔尖杰出人才实施人才政策。天津、济南、苏州等城市积极招引具有重大贡献的中青年专家、在从事领域具有发展潜力的优秀青年骨干等储备型科技人才。中西部地区人才流失比较严重，该地区城市在争取国际一流、国内领军人才的同时，重点给予本科学历及以上毕业生政策支持，集聚后备科技人才。保障科技成果转化的知识产权制度正逐步完善，促进了科技人才联合创新。[①] 通过构建以联合创新为核心的政策体系，制度环境得到了优化，技术转移得到了促进。[②] 外商直接投资更容易发生在制度环境相似的地区，中国独特的制度环境促进了外商直接投资，在带来收益的同时产生了竞争效应。

二　科技人才联合创新投入—效能评价指标体系设计

科技人才对强化现代化建设的支撑作用愈加凸显，中国的创新资源大多集中于高校与科研院所，正在形成以高校、科研院所、企业为主体的科技创新模式。随着科技合作的深入，各创新主体间的投入程度不断加深。在联合创新过程中，知识分享和知识交易存在互动过程，主要通过研发合作和技术转移推动联合创新，为实现关键核心技术突破创造了条件。[③] 此外，外商直接投资带来的示范效应促使区域科技人才学习国外管理、研发等相关先进知

---

①　陈怀超、张晶、费玉婷：《制度支持是否促进了产学研协同创新？——企业吸收能力的调节作用和产学研合作紧密度的中介作用》，《科研管理》2020年第3期，第1~11页。

②　L. Ranstetter, R. Fisman, F. Foley, "Does Stronger Intellectual Property Rights Increase International Technology Transfer? Empirical Evidence from U. S. Firm-level Panel Data," *Quarterly Journal of Economics* 121 (2006): 321-349.

③　赵大丽、高伟、李艳丽：《知识转移方式对区域创新能力的影响研究：基于2001—2008年省际数据的分析》，《科技进步与对策》2011年第16期，第32~37页。

识，提高自身的知识存量。[①] 科技合作连接了高校和企业两类重要的创新主体，提升了基础研发应用转化成效。因此，本报告用企业对高校投入的资金数来衡量科技合作。在技术转移方面，本报告以技术市场技术流向地域合同金额作为衡量指标，该指标基于技术流入方统计，表明其他区域对本区域的联合创新有重要影响，促进了知识创新、技术革新。此外，外商直接投资实际利用额反映了区域通过学习、吸收先进的知识和丰富的管理经验促进科技人才创新（见表1）。

表 1　科技人才联合创新投入—效能评价指标体系

类型	一级指标	二级指标
投入类指标	科技合作	企业对高校投入的资金数(亿元)
	技术转移	技术市场技术流向地域合同金额(亿元)
	外商直接投资	外商直接投资实际利用额(亿元)
效能类指标	科学创新效能	发表论文数(篇)
		出版科技著作数(种)
	经济创新效能	技术市场成交额(亿元)
		高新技术产业新产品出口额(亿元)
		高新技术企业生产工业总产值(亿元)
	自主创新效能	发明专利授权量占比(%)

　　人才效能起初被定义为投入—产出的人才利用率，[②] 随后被扩展为某一经济领域内某类人才发挥作用的程度。综合来说，科技人才创新效能是科技人才对区域经济发展做出的贡献和产生的价值收益，表现为科技人才创新作用的发挥程度。本报告所指的科技人才创新效能分为三部分，一是科学创新效能，二是经济创新效能，三是自主创新效能。科学创新效能用发表论文数、出版科技著作数，经济创新效能用技术市场成交额、高新技术产业新产

---

① X. W. Tian, "Accounting for Sources of FDI Technology Spillovers: Evidence from China," *Journal of International Business Studies 38*（2007）：147-159.

② 于海云等：《基于企业衍生的 FDI 知识转移影响因素研究》，《科研管理》2015 年第 3 期，第 13~20 页。

品出口额、高新技术企业生产工业总产值来反映，自主创新效能用发明专利授权量占比来反映。

基于中国科技统计年鉴、统计公报等，本报告选取了我国 30 个省份（西藏自治区、港澳台地区除外），利用公开的科技人才联合创新的相关信息，统计分析了各省份 2011~2020 年的联合创新投入、区域科技人才联合创新效能的相关情况。根据《中共中央关于制定国民经济和社会发展第七个五年计划的建议》中关于经济带划分的规划，本报告依据地理位置、经济建设条件和经济技术水平，将 30 个省份划分为东部地区、中部地区、西部地区，其中东部地区包括北京、天津、河北、辽宁、上海、江苏、浙江、福建、山东、广东和海南 11 个省份；中部地区包括山西、内蒙古、吉林、黑龙江、安徽、江西、河南、湖北、湖南 9 个省份；西部地区包括四川、贵州、云南、陕西、甘肃、青海、宁夏、新疆、广西、重庆 10 个省份。

三 科技人才联合创新区域变化与趋势分析

（一）科技合作投入增加

总体来看，东部地区各省份企业对高校投入的资金数呈上升趋势且差异较大。北京企业对高校投入的资金数在 2011~2020 年一直居首位，且逐年增加，尤其是 2019 年较 2018 年提高了 27.64%。江苏、广东两地企业对高校投入的资金数紧随其后，分别位居第二、第三，反映出北京、江苏、广东地区的高校和科研院所众多，教育资源丰富，研发合作竞争态势明显。2017~2020 年，东部地区各个省市增幅较之前更大，但天津略显疲软（见图 4）。2011~2020 年，中部地区各省份企业对高校投入的资金数有明显提高。横向来看，各省份企业对高校投入的资金数差异较大，如 2020 年湖北企业对高校投入的资金数显著高于内蒙古企业对高校投入的资金数（见图 5）。2011~2020 年，西部地区除陕西、四川、重庆三地外，其余省份企业对高校投入的资金数不随年份的增长而增长。横向来看，四川企业对高校投入的资金数居首位（见图 6）。

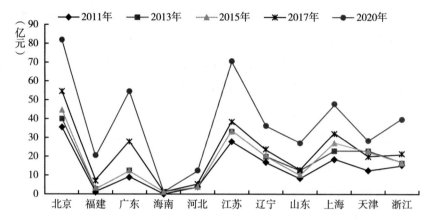

图 4 2011~2020 年东部地区各省份企业对高校投入的资金数

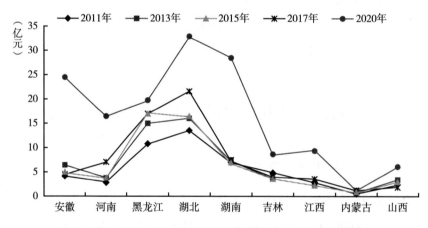

图 5 2011~2020 年中部地区各省份企业对高校投入的资金数

东部地区教育资源、科技人才资源相对丰富，高校、科研院所和企业云集，科技合作经费充足，中部地区次之。东部地区绝大多数企业对高校投入的资金数在 2011~2020 年呈上升趋势。中部地区部分省份企业对高校投入的资金数在 2011~2020 年有所下降。西部地区除四川、陕西、重庆外，其余省份企业对高校投入的资金数仍有较大差距。

（二）技术转移促进区域创新

总体来看，东部地区各省份技术市场技术流向地域合同金额随年份增长

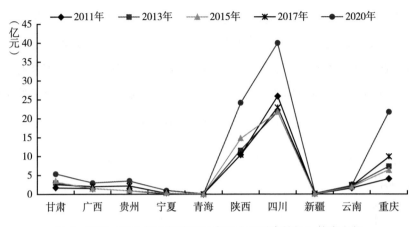

图6 2011~2020年西部地区各省份企业对高校投入的资金数

而增长的变化并不明显，但广东的技术市场技术流向地域合同金额逐年递增。各省份技术市场技术流向地域合同金额差异较大，北京在 2011~2019 年处于领先位置，但 2020 年广东超越北京位居第一；山东技术市场技术流向地域合同金额增速较快，2020 年较上年增长 84.4%；海南技术市场技术流向地域合同金额与其余省份仍有一定差距，且其最高点在 2012 年出现，此后直至 2020 年仍未超越最高点，福建、河北、天津与其余省份仍存在一定差距（见图7）。在中部地区，湖北技术市场技术流向地域合同金额处于

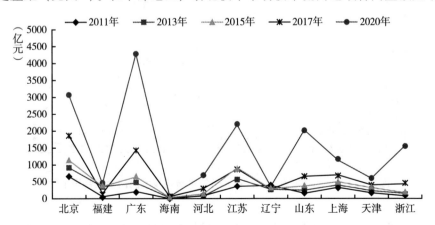

图7 2011~2020年东部地区各省份技术市场技术流向地域合同金额

领先位置，吉林在技术转移方面的投入增长迅速，从2011年相对靠后的位置追赶到2020年的第4位，而处于同样地理位置的黑龙江的发展态势显得相对疲软，其余省份技术市场技术流向地域合同金额均与湖北、安徽有一定差距（见图8）。在西部地区，陕西技术市场技术流向地域合同金额处于领先位置，四川紧随其后，宁夏、青海与其余省份仍有一定差距（见图9）。

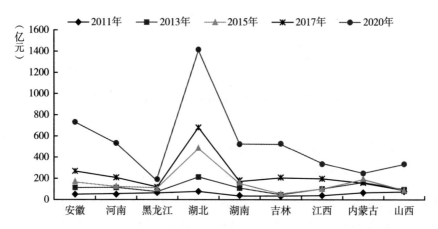

图8　2011~2020年中部地区各省份技术市场技术流向地域合同金额

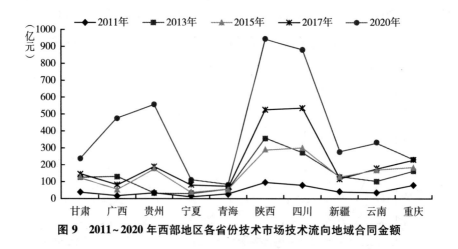

图9　2011~2020年西部地区各省份技术市场技术流向地域合同金额

东部地区、中部地区、西部地区差异较为明显，西部地区和中部地区共有4个省份的技术市场技术流入地域合同金额在2011~2020年突破600亿元，而东部地区只有个别省份未达 600 亿元，说明现阶段技术转移不平衡，技术转移更偏向东部地区以及中西部的部分地区。

（三）外商直接投资溢出效应明显

东部地区各省份外商直接投资实际利用额与年份变化无明显关系，与之前两个指标相比，东部地区各省份的外商直接投资实际利用额并未显现明显的增长态势，且增长不稳定，具有一定的间断跳跃性。比较 2020 年与 2011 年，除福建、江苏、辽宁、天津外，其余省份外商直接投资实际利用额总体上升，但并非逐年增长，期间存在波动，如北京的最高值出现在 2017 年，辽宁的最高值出现在 2013 年。横向来看，江苏除 2015 年被广东反超外，均处于领跑地位，辽宁出现明显的下滑趋势，10 年间下降了 89.0%，海南与其余省份仍有差距（见图 10）。中部地区安徽、河南、湖南、江西、湖北、吉林的外商直接投资实际利用额总体呈上升趋势，其余省份 2020 年比 2011 年均有所下降。湖南发展最为迅速，10 年间增长了近 2.65 倍，黑龙江下降幅度较大，10 年间下降了 82.1%（见图 11）。西部地区广西、贵州、青海、新疆、重庆 5 省的外商直接投资实际利用额 10 年间均有所下降，其余省份均有所提升，陕西 10 年间增长了 2.83 倍。陕西、四川远超其余省份，且差距有扩大的趋势（见图 12）。

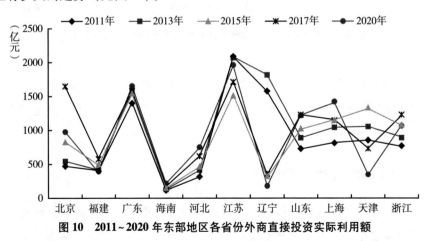

图 10　2011~2020 年东部地区各省份外商直接投资实际利用额

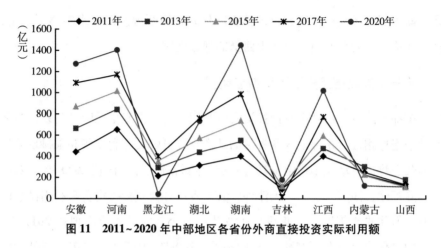

图11　2011~2020年中部地区各省份外商直接投资实际利用额

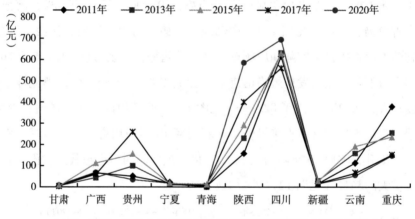

图12　2011~2020年西部地区各省份外商直接投资实际利用额

　　综合来看，东部地区、中部地区、西部地区差异明显，东部地区的外商直接投资实际利用额溢出效应最明显，西部次之，中部地区因其快速变化可能更有发展潜力。

（四）联合创新效能提升

　　科技合作的深入使得各创新主体间的联合创新程度不断加深，有利于消除技术流动壁垒，进一步激发科技人才创新活力。与此同时，外商直接投资使得科技人才通过吸收先进知识、管理经验等提高自身知识存量,进而提升科技人才联合创新效能。本报告将从科学创新效能、经济创新效能与自主创新效能 3 个方面对科技人才联合创新效能给予评价和分析。

1. 科学创新效能

发表论文数直观表现为科学产出,代表着知识的转化与应用,通过观察分析 2011~2020 年全国发表论文数变化,可以发现发表论文数随着年份的增长而增长,且呈不断上升趋势(见图 13)。

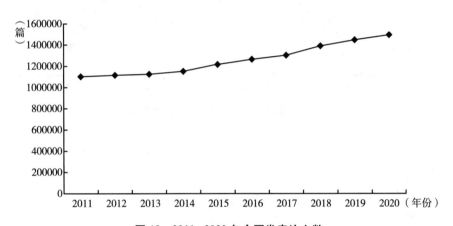

图 13 2011~2020 年全国发表论文数

东部地区各省份发表论文数差异明显,江苏、北京、广东名列前茅。2011~2018 年,北京发表论文数最多;2018~2020 年,江苏反超北京,成为发表论文数最多的省份,京津冀三地在 2019~2020 年出现了负增长情况,广东增长势头良好,与其余省份相比增长速度更快。海南与其余省份差距较大(见图 14)。中部地区湖北在历年中发表论文数最多,湖南次之,内蒙古与其余省份差距较大(见图 15)。总体来看,中部地区各省份增速平缓,但也有部分省份在某年有明显增长,如 2016 年吉林发表论文数较 2015 年增长了 26%,2017 年湖南发表论文数较 2016 年增长了 11%。西部地区各省份之间差异较大,四川、陕西发表论文数远多于其余省份,其余省份发表论文数均未突破 4 万篇(见图 16),且四川、陕西发表论文

数增长速度较其余省份更快,但陕西在 2019～2020 年出现了负增长的情况。

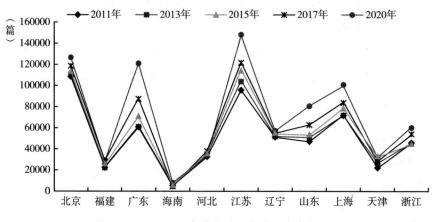

图 14　2011～2020 年东部地区各省份发表论文数

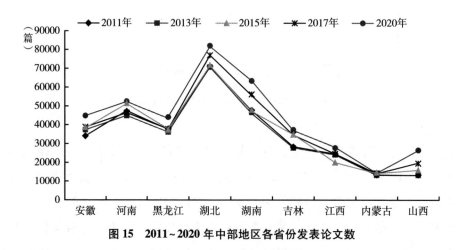

图 15　2011～2020 年中部地区各省份发表论文数

　　总体而言,东部地区、中部地区、西部地区差异较大,中西部地区保持领先势头的部分省份位居全国中游。数据显示,创新投入指标排名靠前的省份,发表论文数往往也较多,如东部地区的北京、江苏、广东、上海,西部地区的陕西、四川,中部地区的湖南、湖北。值得注意的是,北京发表论文数虽然常年居高位,但是在 2019～2020 年出现了负增长情况;广东增长势

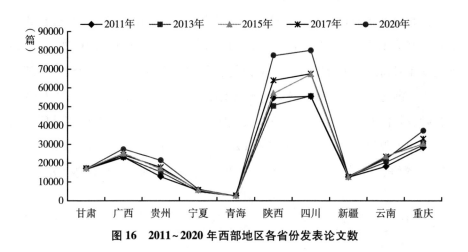

图16　2011～2020年西部地区各省份发表论文数

头正盛，2017～2018年及2019～2020年均以15%左右的增长率增长，如果依此增长率计算，预计未来广东可能再次超越北京。

出版科技著作数同样是科学产出的一种直观反映，出版科技著作需要更多知识投入，知识库相对庞大，对于知识融合创新起到促进作用。通过对2011～2020年的数据统计发现，全国出版科技著作数并不随着年份的增长而增长，在2011～2017年的7年时间里，除2013年有小幅下降外，基本呈增长趋势，在2017年达到峰值，2018年、2019年连续两年下降，2020年较2019年有小幅提升（见图17）。

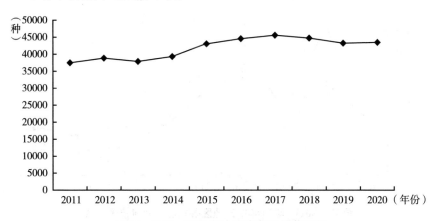

图17　2011～2020年全国出版科技著作数

东部地区各省份之间差异较大，北京出版科技著作数最多，且远超其余省份，最高值出现在 2011 年，最低值出现在 2020 年，多数省份在 2015~2020 年的 6 年时间内并无增长趋势，出版科技著作数持续走低（见图 18）。中部地区河南、湖北、湖南出版科技著作数较多，除河南、湖北、湖南外，其余各省份随着年份增长，出版科技著作数差距缩小（见图 19）。在西部地区，陕西、四川出版科技著作数在 2011~2020 年均位列前二，其余省份差异较大，2020 年青海、新疆、宁夏出版 0~500 种，贵州、广西、甘肃出版 501~1000

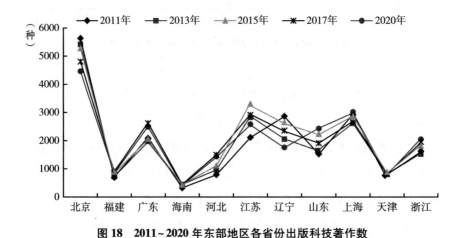

图 18　2011~2020 年东部地区各省份出版科技著作数

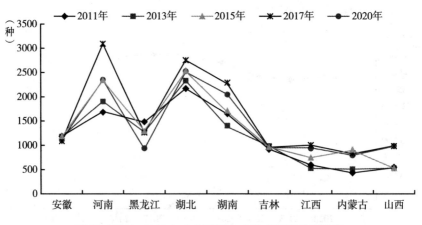

图 19　2011~2020 年中部地区各省份出版科技著作数

种，云南出版 1000 种以上，陕西、四川、重庆出版 1501～2000 种（见图20）。整体来看，发展趋势较为平缓。

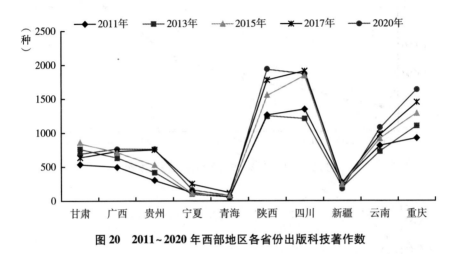

图20　2011～2020 年西部地区各省份出版科技著作数

综合分析，2011～2022 年出版科技著作数未出现较明显的上升趋势，东部地区、中部地区、西部地区差异仍然明显。

2. 经济创新效能

技术市场成交额反映了技术转移和科技成果转化的总体规模，用以衡量经济创新效能。通过对 2011～2020 年全国技术市场成交额进行分析可以看出，全国技术市场成交额逐年增长，趋势明显，最大增幅出现在 2020 年，较 2019 年增长了 25.5%（见图21），如果持续保持这种发展趋势，有望在未来突破 3 万亿元大关。

东部地区北京的技术市场成交额远超其余省份，位列第一；广东的技术市场成交额自 2017 年来提升迅速，发展态势良好；所有省份技术市场成交额均呈上升态势（见图22）。中部地区湖北技术市场成交额远超出其余省份，且增速迅猛。2017～2020 年，除山西出现了下降情况，其余省份技术市场成交额均有所提高（见图23）。西部地区陕西、四川技术市场成交额远超其余省份，分别位居第一、第二。其余省份均未突破 400 亿元。陕西技术市场成交额上升最快，其余省份发展态势较为平稳（见图24）。

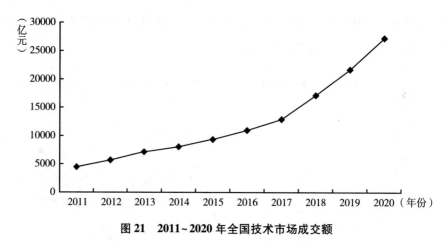

图 21　2011～2020 年全国技术市场成交额

图 22　2011～2020 年东部地区各省份技术市场成交额

东部地区、中部地区、西部地区均有一个省份的技术市场成交额远超其余省份，东部地区是北京，中部地区是湖北，西部地区是陕西，科学创新效能显著。但各地区各省份之间显现了明显的差距，位列第一的省份往往与其余省份差距较大，区域经济创新效能不平衡问题值得关注。虽然个别省份技术成交额偶有下降，但总体来看仍呈上升趋势。

高新技术产业新产品出口额体现了知识技术创新转化能力。2011～2020年中国高新技术产业新产品出口额逐年提升，2019～2020 年增长率最高，达

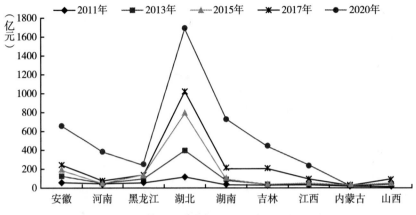

图23 2011~2020年中部地区各省份技术市场成交额

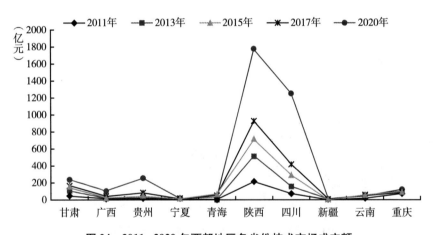

图24 2011~2020年西部地区各省份技术市场成交额

到24%，发展前景良好（见图25）。高新技术产业新产品出口额的大幅提升，展示了高新技术产业升级与结构调整优化的成效，助力中国高新技术产业深度融入全球产业链体系。

东部地区广东、江苏的高新技术产业新产品出口额远超其余省份，分别位居第一、第二，其余省份均在2000亿元以下（见图26）。广东、江苏在2018年后增长迅速，2019~2020年两省增长率分别达到16.6%、23.5%。浙江、北京虽与广东、江苏差距较大，但自2019年来增长迅猛，增长率分

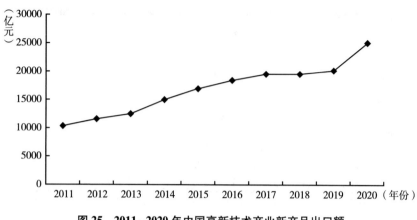

图25　2011~2020年中国高新技术产业新产品出口额

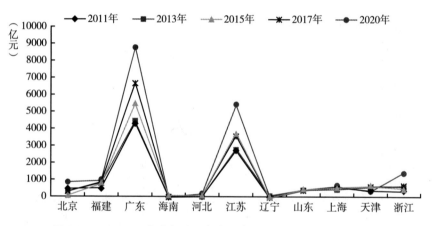

图26　2011~2020年东部地区各省份高新技术产业新产品出口额

别为42.4%、57.5%，发展态势较好。总体来看，东部地区所有省份自2019年后均呈上升趋势。中部地区河南的高新技术产业新产品出口额远超其余省份，在2018年达到峰值3183.6亿元，其余省份均在800亿元以下（见图27）。值得注意的是，2015年后各省份高新技术产业新产品出口额波动性较强，如江西，2017年较2016年增长9.28倍，但2018年与2017年相比下降了74%，安徽也有类似的情况出现。在西部地区，除2012~2013年外，重庆的高新技术产业新产品出口额远超其余省份，且差距较大（见图

28）。自 2016 年以来，只有重庆、四川保持了逐年上升的趋势；2019~2020年，重庆、四川、广西、宁夏呈上升趋势，其余省份未见明显起色。

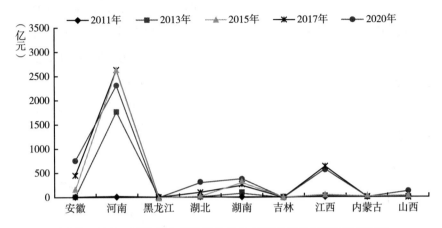

图 27　2011~2020 年中部地区各省份高新技术产业新产品出口额

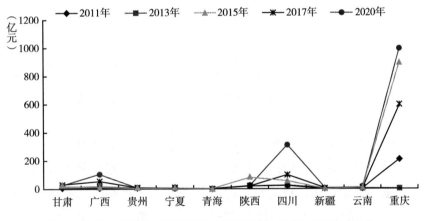

图 28　2011~2020 年西部地区各省份高新技术产业新产品出口额

东部地区、中部地区、西部地区仍存在差距，各地区内部差距明显。部分省份高新技术产业新产品出口态势较为强劲，如东部地区的广东、江苏，中部地区的河南，西部地区的重庆，领先省份的高新技术产业新产品出口额往往是其余省份的 2 倍乃至 3 倍以上。有一些之前表现并不出众的省份在近

年来有着突出的表现，如中部地区的河南，其高新技术产业新产品出口额遥遥领先于中部其他地区。

高新技术企业是知识密集、技术密集的经济实体，是推动国家产业转型、科技创新的重要主体之一。通过对 2011~2020 年全国高新技术企业生产工业总产值数据的统计分析可以发现，除 2014~2015 年呈下降态势外，其余年份均呈增长态势，于 2020 年达到峰值，自 2015 年后每年的增长率都达到 10%以上，2017~2018 年增长率最高，达到了 18.4%，增长势头迅猛（见图 29）。

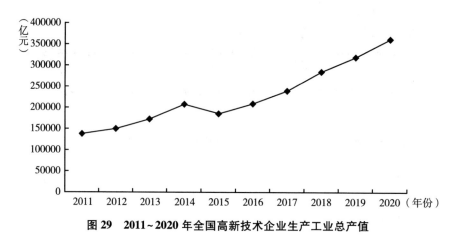

图 29　2011~2020 年全国高新技术企业生产工业总产值

东部地区各省份高新技术企业生产工业总产值略有起伏，广东、江苏、山东、浙江位居前列（见图 30），自 2017 年起总体呈上升趋势。2016 年浙江超越山东，成为东部地区高新技术企业生产工业总产值较高的省份。河北发展迅速，2019 年超越上海位居第三。中部地区总体呈上升趋势，个别省份在中间年份有所波动。湖北在 2018 年超越湖南位居第一，江西发展迅猛，从 2011 年的末流追至 2020 年的前列，2019~2020 年增长率达到 28.4%；内蒙古在 2016 年之前均处在末位，自 2017 年起高速发展，2020 年超越了山西、吉林、黑龙江等省份，与 2016 年相比增长了2.79 倍（见图 31）。西部地区与东部地区、中部地区相同，除部分省份在中间年份有浮动，总体呈上升趋势。四川自 2015 年起持续增长，2019

年超越重庆,成为西部地区高新技术企业生产工业总产值最高的省份,2015~2020 年增长了 97.3%;重庆在 2017~2020 年波动较大,先降后升,在 2020 年仅次于四川,位居第二;陕西增长迅速,2020 年较 2015 年增长了 1.28 倍,位居第三(见图 32)。西部地区各省份高新技术企业生产工业总产值在 2019~2020 年均呈上升趋势。

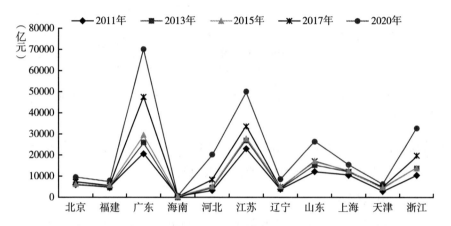

图 30 2011~2020 年东部地区各省份高新技术企业生产工业总产值

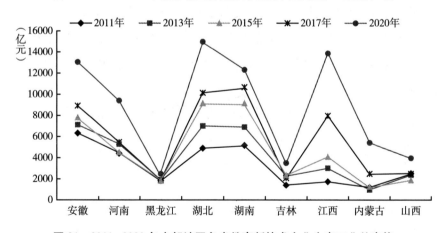

图 31 2011~2020 年中部地区各省份高新技术企业生产工业总产值

东部地区、中部地区、西部地区整体发展向好,东部地区高新技术企业生产工业总产值最高,中部地区次之,西部地区最低。每个地区都存在相应

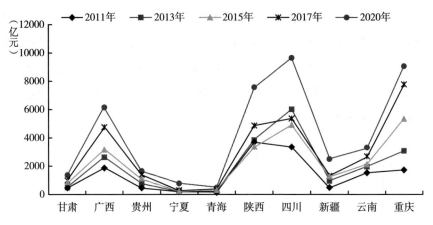

图32　2011~2020年西部地区各省份高新技术企业生产工业总产值

的波动变化，中部地区竞争尤为激烈。2019~2020年全国各省份均呈上升趋势，高新技术企业生产工业总产值保持乐观预期。

3.自主创新效能

高质量知识产权成果可以用来评价自主创新效能，本报告采用发明专利授权量占比来衡量自主创新效能，发明专利主要通过自主知识创新而取得授权。总体来看，中国自主创新效能与年份并无明显相关关系，2011~2015年有升有降，在2015年达到10年中最高值，2018~2020年呈上升趋势（见图33）。

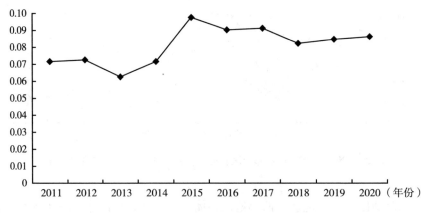

图33　2011~2020年中国自主创新效能

除 2013 年外，东部地区北京的自主创新效能远超其他省份，稳居首位。上海自 2015 年后呈下降趋势，但自主创新效能位居第二。自 2018 年后，浙江自主创新效能逐年提升，2019～2020 年的增长率达到了 26.2%，同期增长率最高，并在 2020 年反超辽宁，位居东部地区第三。经过数据比对，辽宁自主创新效能波动性较强，自 2017 年以来持续下降，2020 年被浙江反超，位居第四。其余省份差异不大（见图 34）。在中部地区，各省份自主创新效能波动性明显，差异性较强。除黑龙江外，其余省份的自主创新效能在2019～2020 年均呈增长态势（见图 35）。与中部地区相同，西部地区各省份自主创新效能具有波动性，仍然处于不稳定状态，2019～2020 年，除贵州呈上升趋势外，其余省份均呈下降趋势（见图 36）。

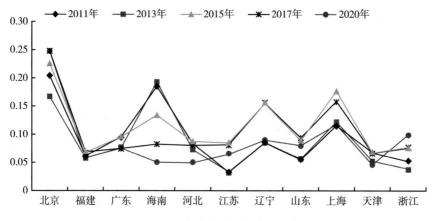

图34　2011～2020 年东部地区各省份自主创新效能

整体上，自主创新效能有待提升，除北京外，其余省份的自主创新效能仍较低。2011～2020 年中部地区多数省份自主创新效能呈上升趋势，相对于其他地区可能具有更快的发展势头。

科技人才联合创新加强了区域间的合作交流，促进创新资源加速流动，提升了经济增长转换动能。技术转移可以提高区域科技人才的知识获取能力，并使隐性知识转化为显性知识，进而促进技术市场转化率的提升。技术转移可以实现对技术吸纳主体原有技术系统依赖性的脱离，是追赶型国家或

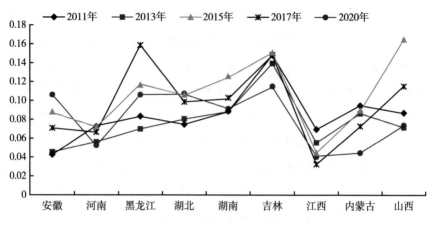

图35　2011~2020年中部地区各省份自主创新效能

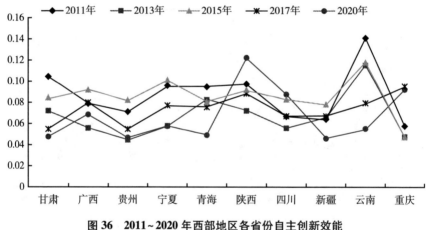

图36　2011~2020年西部地区各省份自主创新效能

地区实现技术经济跨越式发展的途径，也可以集中关键核心技术单元，以技术需求方原有技术体系为母本，与外部先进技术嫁接融合，从而推动原有技术系统更新。外商直接投资促使区域通过模仿与竞争效应提高市场竞争力，还通过向不同国家、地区科技人才学习获取先进国家的技术知识、经营理念等，促进区域科技人才联合创新效能的提升。同时，从空间集聚的视角来看，不同区域在资源禀赋、产业基础、科技人才优势等方面存在差异，联合创新发展变化过程也存在差异。通过比较可以发现，东部地区科技人才联合创新的科学创新效能和经济创新效能比中部地区、西部地区更明显。整体而言，科技合作、技术转移等联合创新活动明显促进了中国科技人才创新效能的提升。

四 对策建议

坚持创新在我国现代化建设全局中的核心地位，深入实施科教兴国战略、人才强国战略、创新驱动发展战略，需要牢牢抓住第一生产力、第一资源、第一动力。科技人才联合创新是政府、高校、科研院所、企业作为创新主体，以产学研用深入融合为途径，以攻关关键核心技术、占领科技基础研究前沿为目标而构建的体系化、开放式、协同性的密集创新合作模式。引导多元主体和多方资源围绕国家重大科技任务，以实现高水平科技自立自强为目标，分类推进科技人才联合创新制度与政策创新，优化科技创新资源配置，为经济社会持续健康发展注入强大动力。

（一）加快产学研深度融合，提升科技人才联合创新效能

利用科技合作、技术转移、外商直接投资等联合创新活动，面对关键环节、关键领域亟待集中完成的任务，坚持完善关键核心技术攻关体制，牢牢把握国际高新技术争夺焦点，营造良好政策支持环境。当前，企业在科技合作中的主体作用还未充分发挥，高校、科研院所、企业等主体的科技人才联合创新趋势在迅速变化，提升整体联合创新效能应加快提上日程。因此，应进一步强化企业在科技合作中的主体地位，注重多元创新主体间的人才协同创新，尤其是高校、企业、研发机构的科技人才，科学统筹国家科研机构、高水平研究型大学、科技领军企业的定位和布局。具体而言，高校可以通过与企业合作攻关关键共性技术、建立联盟标准、共建国家研发实验室、共建技术交易转化与创新中心、共建博士后流动站等方式加强互动交流。注重搭建科技成果交易平台，提升技术转移能力和科技成果转化率，构建统一开放、功能完善、体制健全、平等高效的技术市场体系，夯实技术转移人才培

养基础。坚持对外开放，注重外商直接投资，加强外资企业、跨国企业的合作，引导企业释放创新需求、开放应用场景，吸引全球科技人才集聚。稳定有序地推进科技创新人才评价改革，将以高质量知识产权成果为代表的自主创新贡献纳入评价体系，发挥科技自立自强、人才引领驱动的核心作用。

（二）着力营造有利于科技人才联合创新的制度环境

与处于世界前列的发达国家相比，中国科技人才创新仍面临数量偏多而质量不高的问题。通过对科技人才联合创新效能的质量评价发现，宏观方面，中国自主创新效能，特别是发明专利授权量占比在2011~2020年处于波动状态，大多数地区未见明显提升，甚至出现下降情况，整体峰值较低，高质量科技人才联合创新效能亟待提升。部分省份在科技人才联合创新的制度支持、政策力度和针对性上相对不足，特别是在人均成本、产业匹配度以及外围城市的政策优惠方面。小型企业在资源占有、政策偏好以及发展能力等方面与大中型企业差距较大，无法在激烈的科技人才竞争中引进或留住高层次创新人才。另外，除了技术研发人才供给不足，缺乏创新型科技企业家也是制约自主创新能力提升的原因。因此，解决中国科技人才创新存在的"虚胖"问题、联合创新存在的"卡脖子"问题，要重视数字化获取科学知识、应用科学技术与转化技术成果相结合的模式，这种模式强调取长补短，调动各创新主体的积极性，开展跨区域、跨产业、跨学科的联合创新活动。在科技人才联合创新过程中，创新主体的知识产权规则、知识转换标准等与制度环境密切相关的因素十分重要。把握联合创新的发展趋势，要结合本土化的制度环境因素，积极营造有利于科技人才联合创新的制度环境。

（三）推进区域科技人才联合创新分类施策

东部地区在科技人才联合创新投入上保持领先优势，中部地区、西部地区投入较大的省份在全国位居中游。东部地区投入总量相对较高，发展前景较好。相应地，东部地区科技人才联合创新效能更加显著，不管是科学创新效能，还是经济创新效能，东部地区明显高于中部地区和西部地区。就东部地区而言，应深刻把握创新驱动发展规律，根据产业发展的阶段性需求，高效开展科技人才精准支持。政府在制定科技人才政策时，要注意将政策内容与地方产业发展阶段及目标需求紧密结合，确定合理的科技人才竞争机制，合理激励科技人才联合创新，着力避免"人才浪费"。就中部地区而言，应考虑科技人才联合创新带来的知识、信息、技术等资源要素的交互分享对区域经济的影响，要统筹考虑科技人才流入对核心区域、外围区域以及邻近区域经济发展的影响，大力破除科技人才流动壁垒，着力推进科技人才区域一体化，实现"人才互通"。就西部地区而言，应健全保障科技人才引进、激励与培育的法律法规，推动成立跨区域科技人才服务机构，积极探索更大范围内的科技人才联合创新要素合理配置及共建共享。

B.8
科技人才共享成效评价与路径分析*

苗仁涛　李正瑞**

摘　要： 科技人才空间分布不均衡的格局阻碍了我国创新型国家建设的进程，科技人才共享以"不求所有，但求所用"的方式为该难题的解决提供了新思路。虽然目前我国已形成多种共享实践模式，但尚缺乏对其成效的评价体系，为此，本报告从资源整合、绩效创造、产业影响和创新环境改善四个维度构建科技人才共享成效评价体系，提出了促进科技人才共享成效提升的四条基本路径：一是以技术为帮手，提高资源整合能力；二是以利益为纽带，提升绩效创造水平；三是以项目为载体，深化对产业的影响；四是以政府为主导，推动科创环境变化。

关键词： 科技人才　人才共享　层次分析法

党的二十大在总结我国过去五年工作的基础上，做出"实施科教兴国战略，强化现代化建设人才支撑"[①] 的重要论述。科技人才作为我国人才队伍的关键力量，近年来，其规模持续扩大，但主要向东部地区集聚，

---

　* 本报告系国家社会科学基金项目"数字时代弱势员工群体工作重塑的结构、前因组态及动态效应的跨层次研究"（20BGL149）的阶段性成果。

** 苗仁涛，首都经济贸易大学劳动经济学院教授、博士生导师、人才学系主任，主要研究方向为战略人力资源管理、人才管理及职业生涯发展；李正瑞，首都经济贸易大学劳动经济学院博士生，主要研究方向为职业生涯管理与人才管理。

① 《实施科教兴国战略，强化现代化建设人才支撑》，人民网，2022 年 12 月 5 日，http：//dangjian. people. com. cn/n1/2022/1205/c117092-32580911. html。

东北地区和西部地区一些省份科技人才流失严重，各区域的差距进一步拉大。科技人才的多寡和区域分布在很大程度上影响着一个国家的创新发展和综合实力，科技人才集聚在一定时间内可以产生一定的规模经济效应，促进该地区的知识溢出和信息共享，但与此同时，科技人才区域分布不均衡的格局会对区域的公平发展产生影响，极易造成科技人才的"马太效应"，这不利于科技人才短缺地区的经济发展，也会阻碍我国现代化国家建设的整体进程。为此，许多地区相继出台了一系列科技人才培养、引进办法，但基本上各自为政，导致政策办法间互不协调，效果不佳，难以有效解决我国科技人才短缺、分布不均的问题。如何在当前现有科技人才存量的基础上，最大化科技人才的利用效率成为亟须解决的难题。

科技人才共享作为一种柔性流动方式，通过打破体制机制壁垒，运用共享思维达到引才引智目的，为许多科技人才匮乏地以较低成本解决创新能力不足的问题提供了可循路径。科技人才共享成效评价是衡量科技人才共享实际效果的重要标准，推进对不同层面、不同角度的科技人才共享成效评价是我国解决科技人才分布失衡问题、建设创新型国家的应有之义。一方面，为保障科技人才共享各项目的实施，政府要投入大量资源，对科技人才共享的实施成效进行评估；另一方面，科技人才共享的主要目标是充分利用现有科技人才存量进行科技创新，共享成效高低关乎区域创新目标能否实现，但现阶段主要围绕如何促进科技人才参与共享活动展开，科技人才共享成效尚缺乏有效的评估指标体系。因此，有必要在推进系统性、全面性成效评估上再下真功夫。

综上，本报告在分析我国科技人才总体情况的基础上，系统构建指标体系对科技人才共享成效进行科学评估。基于一致的数据统计口径和统计方法，该成效评估指标体系一方面可进行纵向比较，分析某一特定区域的发展趋势，对其科技人才共享的变化情况形成连续性认识，另一方面能对不同区域在同一年的科技人才共享成效进行横向评估，作为鼓励先进、鞭策后进的重要依据。

一 我国科技人才总体情况

R&D 人员全时当量作为国际通用指标,[①] 在一定程度上反映出一个国家研发人员的相关情况。因此,本报告基于该指标相关数据分析我国科技人才总体情况。

(一)科技人才队伍规模持续扩大

2012~2021 年,我国 R&D 人员规模以不同的速度持续扩大(见图1)。2021 年,我国 R&D 人员全时当量达 571.6 万人年,是世界上 R&D 人员规模最大的国家。

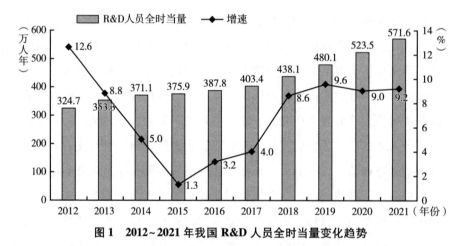

图 1　2012~2021 年我国 R&D 人员全时当量变化趋势

资料来源:2013~2022 年《中国科技统计年鉴》。

(二)科技人才队伍结构有待优化

从 R&D 研究人员在 R&D 人员总量中的占比来看,2017 年以来,其数值呈现先下降后上升再下降的趋势,但整体波动不大,均低于 44%

[①] 国家统计局社会科技和文化产业统计司、科学技术部战略规划司编《中国科技统计年鉴 2021》,中国统计出版社,2021。

（见图2），而世界主要国家 R&D 研究人员在 R&D 人员总量中的占比超过 50%，韩国甚至超过 80%，说明我国 R&D 研究人员的数量和培养投入有待增加，在培养 R&D 人员的同时，也要关注人才队伍结构的优化。

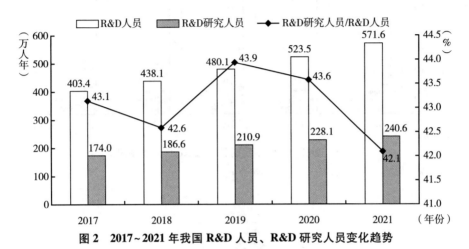

图2 2017~2021 年我国 R&D 人员、R&D 研究人员变化趋势

资料来源：2018~2022 年《中国科技统计年鉴》。

（三）科技人才区域分布失衡凸显

由图3可知，2017 年以来，我国各区域 R&D 人员呈现持续增长趋势，但各区域的占比并不均衡。以 2021 年为例，东部地区 R&D 人员占比达 65%，而东北地区仅占 4%（见图4）。

二 我国科技人才共享现状

科技人才共享基于"不求所有，但求所用"的原则，通过"关系不转、身份不变、户口不迁"的方式，打破体制机制壁垒和人才隶属关系局限，达到引才引智的目的。① 这为解决当前我国科技人才区域分布失衡的相关问题，最大限度地盘活现有科技人才提供了有益思路。

---

① 何琪：《区域人才共享：问题与对策》，《现代管理科学》2012 年第 3 期。

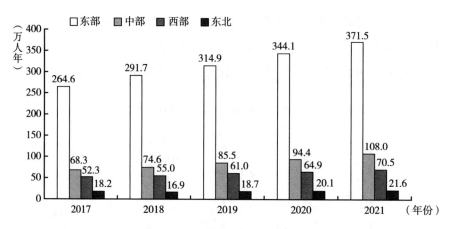

图3 2017~2021年我国各区域R&D人员情况

资料来源：2018~2022年《中国科技统计年鉴》。

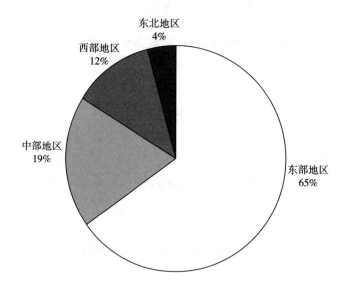

图4 2021年我国各区域R&D人员占比

资料来源：2022年《中国科技统计年鉴》。

（一）科技人才共享的发展历程

随着经济的快速发展以及各地对科技人才需求的不断增加，我国已开展了丰富的跨区域科技人才共享实践活动，典型地区有京津冀、长三角、珠三角等。本报告以京津冀为例，具体分析科技人才共享的发展历程。京津冀跨地区科技人才合作由来已久，根据实践活动的发展可划分为四个阶段（见表1）。

表1　京津冀地区科技人才共享发展历程

阶段	合作成果	合作形式	参与单位	时间
萌芽探索阶段（20世纪80年代中期至2003年）	小规模临时性合作	自发性合作	民间团体	20世纪80年代中期至20世纪90年代中期
	局部地区合作	正式科技人才合作	北京、天津和河北部分地区	20世纪90年代中期至2003年
起步发展阶段（2004~2010年）	签订《京津冀人才开发一体化合作协议》	京津冀人才开发一体化研讨会	京津冀三地人事厅（局）	2005年6月8日
	签订《京津冀人才开发一体化联席会议章程》	签署文件	京津冀三地人事厅（局）	2005年9月
	签订《京津冀人才交流合作协议书》《京津冀人事代理、人才派遣合作协议书》《京津冀人才网站合作协议书》	京津冀人才开发一体化联席会议	京津冀三地人事厅（局）	2006年12月
	一网注册、多网发布、实现科技人才信息共享	环渤海人才网站联盟	北京人才网、北方人才网、河北人才网	2007年7月
	提供数百家企事业单位招聘职位	举办京津冀招才引智大会	京津冀三地各企事业单位	2007~2010年
全面发展阶段（2011~2013年）	达成共享高层次人才智力资源、共建人才创新创业载体等6方面的协议	京津冀区域人才合作框架协议书	京津冀三地人力资源和社会保障厅（局）	2011年4月
	邀请千余家大中型企事业单位参会，提供科技人才需求2万多个	2011年首届京津冀人才交流大会		2011年5月

续表

阶段	合作成果	合作形式	参与单位	时间
换挡提速阶段(2014年至今)	围绕科技人才工作一体化中深层次的体制机制问题进行多次交流与研讨,形成广泛共识	京津冀人才工作联席会议	京津冀三地组织部、人力资源和社会保障厅(局)	2014~2017年
	共提供2.3万个工作岗位,吸引数万名求职者参加,现场意向达成率超过30%	京津冀专场招聘		
	张家口环首都高层次人才创业园成立,北京中关村海淀园秦皇岛分园揭牌成立	创业园区建立	京津冀三地组织部、人力资源和社会保障厅(局)	2014~2017年
	确定《"通武廊"人才工作联席会议制度》,达成《通武廊区域人才合作框架协议》,共建京津冀(通武廊)人才发展研究基地	"通武廊"人才工作联席会议	北京通州、天津武清和河北廊坊三地人力资源和社会保障厅(局)	2015年
	发布《京津冀人才一体化发展规划(2017—2030年)》	跨区域的人才规划	京津冀三地人才工作领导小组	2017年
	共同签署《推进京津冀协同创新共同体建设合作协议(2018—2020年)》等一系列框架协议	京津冀协同创新工作座谈会	京津冀三地科技部门	2018年
	达成《通武廊人力资源服务企业联盟合作协议》	各类人才交流合作项目	京津冀人才一体化发展部际协调小组	2019年
	签署《京津冀知识产权快速协同保护合作备忘录》	京津冀知识产权协同保护合作	京津冀三地知识产权局	2022年
	京津冀(河北三河)人力资源服务产业园	建设全国首家区域人力资源服务产业园	北京市人力资源和社会保障局、天津市人力资源和社会保障局、河北省人力资源和社会保障厅	2023年

资料来源:笔者整理。

（二）我国科技人才共享的具体形式

根据科技人才共享实践，科技人才共享的形式主要包括兼职式共享、外包式共享、候鸟式共享、项目式共享等。这些共享形式按其演进可以概括为身份隔离式共享（1.0版）、身份融合式共享（2.0版）、大鲲式共享（3.0版）。在每一共享模式下，相关主体发挥的作用不同，利益维护机制不同，创新效果亦不同，具体如表2所示。

表2　不同科技人才共享形式的特点

	身份隔离式共享（1.0版）	身份融合式共享（2.0版）	大鲲式共享（3.0版）
特征	委托外包	共研机构	自由流动
相关主体作用	原单位干预程度高；用人方和科技人才话语权小	原单位干预程度较低；用人方和科技人才话语权较大	原单位干预程度低；用人方和科技人才话语权大
利益维护机制	原单位与用人方谈判确定合约，再与科技人才进行内部权责利益分割	协同机构制度明确了权责利益分配，不再经过科技人才原单位	利益分割取决于参与主体的谈判能力和信息掌握程度
创新效果	利用已有知识，与用人方互动少；不利于技术成果改进与修正	实现能力、潜在知识互动要求；增强了创新链各节点契合性	深入互动、沟通、反馈；最大限度地满足用人方创新需求

资料来源：张薇薇、赵静杰：《协同创新中人才资源共享模式与创新绩效研究》，《科学管理研究》2019年第5期。

（三）我国科技人才共享面临的问题

尽管实现科技人才共享的技术约束、时空约束变得越来越少、越来越弱，但在实践中，科技人才的共享还不充分，仍然有许多限制条件、不利因素影响科技人才共享的层次、范围、内容与方式，影响科技人才合理流动、自由配置。

一是观念认知方面。传统人才观念以人事关系为基础，各方的人才意识仍然摆脱不了人事所有权与独占思想。如认为科技人才首先是属于单位、部门的，其次是属于所辖区域的，跨部门、跨区域就是科技人才的流失。在这

种观念认知下，科技人才是为某一个用人主体服务的，谁所有谁使用，并不能分享价值给其他需求方。这种科技人才归属观念，使一些科技人才资源难以得到充分利用，科技人才流动、共享、合作均面临制度性和体制性障碍，最终导致我国科技人才资源的极大浪费。

二是体制机制方面。与科技人才共享配套的法律制度尚不健全，目前科技人才共享中劳务关系、责任权益、风险防控等方面的相关法律法规仍在讨论与酝酿之中，在某些领域甚至出现"空白"或依据不足的窘境。同时，与之配套的公共服务政策、制度尚缺乏衔接。区域、户籍与体制等造成教育、医疗、养老等公共服务保障政策、制度的不同，给科技人才共享与流动中公共服务关系的灵活转换、衔接等带来阻碍。

三是平台建设方面。市场在推动科技人才共享、促进科技人才资源优化配置中发挥着决定性作用。目前国内一些区域尚未建立起联通的科技人才信息平台与统一的科技人才交流市场，科技人才信息汇集与发布网尚不完善，科技人才职称评定与互认市场衔接机制尚不健全等诸多问题有待尽快解决。

三　我国科技人才共享成效评价

为进一步推进科技人才共享的有效实施和可持续发展，亟须对其成效进行评价。

（一）科技人才共享成效评价模型

成效评价模型应对科技人才共享产生的整体影响进行综合评估，[①] 根据科技人才共享体系和现有成效评价的相关文献，在进行实地调研和访谈的基础上，从资源整合、绩效创造、产业影响和创新环境改善四个维度构建科技人才共享成效评价模型（见图5）。科技人才共享的重点在于科技人才与创新需求方的匹配，因此其首要成效便是科技人才资源的集成以及创新需求方需求集成，进而

---

① 王勇等：《人才项目科技创新成效评估指标体系研究》，《中国人力资源开发》2016 年第 8 期。

体现为服务匹配的成效；科技人才共享的目标不仅是资源的流通和充分使用，创造更多的科技成果以及推动科技成果的产业化、商业化才是实现科技人才资源价值最大化的最终目标。[①] 也即双方匹配之后，通过科技人才共享活动实现的成果，一方面体现在知识创造，如论文发表、发明专利等上，另一方面体现在经济效益，如新产品销售带来的收益上；基于资源整合和绩效创造，科技人才共享会对知识和技术密集的高新技术产业的发展产生一定影响，包括产业高端化和产业集聚；科技人才共享活动的实施将对区域创新环境产生一定影响，如培育科技创新文化、促进区域科技服务业发展以及提高科技人才质量。四个维度之间存在递进、闭环的逻辑关系，共同构成了科技人才共享成效评价模型。

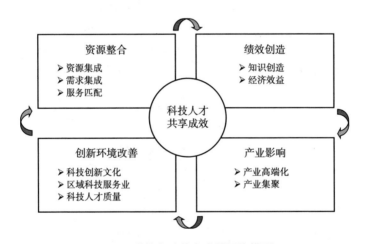

图 5　科技人才共享成效评价模型

资料来源：笔者整理。

（二）科技人才共享成效评价体系

根据科技人才共享成效评价模型，遵循科学性、系统性、全面性等原则，初步构建包括定性指标和定量指标在内的科技人才共享成效评价体系，

---

① 郑长江、谢富纪、傅为忠：《科技资源共享的效益提升路径设计》，《科技进步与对策》2010 年第 15 期。

再通过专家研讨确定最终的成效评价体系（见表3）。其中，定量指标数据由统计分析部门提供，定性指标由专业评估机构或专家根据科技人才共享相关的个体、单位、区域提供的支持各项评价指标的佐证材料进行打分。

表3　科技人才共享成效评价体系

一级指标	权重	二级指标	权重	三级指标	权重
资源整合	0.15	资源集成水平	0.28	科技人才的规模	0.13
				科技人才的质量	0.38
				科技人才领域的覆盖面	0.21
				科技人才结构的合理性	0.28
		需求集成水平	0.29	创新资源需要的数量	0.18
				创新资源需要来源范围	0.16
				创新资源需要信息集成的标准化程度	0.38
				创新资源需要识别与描述的规范性	0.28
		服务匹配水平	0.43	响应时间	0.09
				任务按时完成度	0.14
				需求满足率	0.36
				网络智能化实现程度	0.19
				用户黏性	0.22
绩效创造	0.35	知识创造	0.37	学术发表数量	0.13
				新增产品数	0.15
				新增专利授权量	0.19
				新增标准数量	0.13
				科技成果先进性	0.40
		经济效益	0.63	新产品销售率	0.15
				新产品利润率	0.32
				产品成本节约率	0.12
				成果形成品牌的能力	0.22
				品牌价值增长率	0.19
产业影响	0.26	产业高端化	0.59	高新技术产业增加值率	0.60
				高新技术产业劳动生产率	0.40
		产业集聚	0.41	专业化集聚	0.39
				多样化集聚	0.61

一级指标	权重	二级指标	权重	三级指标	权重
创新环境改善	0.24	科技创新文化	0.14	科技创新文化培育	0.33
				科技创新制度保障	0.67
		区域科技服务业	0.23	科技人才共享平台建设	0.64
				区域科技集成管理水平	0.36
		科技人才质量	0.63	科技人才的经验积累和实践能力	0.73
				科技人才的团队协作能力	0.27

（三）指标解释说明

1. 资源整合

资源整合是影响科技人才共享成效的首要因素。科技人才共享的相关主体包括创新资源供给方、创新资源需求方、共享平台等,[1] 其中区域、机构、企业等作为创新资源需求方对平台提出创新服务需求,科技人才作为创新资源供给方为平台提供创新资源与服务,第三方服务平台承担中介作用,对供需双方的信息进行对接与匹配。资源集成、需求集成及服务匹配是有效开展科技人才共享的基础,故本报告将资源整合分解为资源集成水平、需求集成水平与服务匹配水平等三项二级指标。

（1）资源集成水平

科技人才是开展科技人才共享活动的基础,科技人才的规模、科技人才的质量、科技人才结构的合理性及科技人才领域的覆盖面是科技人才共享不断拓展、深入并持续运行的重要条件。具体而言,科技人才的规模指能通过共享为需求方提供技术攻关、产品创新、技术引进等领域专业服务的科技人才数量;科技人才的质量指所共享的科技人才的受教育程度、学术称号等;科技人才结构的合理性指所共享的科技人才的年龄、工作年限、学历、职称

---

[1] 王宏起、王雪、李玥:《区域科技资源共享平台服务绩效评价指标体系研究》,《科学管理研究》2015年第2期。

等结构的合理程度；科技人才领域的覆盖面指所共享的科技人才所涉及行业或专业领域的宽广程度。

（2）需求集成水平

创新资源需求是开展科技人才共享活动的起点。一方面，创新资源需求的数量及来源范围能够体现科技人才共享需求主体的创新活跃度，另一方面，创新资源需求信息集成的标准化程度、识别与描述的规范性可以反映共享平台的需求集成水平。具体而言，创新资源需求的数量指来源于企业、高校、科研院所、地方政府等的创新资源需求的数量；创新资源需求来源范围指集成的创新资源需求所涉及行业及专业领域的宽广程度；创新资源需求信息集成的标准化程度指对不同主体的创新资源需求信息集成的标准化程度，反映出创新需求集成的有效性；创新资源需求识别与描述的规范性指对不同主体的创新需求识别与描述的规范程度，反映出创新需求集成的可读性和可理解性。

（3）服务匹配水平

服务匹配是科技人才共享的核心环节，体现了共享平台在创新资源供需双方之间匹配对接的效率和精准性。具体而言，响应时间指从创新需求方发布需求到供给方（科技人才）确认提供服务所耗费的时间，响应时间越短说明匹配速度越快；任务按时完成度指共享任务按约定时间的完成程度，任务按时完成度越高说明匹配效率越高；需求满足率指被满足的需求数量占集成需求总量的比例，需求满足率越高说明匹配能力越强；网络智能化实现程度指服务匹配技术的先进程度，一般而言，技术越先进，匹配水平越高；用户黏性指需求方借助科技人才共享方式解决创新问题的频率，用户黏性越强，用户忠诚度越高，用户对科技人才共享模式越满意，侧面反映出服务匹配水平高。

2. 绩效创造

绩效创造是科技人才共享成效评价的重要组成部分，区域或机构进行科技人才共享，一方面是为了解决创新资源短缺及创新体系不完善等问题，另一方面是为了创造更多的经济效益，[1] 故本报告将绩效创造分解为知识创

---

[1]　王勇等：《人才项目科技创新成效评估指标体系研究》，《中国人力资源开发》2016 年第 8 期。

造、经济效益两项二级指标。

（1）知识创造

知识创造体现了科技人才在共享中为创新资源需求方解决科技相关问题所发挥的重要作用，科技人才可分为基础研究人才、应用研究人才、试验发展人才三类，[①] 不同科技人才的创新成果有所不同，在评价科技人才共享成效时，要更加全面，可从学术发表数量、新增产品数、新增专利授权量、新增标准数量、科技成果先进性等不同方面着手。在关注创新成果数量的同时，要注重其质量，可将科技成果先进性程度作为评价标准。具体而言，学术发表数量指国际权威期刊论文、国内核心期刊论文、著作等的发表数量；新增产品数指通过科技人才共享，企业新研制出的产品数量；新增专利授权量指通过科技人才共享，企业新申请并获得授权的专利数量；新增标准数量指通过科技人才共享，企业新制定的技术标准数量；科技成果先进性指通过科技人才共享所实现的科技成果的先进程度，可分为国际、国内、省内先进3 个等级。

（2）经济效益

经济效益是科技人才共享为企业等带来的经济利益，新产品销售率、新产品利润率以及产品成本节约率反映了科技人才共享产生的直接经济效益，而成果形成品牌的能力、品牌价值增长率可反映科技人才共享带来的潜在经济效益，可以在更长的时间内对企业产生影响。具体而言，新产品销售率指通过科技人才共享所生产的新产品销售收入在产品销售总收入中的占比；新产品利润率指通过科技人才共享所生产的新产品利润在利润总额中的占比；产品成本节约率指通过科技人才共享，企业生产产品所节约的成本额在原有成本中的占比；成果形成品牌的能力指科技人才共享成果能使企业形成新品牌，为企业创造更多经济效益的能力；品牌价值增长率指通过科技人才共享，企业品牌价值的增长额在原有品牌价值中的占比。

3. 产业影响

科技人才共享主要进行科学研究和技术创新，会对高新技术产业产生影

---

① 赵伟等：《创新型科技人才分类评价指标体系构建》，《科技进步与对策》2013 年第 16 期。

响,表现为在高新技术产业高端化及产业集聚两个方面的促进作用,故本报告将产业影响分解为产业高端化、产业集聚两项二级指标。

（1）产业高端化

产业高端化是高新技术产业从产品附加值较低环节向附加值较高环节攀升的过程,[①] 可用高新技术产业增加值率和高新技术产业劳动生产率来测度。具体而言,高新技术产业增加值率指高新技术产业增加值与总产值之比;高新技术产业劳动生产率指高新技术产业劳均总产值,也即高新技术产业总产值与年均从业人员之比。

（2）产业集聚

产业集聚是指某种高新技术产业在一定地域范围内的地理集中,一般可分为专业化集聚（SPA）和多样化集聚（DIA）。[②] 专业化集聚指同行业的高新技术企业集聚程度（见式1）,集聚程度越高,企业与科技人才的匹配效率也就越高,越易形成要素共享市场。多样化集聚指跨行业的高新技术企业集聚程度（见式2）,集聚化程度越高,越有利于不同行业、不同企业间产生知识溢出,促进不同类别的知识共享,形成更具创新性的知识和技术。

$$SPA = 1/\max(C_{ij,t}/C_{i,t}) \tag{1}$$

$$DIA = 1/\sum_j |C_{ij,t} - C_{j,t}| \tag{2}$$

式中,$C_{ij,t}$ 为第 t 期第 i 个省份高新技术产业中行业 j 的从业人数与高新技术产业从业人数之比,$C_{i,t}$ 为 t 时期第 i 个省份高新技术产业从业人数与全国高新技术产业从业人数之比,$C_{j,t}$ 为 t 时期高新技术产业中行业 j 的从业人数与高新技术产业从业人数之比。

4. 创新环境改善

创新环境改善在一定程度上能够反映科技人才共享成效,[③] 因为开展科

① 刘英基:《我国高技术产业高端化与技术创新耦合发展实证研究》,《软科学》2015 年第 1 期。
② 王洪庆、郝雯雯:《高新技术产业集聚对我国绿色创新效率的影响研究》,《中国软科学》2022 年第 8 期。
③ 张薇薇、赵静杰:《协同创新中人才资源共享模式与创新绩效研究》,《科学管理研究》2019 年第 5 期。

技人才共享活动，不仅会对企业产生影响，也会对所处环境中的文化、服务业、科技人才质量等产生影响，故本报告将创新环境改善分解为科技创新文化、区域科技服务业、科技人才质量三项二级指标。

（1）科技创新文化

科技人才共享对科技创新文化的影响体现在科技创新文化培育及科技创新制度保障方面。具体而言，科技创新文化培育反映了科技人才共享对培育区域科技创新精神和共享精神的推动作用；科技创新制度保障反映了科技人才共享对政府层面为区域科技创新和共享活动提供制度保障的助推作用。

（2）区域科技服务业

科技人才共享活动的开展促进了区域科技服务业的发展，表现在科技人才共享平台建设以及区域科技集成管理水平上。具体而言，科技人才共享平台建设反映了科技人才共享实践活动对区域内或区域间共享平台建设的助推作用；区域科技集成管理水平反映了科技人才共享实践活动对提升区域科技管理部门业务集成能力及科技人才管理能力的促进作用。

（3）科技人才质量

科技人才在参与共享过程中不仅能为企业、区域等创造绩效，而且能提高自身的实践能力和团队协作能力。具体而言，科技人才的经验积累和实践能力反映了科技人才共享在"重理论、轻实践""重前沿探索、轻产业转化"社会背景下为科技人才提供的实践渠道；科技人才的团队协作能力反映了科技人才在共享过程中与企业已有团队的快速合作能力。

（四）指标权重的确定

本报告采用层次分析法对评价指标进行赋权，具体由来自管理学、经济学、教育学等不同领域的专家对指标利用1~9标度法进行打分，而后对各位专家赋予的权重取平均值，得到科技人才共享成效评价体系各级指标的最终权重。

具体权重计算方法分3个步骤。首先，建立判断矩阵。采用1~9标度法

对各级指标相对于目标层的重要性进行两两比较。其次，进行一致性检验。判断矩阵的一致性比率 $CR = CI/RI$ 是否小于 0.10，其中 $CI = (\lambda \max - n) / (n-1)$，$RI$ 为平均随机一致性指标，本指标体系判断矩阵的一致性比率均小于 0.10，通过一致性检验。最后，采用和积法对三级指标进行权重计算（见表 4）。

表 4　判断矩阵标度及其含义

标度	含义
$a_{ij} = 1$	元素 i 和元素 j 同等重要
$a_{ij} = 3$	元素 i 比元素 j 稍重要
$a_{ij} = 5$	元素 i 比元素 j 明显重要
$a_{ij} = 7$	元素 i 相对元素 j 强烈重要
$a_{ij} = 9$	元素 i 相对元素 j 极端重要
$a_{ij} = 2,4,6,8$	表示上述相邻判断的中间值
备注	若元素 i 与元素 j 的重要性之比为 a_{ij}，那么元素 j 与元素 i 重要性之比为 $a_{ji=1/} a_{ij}$

四　提升科技人才共享成效的基本路径

科技人才共享是一项富有积极意义的探索活动，实现了科技人才价值的充分发挥，能将科技人才身上所凝聚的知识、技术、智慧等充分释放出来，用于一线生产管理实践、重大技术革新、理论创新与科技突破，切实将隐性的科技人才价值转变为实实在在的显性"生产力"。进一步促进科技人才共享创造更多成效，可从以下四条路径着手。

（一）以技术为帮手，提高资源整合能力

首先，利用现代通信技术，提高科技人才资源集成能力。在"互联网+"时代，地理位置的限制不再是科技人才跨区域共享的主要阻碍因素，因为共享的本质是科技人才所具备的知识、智慧、能力等的柔性流动，并非科技人才个体的刚性流动。显然，现代通信技术能够进行即时交流和实时同步，可以在不改

变科技人才空间位置的前提下，达到引才引智的目的。[1] 因此，要利用好相关现代通信技术，以共享更多、更大领域范围、更高质量的科技人才。

其次，利用大数据分析技术，提高需求集成能力。企业所处的行业、发展阶段有所不同，其对科技人才的需求数量和领域范围也有所差异，这就导致信息的需求量较大，可利用大数据分析技术，提取关键词，提高需求信息集成的标准化程度和规范性，以更好地挖掘并识别企业的创新资源需求，并为供需双方更好地匹配奠定基础。

最后，利用区块链技术，提高服务匹配水平。在科技人才共享供需双方匹配的过程中，由于信息不对称，科技人才可能会出现机会主义行为。在此情况下，可将金融征信体系中的区块链技术应用到科技人才共享领域，建立起科技人才共享信息平台。一方面，该平台的信息记录可对科技人才的行为起到约束作用，另一方面，统一的信息交流平台通过系统集成保障需求方信息发布的时效性、准确性和联通性，充分实现信息资源的共建、互联和共享。平台信息数据的不断积累，在提高供需双方之间匹配精准度的同时，有助于降低双方的筛选成本。

（二）以利益为纽带，提升绩效创造水平

首先，建立科技人才针对性激励机制。一方面，要打破收入分配对科技人才积极性、创造性和潜能发挥的束缚，按照收入与贡献挂钩的原则，鼓励以高薪、国际国内市场价格柔性共享科技人才，实行一流人才、一流业绩、一流报酬。同时可对在科技人才共享方面做出突出贡献的个体和组织进行表彰，给予提升资源供给方的社会荣誉度等激励，鼓励资源供给方在资源共享和价值共创中做出贡献。另一方面，根据资源需求方在科技人才共享中所实现的成果转化、提供就业机会、拉动经济发展等作用，采取财政补贴、购买服务等方式给予资金支持，制定税收优惠政策等激励措施，支持资源需求方积极参与资源共享，为科技人才提供良好的工作环境，以创造更多科研成果

---

[1] 李正瑞、苗仁涛：《科技人才共享机制与实现路径》，《中国人事科学》2023 年第 2 期。

和经济价值。

其次，在科技人才所在单位与用人单位之间建立高效、科学的利益分配机制。在科技人才共享实践活动中，对于科技人才的创新产出通常无法清晰区分科技人才所在单位与用人单位的投入多少，致使成果署名、知识产权、利益分配等方面易产生矛盾，特别是在高精尖行业中，科技人才所在单位甚至会存在核心技术泄露风险。为减少科技人才所在单位的自我维护性干预以及避免最终成果分配出现问题，有必要以利益共享为原则，通过科技人才、科技人才所在单位以及用人单位三大主体互动协商，形成科学的分配机制，激发科技人才共享的动力，创造更多共享成果。

（三）以项目为载体，促进对产业的影响

首先，通过"揭榜挂帅"项目促进高新技术产业高端化。"揭榜挂帅"项目将市场"赛马"这一公平竞争机制引入科技创新资源整合，能够在更大范围内实现科技人才创新价值最大化，最大限度地发挥科技人才效能。在推进产业高端化进程中，亟须高端科技人才攻克众多科研技术难题，"揭榜挂帅"项目作为一种有效的资源共享方式很值得推广应用。立足各地区功能定位，在推广"揭榜挂帅"项目时，要格外注重破除论资排辈的"老框框"，重点建立健全科技人才共享成效评价体系和评价制度，让真正有能力的科技人才有机会"揭榜"、有资格"挂帅"出征，要把项目交给真正想干事、能干事、干成事的科技人才，以真正体现"揭榜挂帅"项目在科技人才共享促进产业高端化方面的作用价值。

其次，通过科技人才项目共建促进产业集聚。在社会化发展和专业化分工的时代背景下，科技人才资源对产业影响作用的充分发挥，有赖于科技人才项目的承载。跨区域科技人才柔性共享的实现，需要在各地产业功能定位和结构优化的前提下，对接好产业项目，特别是发挥各地产业互补优势，形成多样化的科技人才共享模式，增强高新技术产业人才"凝聚核"作用，大力促进产业链、资金链、人才链的有效融合，实现人才促进产业、产业带动人才的创新效应。要通过与高新技术产业密切对接的科技人才项目共建，

强化对科技人才的柔性引进和开发，提升科技人才资源能力，为高新技术产业提供持续的人才支撑，实现高新技术产业的高质量发展。

（四）以政府为主导，推动创新环境改善

首先，建立健全科技人才共享法律保障机制。一是制定和完善科技人才共享合作过程中的收益分配、成果归属等相关的法律法规，力争从法律高度为科技人才共享活动的深入实施营造良好的法治环境，缓解各区域由法规、政策等不健全引发的矛盾冲突，真正实现不唯地域引进人才，不求所有开发人才，不拘一格用好人才。各区域发挥比较优势，集中力量开展多种形式的科技人才合作，力求形成科技人才共享的整体良好态势。二是按照市场规律制定科技人才共享相关政策，以着重解决科技人才供应单位、需求单位、科技人才个体之间的市场对接问题。在科技人才共享合作中，既要按照市场交易原则明晰科技人才价值标准，又要充分尊重科技人才的主观意愿和切身感受，设身处地地考虑他们的实际需求和现实困难。

其次，加强科技人才共享平台建设。科技人才共享平台是科技人才进行智力生产和智力转化的重要媒介，是科技人才生态系统的重要组成部分。要实现区域科技人才柔性共享，必须在多层面科技人才共享平台建设上加大力度，瞄准新一轮科技革命、产业革命前沿领域，顺应发展趋势，前瞻性建设国际化研发机构、工程中心、联合实验室等一系列高级科技创新平台，使之成为区域内科技人才资源共享的载体，完善区域间科研成果转化生产平台体系，破除后发地区科技人才短缺困境，实现相异区域科技人才资源共享和优势互补。

最后，拓宽科技人才共享公共服务渠道。随着科技人才共享工作的深入推进，科技人才在区域间参与共享合作时，有可能会涉及档案、户口等的管理和接续问题，当科技人才与用人单位发生利益纠纷时，一般很难确保其权益得到保护。为此，在科技人才共享过程中，非常有必要建立专业的人才共享服务机构，以维护跨区域共享科技人才的各项权益。具体可通过扩大科技人才共享服务机构及服务部门的业务范围、提高其专业服务能力等方式为科技人才营造良好的共享环境，进一步调动科技人才参与共享的积极性。

B.9
数字人才发展评价与趋势建议

杨旭华　左钰璇　赵玉婷*

摘　要： 数字人才是我国数字经济快速发展的重要驱动力量。本报告首先归纳了数字人才的概念与分类，分析了我国的数字人才发展现状，梳理了国内外的数字人才政策，在此基础上探寻数字人才的现存问题，并指出数字人才的发展趋势，提出数字人才的发展建议，以期为数字人才的吸引、培养、集聚与成长提供参考。本报告指出，数字人才现存的主要问题包括人才供给不足、人才质量亟待提升、人才供需结构失衡、人才配套政策匮乏。数字人才的发展趋势主要包括人才需求急剧增长，复合能力成为必备需求；人才回流趋势明显，人才地域集聚显著；人才分布泛行业化，人才培育全生态化。本报告建议，结合我国实际情况，借鉴国外先进的数字人才培育和管理经验，促进数字人才在数量、质量、结构、政策四个方面的持续提升。首先，吸引培养并举，增加数字人才储备；其次，搭建数字人才平台，实现资源互通共享；再次，搭建数字人才梯队，拓宽人才成长通道；最后，完善数字人才政策，赋能人才全面成长。

关键词： 数字人才　人才政策　人才培养

---

* 杨旭华，首都经济贸易大学劳动经济学院教授、博士生导师，主要研究方向为数字人才、数字能力和数字化人力资源管理；左钰璇，首都经济贸易大学劳动经济学院博士生，主要研究方向为数字化人力资源管理；赵玉婷，首都经济贸易大学劳动经济学院硕士生，主要研究方向为数字化人力资源管理。

2021 年我国数字经济总量已达到 45.5 万亿元，占全国 GDP 的 39.8%，[①] 数字经济已成为国民经济的重要组成部分。2022 年，党的二十大报告强调"加快建设数字中国""加快发展数字经济""人才是第一资源"，将数字化发展、人才强国战略提到前所未有的高度。随着数字经济的迅猛发展、新兴技术的应用落地，与数字化相关的岗位相继涌现，我国对数字人才的需求与日俱增。2022 年 9 月 30 日，人力资源和社会保障部发布的新版职业分类大典中首次标识了 97 个数字职业，占新职业总数的 6%，[②] 体现出我国已进入数字人才刚需时代。

数字人才构成了创新和商业发展的引擎，它为组织、经济和社会创造了巨大价值，[③] 数字人才帮助创建、运行和开发各种创新技术，为国家和地区经济做出了重大贡献。[④] 在百年未有之大变局的背景下，培养数字人才，增强数字能力，是促进我国数字经济高质量发展、打造数字经济新优势的重要支撑。

一 数字人才概述

数字人才伴随数字时代的发展产生，代表了新时代人才管理的理念变革和思路创新。随着各领域数字化转型的不断深入，我国对数字人才的需求与日俱增。厘清数字人才的概念，结合实践需求细分数字人才的类别，是数字人才管理和发展的基础。

（一）数字人才的概念

目前对于数字人才的概念，国内学术界和业界尚未有统一定论。《中国

---

① 邱玥：《开启数字人才刚需时代》，《光明日报》2022 年 8 月 4 日，第 15 版。

② 《国家职业分类大典（2022 年版）公示》，人力资源和社会保障部网站，2022 年 7 月 14 日，http：//www.mohrss.gov.cn/SYrlzyhshbzb/dongtaixinwen/buneiyaowen/rsxw/202207/t20220714_457800.html。

③ S. Dan et al.，"Digital Talent Management：Insights from the Information Technology and Communication Industry，" https：//onlinelibrary.wiley.com/doi/10.1002/tie.22326.

④ R. Evangelista，P. Guerrieri，V. Meliciani，"The Economic Impact of Digital Technologies in Europe，" *Economics of Innovation and New Technology* 23（2014）：802-824.

数字人才现状与趋势研究报告》（2018）中将数字人才定义为拥有 ICT 专业技能和 ICT 补充技能的就业人群，《2020 年全球数字人才发展年度报告》（2020）中数字人才指具备数字技能的人才，并将仅具有数字素养的公民排除在外。关于数字人才概念的代表性观点如表 1 所示。

表 1 数字人才的代表性观点

序号	定义者及发布年份	出处	概念
1	王建平，2018	《中国数字人才现状与趋势研究报告》	拥有 ICT 专业技能和 ICT 补充技能的就业人群
2	华为公司和德勤管理咨询，2019	《中国数字化转型人才培养顶层设计》	数字化转型所需要的人才，主要分为数字化领导者、数字化应用人才和数字化专业人才
3	清华经管学院和领英中国，2020	《2020 年全球数字人才发展年度报告》	具备数字技能的人才，并将仅具有数字素养的公民排除在外
4	微软亚洲研究院，2020	《数字化转型中的人才技能重建》	具备数据化思维、对多样化的海量数据进行管理和使用的能力，进而在特定领域将其转化成为有价值的信息和知识的跨领域专业型人才

资料来源：王建平：《构筑数字人才高峰 打造上海数字经济高地——〈中国数字人才现状与趋势研究报告〉解读一、我国数字人才总体情况》，载王建平主编《上海科技人才发展研究报告（2018）》，上海交通大学出版社，2018，第 85~87 页；《数字化转型中的人才技能重塑》，道客巴巴网站，2022 年 6 月 5 日，https：//www. doc88. com/p-68247075774354. html。

对数字人才的定义虽然有所差异，但各研究都对数字人才的特质、能力和内涵提出了新的要求和标准。数字人才不是单一、孤立、仅对单点过程负责，而是多面、复合、对最终结果负责的人才。同时，数字化离不开创新，这也对数字人才的创新和学习能力提出了更高的要求。综上，本报告认为数字人才具备 ICT 专业技能和 ICT 补充技能，并且更倾向于 ICT 补充技能的价值实现，即数字人才必须具备数字思维，能够应对数字化转型过程中的新问题和新挑战。

（二）数字人才的分类

数字人才是企业数字化转型的直接参与者，通常会主导或参与数字化基础架构或应用的设计、开发、维护和运营以满足业务需求。目前对数字人才的分类主要有三种。

一是按数字人才的职能进行分类。《中国数字人才现状与趋势研究报告》（2018）基于 OECD 关于 ICT 技能的分类，将数字人才划分为六大类，进而进行工作职能划分，如表 2 所示。

表 2 基于职能的数字人才分类

数字人才分类	数字人才工作职能划分		
数字战略管理	数字化转型领导者	数字化商业模型战略引导者	数字化解决方案规划师
深度分析	商业智能专家	数据科学家	大数据分析师
产品研发	产品经理	软件开发人员	视觉设计师
先进制造	工业 4.0 实践专家	先进制造工程师	机器人与自动化工程师
数字化运营	数字产品运营人员	质量检测/保证专员	数字技术支持人员
数字营销	营销自动化专家	社交媒体营销专员	电子商务营销人员

资料来源：根据《中国数字人才现状与趋势研究报告》整理。

二是按数字人才的工作内容进行分类，[1] 将数字人才分为数字化转型决策、数字化转型过程管理以及数字化转型技术实现和通信三大类，进而根据不同岗位进行二级分类。这种分类方式更强调实际工作中的岗位应用，如表 3 所示。

三是根据数字人才的角色进行分类。华为公司和德勤管理咨询于 2019 年联合发布的《中国数字化转型人才培养顶层设计》中将数字人才划分为数字化领导者、数字化应用人才和数字化专业人才三类，如表 4 所示。

---

[1] S. Dan et al., "Digital Talent Management: Insights from the Information Technology and Communication Industry," https://onlinelibrary.wiley.com/doi/10.1002/tie.22326.

表3 基于工作内容的数字人才分类

数字人才分类	数字人才的岗位
数字化转型决策	创新想法提出者
	社会/经济实体/活动领导者
数字化转型过程管理	项目经理
	过程分析师
数字化转型技术实现和通信	硬件和软件工程师
	方案解决架构师
	商业咨询师
	软件开发人员和测试人员
	支持工程师
	大数据和人工智能专家
	数字营销和社交传媒专家

资料来源：S. Dan et al.，"Digital Talent Management：Insights from the Information Technology and Communication Industry，" https：//onlinelibrary. wiley. com/doi/10. 1002/tie. 22326。

表4 基于角色的数字人才分类

数字人才分类	数字人才的角色	
数字化领导者	数字化变革者、数字化开拓者、数字化投资者	
数字化应用人才	1.0愿景与战略、2.0产品研发、3.0市场与营销、4.0产品交付与服务、5.0客户服务、6.0管理与支持服务(人力资源、财务)	
数字化专业人才	数字化业务专家	产品/服务数字化
		数字化品牌建设
		业务流程自动化
		货币数字化
	数字化技术专家	大数据
		人工智能
		物联网
		5G

资料来源：根据《中国数字化转型人才培养顶层设计》整理。

（三）创新人才与数字人才的关系

目前研究普遍认为，创新人才富有创新精神、具备创新能力、开展创新实践，并能够通过自己的创造性劳动取得创新成果，在某一领域、某一行业、某一工作岗位上为社会发展和人类进步做出创新贡献。[①] 新时代我国将创新人才的培育发展和梯队建设摆在突出位置，党的二十大报告明确指出，"科技是第一生产力、人才是第一资源、创新是第一动力"，我国正在加快建设战略人才力量，努力培养造就更多大师、战略科学家、一流科技领军人才和创新团队、青年科技人才、卓越工程师、大国工匠和高技能人才。[②]

创新人才和数字人才皆强调人才的科技能力，但两者关注的核心有所差异：创新人才侧重于创新意识、创新能力、创新实践和创新成果，并据此创造性地发现和解决新问题；数字人才是伴随数字时代产生的一个新群体，具备较强的数字思维，且精通数字技术和工具并能将其有效运用于数字化专业领域、数字化应用领域和数字化管理领域，以应对数字时代的新问题和新挑战（见表5、图1）。

表5　创新人才和数字人才的区别与联系

人才分类	核心要素	从事活动	两者区别	两者联系
创新人才	创新意识；创新能力；创新实践；创新成果	创新性工作实践与创造性的成果产出	"技术+创新"	数字人才与创新人才皆强调人才的科技能力
数字人才	数字思维；ICT专业技能；ICT补充技能；应对数字时代的新问题和新挑战	数字化专业领域；数字化应用领域；数字化管理领域	"技术+数字"	

资料来源：笔者整理。

[①] 刘骏等：《高层次创新人才薪酬与企业盈利关系研究——以科技型中小企业为例》，《科技进步与对策》2020年第14期，第135~140页。

[②] 《习近平：高举中国特色社会主义伟大旗帜　为全面建设社会主义现代化国家而团结奋斗——在中国共产党第二十次全国代表大会上的报告》，中国政府网，2022年10月25日，http://www.gov.cn/xinwen/2022-10/25/content_5721685.htm。

图 1　创新人才与数字人才的关系

资料来源：笔者整理。

二　数字人才发展现状

对我国数字人才目前的状况，主要从人才数量、质量、结构三个方面进行解析。其中，人才数量包括区域分布与行业分布，人才质量包括能力水平与职位等级，人才结构包括性别分布、年龄分布、学历分布与薪酬分布。

（一）数字人才数量

我国数字人才数量根据统计年鉴中从事信息通信、软件和信息技术服务等数字化相关工作的人数确定，2017 年我国数字人才达到 395.4 万人，2021 年，我国数字人才增长至 519.2 万人，保持逐年增长趋势，增长率高达 31%（见图 2）。①

1. 区域分布：南强北弱，集群特征明显

清华大学与领英中国联合发布的《数字经济时代的创新型城市和城市群发展研究报告》，以 11 个具有代表性的数字创新城市群和 26 个核心城市中的 1500 万名数字人才为样本。该报告显示，世界主要城市群中，波士顿—华盛顿城市群、旧金山湾区、英国—爱尔兰区域的数字人才分布较为集中，尤其是美国东海岸波士顿—华盛顿城市群数字人才高度集

---

① 国家统计局编《中国统计年鉴 2022》，中国统计出版社，2022。

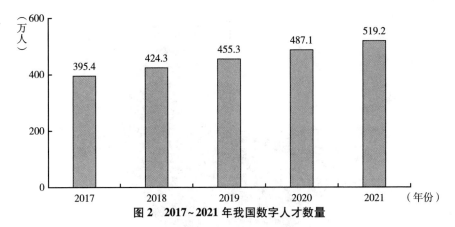

图 2　2017~2021 年我国数字人才数量

资料来源：国家统计局编《中国统计年鉴 2022》，中国统计出版社，2022。

聚，多达 600 多万人，美国西海岸的旧金山湾区数字人才多达 170 多万人，英国—爱尔兰区域数字人才规模为 150 多万人。从国内城市群分布来看，长三角地区数字人才储备相对丰富，占全国数字人才数量的 33%，京津冀、粤港澳大湾区城市群紧随其后，占比分别为 19.6%、16.9%，而成渝都市群数字人才占比为 6.2%。① 从区域看，2021 年我国数字人才数量排名前十的地区为北京、广东、上海、江苏、浙江、四川、山东、河南、湖北、辽宁。其中，北京人才数量位居榜首，占全国数字人才数量的 19%（见图 3）。国内的数字人才区域分布整体呈现南强北弱的特征，这与国家打造具有国际竞争力的数字化产业集群的地域特征基本一致。②

2. 行业分布：辐射传统行业，布局持续优化

领英中国从超过 4800 万名人才的数据库中提取约 91 万名满足数字人才定义的用户，以此为研究样本发布的《数字人才驱动下的行业数字化转型研究报告》显示，在 ICT 行业中，软件与 IT 服务、计算机网络与硬件行业数字人才占比为 36.95%；而在非 ICT 行业中，制造、消费品和金融行业数

① 《2021 年数字经济人才白皮书：智聚，融合，创变（猎聘）》，网易网站，2021 年 7 月 15 日，https://www.163.com/dy/article/GEVPQ2NT051998SC.html。

② 《泛行业数字化人才转型趋势与路径蓝皮书（2022 年）》，数字菁英网站，2022 年 5 月 6 日，https://www.digitalelite.cn/h-nd-3888.html。

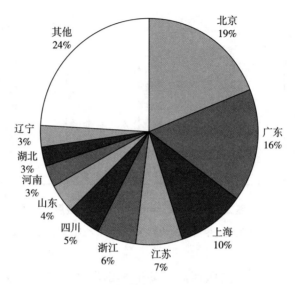

图3 2021年我国数字人才数量占比

资料来源：《泛行业数字化人才转型趋势与路径蓝皮书（2022年）》，数字菁英网站，2022年5月6日，https：//www.digitalelite.cn/h-nd-3888.html。

字人才的占比较突出，分别为19.7%、7.21%和7.14%，[①] 这为相应行业的数字化转型奠定了人才基础。2021年，软件与IT服务、计算机网络与硬件等行业全球数字人才占比下降近16.95个百分点，[②] 数字人才向非ICT行业快速渗透（见图4）。北京数字人才在非ICT行业的占比2017年为37.9%，[③]到2019年上升至超过50%，[④] 2021年持续上升6个百分点[⑤]左右，体现出数字时代中非ICT行业对数字人才需求的激增。

---

① 《〈数字人才驱动下的行业数字化转型研究报告〉发布》，"新浪财经"百家号，2019年10月24日，https：//baijiahao.baidu.com/s？id=1648258682426415388&wfr=spider&for=pc。

② 《2021全球数字人才发展年度报告》，原创力文档，2023年5月23日，https：//max.book118.com/html/2023/0522/7200161022005111.shtm。

③ 《中国经济的数字化转型：人才与就业》，2018年4月17日，https：//www.docin.com/p-2101207128.html。

④ 《2020全球数字人才发展年度报告》，2021年2月21日，https：//www.docin.com/p-2603577677.html。

⑤ 《2021全球数字人才发展年度报告》，原创力文档，2023年5月23日，https：//max.book118.com/html/2023/0522/7200161022005111.shtm。

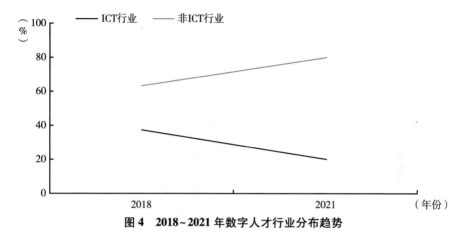

图4　2018~2021年数字人才行业分布趋势

资料来源：清华大学经济管理学院互联网发展与治理研究中心、领英中国：《数字人才驱动下的行业数字化转型》，2019年10月；《2021全球数字人才发展年度报告》，原创力文档，2023年5月23日，https：//max.book118.com/html/2023/0522/7200161022005111.shtm。

（二）数字人才质量

1.能力水平：基础能力薄弱，地区差异明显

数字能力主要分为基础性能力和颠覆性能力。基础性数字能力是数字产业发展的基石，是利用和拥抱数字时代的能力，如计算机网络、数据存储技术、游戏开发、图像设计等；颠覆性数字能力则是数字经济创新发展的源泉，是开发和创造新的数字应用场景的能力，如机器人、人工智能、数据科学、基因工程等。[1]

《数字经济时代的创新城市和城市群发展：人才视角》报告显示，北京数字人才在颠覆性数字能力方面具有相对优势，特别是人工智能，超过世界数字创新城市平均水平的1.5倍，[2] 在开发工具掌握方面也高于世界平均水平；在基础性数字能力方面，北京数字人才在数据存储和游戏开发等方面拥有优势，但与世界平均水平仍有一定差距（见图5）。

---

[1] 《2021全球数字人才发展年度报告》，原创力文档，2023年5月23日，https：//max.book118.com/html/2023/0522/7200161022005111.shtm。

[2] 《数字经济时代的创新城市和城市群发展：人才视角》，https：//economicgraph.linkedin.com/content/dam/me/economicgraph/zh-cn/pdfs/innovative-city-clusters-digital-economy-cn.pdf。

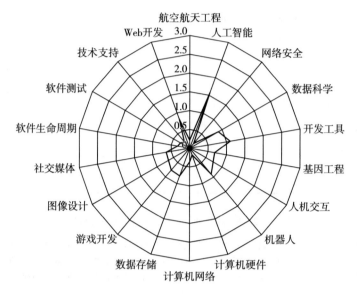

图5 北京市数字人才数字能力水平

资料来源:《数字经济时代的创新城市和城市群发展:人才视角》,https://economicgraph. linkedin. com/content/dam/me/economicgraph/zh-cn/pdfs/innovative-city-clusters-digital-economy-cn. pdf。

长三角城市群主要包括上海、杭州、南京和苏州四个核心城市。相比于基础性数字能力,长三角城市群在颠覆性数字能力方面具有更强的优势。上海市在机器人数字能力方面渗透率较高,超过世界数字创新城市平均水平的2倍。① 杭州最突出的颠覆性数字能力是人工智能,南京和苏州较为突出的颠覆性数字能力是机器人。粤港澳大湾区中,深圳和广州最具优势的数字能力是数据科学,香港最突出的数字能力是图像设计,但均低于世界平均水平。

2. 职位等级:初级占比较多,梯队有待完善

基于《数字经济时代的创新城市和城市群发展:人才视角》,在全球范围内,中高级专员及以上职位数字人才占地区数字人才数量比重较多的十大城市(地区)依次为:悉尼湾区、香港、伦敦、新加坡、纽约、旧

---

① 《数字经济时代的创新城市和城市群发展:人才视角》,https://economicgraph. linkedin. com/ content/dam/me/economicgraph/zh-cn/pdfs/innovative-city-clusters-digital-economy-cn. pdf。

金山、费城、华盛顿、圣地亚哥、伯明翰，占比为 58.8% ~ 62.0%。总监及以上领导型数字人才占比较多的十大城市依次为纽约、伦敦、旧金山、香港、汉堡、华盛顿、波士顿、费城、巴尔的摩和慕尼黑，占比为19.3% ~ 23.2%。中高级专员及以上的中层数字人才以及总监及以上的领导型数字人才占比较高的城市分布在美国、英国和德国，而中国数字人才资历普遍较浅，在全球初级职位数字人才占比超过 50% 的 3 个城市中，中国城市南京和杭州占据 2 位。北京数字人才群体中，初级职位数字人才占比为 46.1%，经理及以上职位占比为 28.7%，① 全国排名第 6（见图 6）。

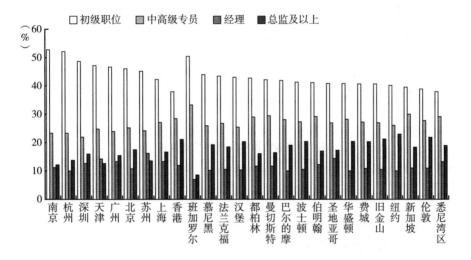

图 6 全球核心城市（地区）数字人才职位等级占比

资料来源：《数字经济时代的创新城市和城市群发展：人才视角》，https://economicgraph.linkedin.com/content/dam/me/economicgraph/zh-cn/pdfs/innovative-city-clusters-digital-economy-cn.pdf。

在世界范围内的各个核心城市中，初级职位数字人才占比最高，各城市均超过 38%，中高级专员占比其次，各城市均超过 22%，总监及以上职位占比排第三，经理职位占比排第四。香港中高级专员及以上职位数字人才占比在全国最高，上海、北京次之。另外，京津冀、长三角地区的数字人才在"产品经理"岗

① 《数字经济时代的创新城市和城市群发展：人才视角》，https://economicgraph.linkedin.com/content/dam/me/economicgraph/zh-cn/pdfs/innovative-city-clusters-digital-economy-cn.pdf。

位最为集中，成渝都市群及粤港澳大湾区城市群的数字人才对"首席执行官 CEO/
总经理""副总裁/副总经理"需求热度较高（见图 7、图 8、图 9、图 10）。[①]

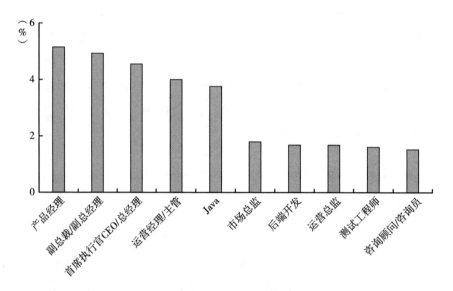

图 7　京津冀数字人才热招职能前十

资料来源：《2021 年数字经济人才白皮书：智聚，融合，创变（猎聘）》，网易网站，
2021 年 7 月 15 日，https：//www. 163. com/dy/article/GEVPQ2NT051998SC. html。

（三）数字人才结构

1. 性别分布：男性占比较多，结构有待优化

基于脉脉平台用户数据来看，数字人才性别特征明显。以人工智能领域
为例，男性数字人才占据多数，尤以数字管理人才最为显著，女性数字管理
人才仅占 7%。数字化应用人才和数字化专业人才中，女性占比有所提升，
数字化应用人才中女性占比为 32%。[②]

---

① 《2021 年数字经济人才白皮书：智聚，融合，创变（猎聘）》，网易网站，2021 年 7 月 15
日，https：//www. 163. com/dy/article/GEVPQ2NT051998SC. html。
② 《开课吧 x 脉脉〈2020 中国数字化人才现状与展望〉数字报告》，"开课吧"百家号，2020 年
8 月 27 日，https：//baijiahao. baidu. com/s? id=1676162394234401441&wfr=spider&for=pc。

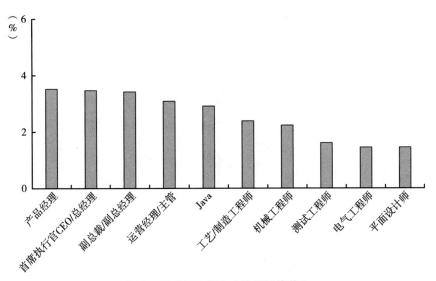

图8 长三角数字人才热招职能前十

资料来源：《2021年数字经济人才白皮书：智聚，融合，创变（猎聘）》，网易网站，2021年7月15日，https：//www.163.com/dy/article/GEVPQ2NT051998SC.html。

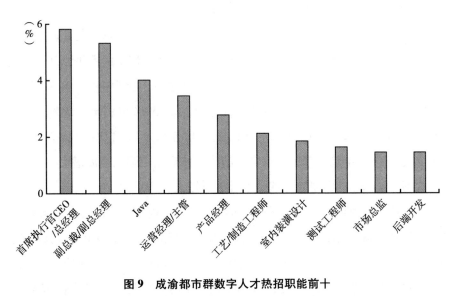

图9 成渝都市群数字人才热招职能前十

资料来源：《2021年数字经济人才白皮书：智聚，融合，创变（猎聘）》，网易网站，2021年7月15日，https：//www.163.com/dy/article/GEVPQ2NT051998SC.html。

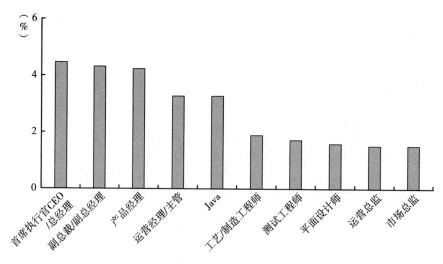

图10　粤港澳大湾区城市群数字人才热招职能前十

资料来源：《2021年数字经济人才白皮书：智聚，融合，创变（猎聘）》，网易网站，2021年7月15日，https://www.163.com/dy/article/GEVPQ2NT051998SC.html。

2. 年龄分布：年轻群体较多，发展潜力明显

《中国数字化人才现状与展望2020》报告的分析显示，数字化管理人才中，31~45岁的占比为80%，21~30岁的占比为15%，45岁以上的占比为5%；数字化应用人才中，21~30岁的占比为55%，31~45岁的占比为43%，21岁以内和45岁以上的占比均为1%；数字化专业人才中，21~30岁的占比为58%，31~45岁的占比为39%，21岁以内和45岁以上的占比分别为1%和2%。① 总体来看，三类人才的整体年龄分布呈现年轻化趋势，体现出更强的发展潜力。

3. 学历分布：学历相对偏低，整体差异较大

《数字经济时代的创新城市和城市群发展：人才视角》报告显示，全球数字人才中，拥有硕士及以上学历的数字人才占比较高的前10个城市依次为圣地亚哥、法兰克福、慕尼黑、汉堡、都柏林、北京、伦敦、上海、香港、旧金山，其中，德国的汉堡、慕尼黑、法兰克福的博士学历数字人才比例较高，达到6%

---

① 《开课吧x脉脉〈2020中国数字化人才现状与展望〉数字报告》，"开课吧"百家号，2020年8月27日，https://baijiahao.baidu.com/s? id=1676162394234401441&wfr=spider&for=pc。

以上，法兰克福更是高达 9.1%，美国的部分地区，如波士顿、旧金山、巴尔的摩、华盛顿，以及英国的曼彻斯特、伯明翰也有较高比例的博士学历数字人才。中国数字人才普遍为本科学历，学历水平相对偏低，如北京数字人才中，本科学历占比为 59.6%，硕士学历占比为 35.3%，博士学历占比为 5.1%（见图 11）。

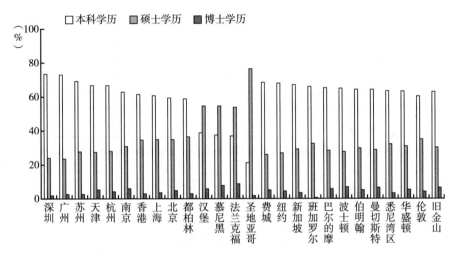

图 11　全球核心城市（地区）数字人才学历分布

资料来源：《数字经济时代的创新城市和城市群发展：人才视角》，https：//economic graph.linkedin.com/content/dam/me/economicgraph/zh－cn/pdfs/innovative－city－clusters－digital－ economy－cn.pdf。

4. 薪酬分布：区域差异显著，整体"钱"景广阔

基于《猎聘 2021 年数字经济人才白皮书》，从城市群视角看，京津冀城市群的高段位薪资优势明显，以 30 万元以上薪资领先于其他城市群，特别是在 50 万元以上薪资段位中优势更加突出。长三角地区 20 万~30 万元薪资段位数字人才数量显著。而成渝地区数字人才的整体薪资较低，低于 10 万元水平的占约三成，约七成薪资低于 20 万元。[1] 北京市人力资源和社会保障局发布的《2022 年北京市人力资源市场薪酬状况报告（二季度）》显示，数据安

---

[1] 《猎聘 2021 年数字经济人才白皮书：智聚，融合，创变（猎聘）》，网易网站，2021 年 7 月 15 日，https：//www.163.com/dy/article/GEVPQ2NT051998SC.html。

全工程技术人员、数字化解决方案设计师、机器人工程技术人员等数字职业的薪酬水平相对较高，薪酬中位值均超过了 20000 元/月（见表 6）。[①]

表 6 2022 年北京热招新职业薪酬中位值

单位：元/月

新职业	中位值
数据安全工程技术人员	28567
数字化解决方案设计师	24603
机器人工程技术人员	21210
建筑节能减排咨询师	20328
数据库运行管理员	18062
商务数据分析师	15975

资料来源：北京市人力资源和社会保障局：《2022 年北京市人力资源市场薪酬状况报告（二季度）》。

三 数字人才政策

（一）国外政策梳理

国际数据公司（IDC）2020 年的报告显示，2022 年全球 GDP 的 65% 将会由数字经济推动。[②] 欧盟、德国、澳大利亚等国家及地区在数字人才培养方面已提前布局，从资金投入、制度保障、平台搭建等方面不断落实和创新。

1. 欧盟数字人才培养：多方参与、制度保障、强化实践、协同共进

完善制度保障，加强教育投入。欧盟在十年发展规划——"里斯本战略"和"欧洲 2020 战略"顶层设计中，将数字人才的未来发展作为重要内容。自 2000 年起，欧盟先后公布了相关文件，如《网络学习行动计划》

[①] 《北京市发布二季度人力资源市场薪酬状况报告》，北京市人民政府网站，2022 年 7 月 22 日，http://www.beijing.gov.cn/fuwu/bmfw/sy/jrts/202207/t20220725_2778279.html。

[②] M. Knickrehm, B. Berthon, P. Daugherty, "Digital Disruption: The Growth Multiplier," Oxford Economics, 2021.

（2005）、《21 世纪数字能力：提升竞争力、增长和就业》（2007）、《欧洲新技能议程》（2016）等。在实施路径中，欧盟于 2018 年颁布《数字教育行动计划 2018》，以数字能力培养为目标，推广教育标准与评价工具，在各级学校培养数字人才。该计划还包括搭建在线教育平台、开发数字课程体系、普及网络安全和人工智能教育等内容，旨在提升欧盟成员国的数字能力水平。为确保计划的顺利实施，欧盟加大资金投入力度，将数字人才培养列入欧洲投资计划的优先领域，2014~2020 年欧盟通过欧洲社会基金、欧洲地区发展基金和"伊拉斯谟+"项目投入约 260 亿欧元，主要用于培养数字人才的设施升级、课程与平台开发以及师资培训等。

界定数字能力，设计教学框架。2016 年 12 月，欧盟委员会发布了《数字能力框架 2.0》，将数字能力细分为五大领域的 21 种能力，并将每种能力分为 8 个不同的学习层次。此外，还提出了以数字教育为整体目标与指导性课程大纲的数字人才培养新图景。为培养 ICT 领域的高层次专业人才，欧盟委员会在 2017 年委托欧洲标准化协会与 400 家行业协会和大型企业制定了《数字能力框架 3.0》，为培养不同领域的复合型数字人才提供了指南。截至 2017 年底，已有 19 个主要成员国运用数字能力框架和相应的评估标准，为数字人才的培养提供了规范指导。

贯穿学校教育，强化实践教学。欧盟注重数字素养的培养，将计算机编程纳入中小学课程，鼓励高等院校开设软件开发、数据分析和网络安全等课程。欧盟在《数字教育行动计划》《人工智能战略》等文件中相继呼吁高等院校提升专业化数字能力，并在"地平线 2020"计划中划拨专项资金予以扶持。为鼓励学以致用的实践化教学，欧盟启动了"数字化学徒计划"，支持欧盟范围内的大学生到数字化企业实习培训，培训内容涵盖网络安全、大数据、量子技术、机器学习、人工智能等多个领域。此外，通过在高校开办"数字能力大赛"、资助开发数字化培训课程等方式，营造数字人才培育的积极氛围。

鼓励多方参与，倡导协同共进。欧盟致力于推动数字人才培养，在2016 年成立了"数字能力与就业联盟"，将各成员国教育主管部门、数字化

企业协会、高等院校校长协会、培训机构与欧洲投资基金等多方纳入数字教育协同体系，并成立日常管理机构协调推进。该联盟发展迅速，截至 2017 年底已经覆盖 23 个成员国，成为拥有 360 多家成员的大型组织，为在校生提供了相匹配的数字能力培训与认证。欧盟倡导培养实践型数字人才，主张企业实训和学校教育同等重要，所依托的是观念、制度和实践较完善的"双元制"人才培养体系。校企双方与行业协会在实习培训目标、计划、内容、方式等方面相衔接，共同实施教学与培训计划。欧盟在 2016 年将实习培训所获学分或证书纳入欧洲学分体系与欧洲资格证书框架，使之在全欧盟范围内得到了广泛认可。在欧盟范围内举办了 370 多万次培训，内容覆盖数字编程、数据分析和网络安全等专业技能，超过 700 万人次获得了实习和就业机会。①

2. 德国数字人才培养：拓展边界、缩小差距、特别签证、终身学习

倡导终身学习，缩小能力差距。德国倡导以学习者为中心的全面学习和终身学习的理念，并落实了相应的政策和措施，主要侧重于对数字人才的数字能力进行持续培训。德国企业为 ICT 人才提供的持续培训普遍多于其他职业，ICT 领域从业者投入大量时间学习免费的在线课程，培训形式包括但不限于非正式工作场所学习、自我指导在线培训、基于公司的结构化培训和获得证书的培训等。

鼓励女性学习，拓宽覆盖范围。自 2008 年以来，德国联邦教研部出台了一系列的措施鼓励女性进入 MINT/STEM 领域，例如，专为女性打造的"Come，Make MINT""成功与 MINT——女性新机遇"等，受到德国政商界和科学界的一致支持，从而让更多的女性进入 MINT/STEM 领域从事相关工作。② 德国的 MINT-Mädchen（STEM Girls）项目为女性提供多种培训，包括技术投入、关于性别典型角色认知和行为模式等的培训，帮助女性打破性别

① 杜海坤、李建民：《从欧盟经验看数字人才培养》，《中国高等教育》2018 年第 22 期，第 61~62 页。
② 《德国"STEM 计划"猛砸 4.2 亿：科技人才缺口 2/3，男女老少齐上阵》，搜狐网，2019 年 4 月 8 日，https://www.sohu.com/a/306589403_ 691021。

歧视限制，以应对目前女性专业技能被低估等诸多教育挑战。具体举措包括：为 10~16 岁的目标人群提供常规、定期和具有监督性的 STEM 教育服务；建立全国性的在线 STEM 平台推动教育实践；开展 STEM 教育的专项研究以及引起公众对 STEM 主题的广泛关注。2022 年，联邦教研部为该计划提供了 5500 万欧元的支持。①

实施特别签证，吸引国际人才。德国通过一系列的优惠移民政策，吸引高技能 ICT 人才，《技术劳工移民法》主要吸引受过高等教育或职业教育的技术工人移民德国。例如，ICT 领域相关的数字人才只要有超过 3 年的工作经验，即使没有正式资格也可以就业，月收入至少为 4020 欧元（约 4468 美元）。

3. 澳大利亚数字人才培养：系统布局、构建框架、搭建平台、多层培训

完善顶层设计，进行系统布局。2018 年出台的《数字转型战略：2018—2025 年》聚焦政府服务的数字化转型，关注"为民众和企业提供世界领先的数字服务所需的数字能力"，通过开办讲习班、举办讨论会、提供职业指导等多种方式促进职业能力的提升。同年，《数字化经济战略——澳大利亚的科技未来》中提出，增强教育及培训系统的动态适应性，使学生能够灵活地应对不断变化的行业数字能力需求，时刻关注数据管理和分析、软件设计、数字设计、云计算等关键数字能力的提升，如在教育资金投入方面，政府在 2016~2018 年实施数字基础能力扫盲，共提供 400 万澳元的资金支持，提升公民的数字素养和数字化转型所需的技能，进而扩展到高阶的技能，如编码、数据合成和操作、算法和计算思维，以及设计和使用数字技术的能力。

结合应用场景，构建能力框架。澳大利亚发布的《2019 年职业技能预测报告》将职业技能中所需要的数字能力分为通识性的数字素养（digital literacy）以及与行业特定软件或技术相关的数字能力（digital

---

① 陈程：《数字人才的发展现状与应对策略——基于德国和加拿大等 6 国的比较》，《中国科技人才》2021 年第 4 期，第 23~35 页。

competence），① 为具有不同成长需求的人群提供了不同层次的数字能力框架以供参考，并将数字能力作为第6项核心能力纳入澳大利亚核心能力框架。在核心能力框架之外，政府还积极构建劳动力数字能力资格框架（Australian Workforce Digital Skills Framework），以推进数字能力教育的改革，② 在工作场所中扩展数字能力的应用场景。

架构学习平台，推进多层培训。一方面，澳大利亚政府开设的职业技术教育学院为学生提供具有长期连续性、实践应用性的数字能力指导，以提供系统化、专业化的数字能力培训项目及配套的课程培训包为特色；另一方面，短期数字能力培训成为在职劳动者应对新兴技术冲击的有效手段。

（二）国内政策梳理

近年来，我国中央、地方、企业在数字人才培育和激励方面推出了一系列举措，有效地弥合了数字鸿沟，推动了数字人才的成长。

1.中央：积极部署安排，开展顶层设计

2021年9月，习近平总书记在中央人才工作会议上重点强调，要发现和培养更多具有战略科学家潜质的高层次复合人才，要打造一大批一流科技领军人才和创新团队，造就规模宏大的青年科技人才队伍；2021年10月，中央网络安全和信息化委员会《提升全民数字素养与技能行动纲要》对提升全民数字素养与技能做出安排部署，提出2035年基本建成数字人才强国；同时人力资源和社会保障部《专业技术人才知识更新工程数字技术工程师培育项目实施办法》提出启动实施数字技术工程师培育项目；2021年12月，人力资源和社会保障部、教育部、国家发展改革委、财政部联合发布的《"十四五"职业技能培训规划》要求加强全民

---

① T. Badrick, "Industry Skills Forecast-2020 Update," Canberra: Industry Reference Committee, 2020.

② V. Gekara et al., "Skilling the Australian Workforce for the Digital Economy Research Report," Sydney: NationalCentre for Vocational Education Research （2019）.

数字能力培训、对数字能力类职业进行标注、积极开发数字职业、制定数字能力职业标准和评价规范。

2. 地方：结合特色探索，助力地区发展

2020 年 6 月，北京启动首届数字人才国际技能大赛，云端协同多地区共议数字人才培养和职业教育改革；① 2021 年 6 月，北京市建立产业数字化高技能人才评价体系，研究产业数字化高技能人才培养的对策；② 上海市在 2021 年 8 月提出若干支持数字化转型的人才政策，并计划广泛开展数字化转型技术技能培训；③ 贵州省着力实现学科与科研建设、高端人才柔性引进与数字经济高层次人才培养协同发展；④ 吉林省长春市根据其发展现状，将长春数字人才的发展阶段划分为起步期、发展期、成熟期和复杂期，以此建构区域数字人才生命周期模型⑤。

3. 企业：多方多点合作，推行人才计划

2019 年 9 月，华为发布"鲲鹏高校人才计划"，助力高校培养计算产业紧缺人才，构建计算产业新生态；⑥ 2021 年 8 月，谷歌与中国大学 MOOC 共同推行"数字人才培养计划"，帮助学员在 3 个月内掌握从入门到进阶的数字营销基础技能，建构全球化布局的新认知，并联合百家优质出海企业为学

---

① 《首届数字化人才国际技能大赛云端启动》，北京外办网站，2020 年 6 月 22 日，http：//wb. beijing. gov. cn/home/yhcs/sjyhcs/zxdt/202006/t20200622_ 1930287. html。

② 《特高建设——产业数字化高技能人才评价体系建设项目公开招标公告》，北京市政府采购网，2021 年 6 月 4 日，http：//ccgp-beijing. gov. cn/xxgg/sjzfcggg/t20210604_ 1347661. html。

③ 《上海市促进城市数字化转型的若干政策措施》，上海市人民政府网站，2021 年 8 月 2 日，http：//service. shanghai. gov. cn/xingzhengwendangkujyh/XZGFDetails. aspx？docid＝REPORT_ NDOC_ 007913。

④ 《贵州省"十四五"数字经济人才发展规划》，贵州省大数据发展管理局网站，2021 年 12 月 31 日，http：//dsj. guizhou. gov. cn/zwgk/xxgkml/ghjh/202112/P020211230620374382798. pdf。

⑤ 张珊姝、李钰瑄：《长春市数字人才发展研究——基于生命周期理论分析》，《中国市场》2022 年第 4 期，第 21~22 页。

⑥ 《华为"鲲鹏高校人才计划"发布》，华为企业业务网站，2019 年 9 月 19 日，https：//e. huawei. com/cn/news/ebg/2019/huawei-launches-kunpeng-talent。

员提供营销岗位就业机会；① 2022 年 9 月，微软以"数字赋能解码就业"为主题，携手苏州工业园区，以线上线下联动方式解读人才发展趋势，探讨数字人才的培养和成长之道。②

四　数字人才发展的现存问题

《数字化转型：可持续的进化历程》中指出，2022 年进入转型领军者行列的企业比例为 17%，相较于 2021 年的 16%，增长缓慢。③ 数字人才的缺乏是转型失败的重要原因之一。与世界主要创新型国家相比，我国目前在数字人才的数量、质量、结构与配套政策等方面均存在一些问题，有待解决。

（一）人才供给不足

与世界主要创新型国家相比，我国数字人才数量目前明显不足，2023 年中国数字人才缺口为 2500 万~3000 万人，且缺口仍在持续放大。④ 通过国内城市之间的比较发现，数字人才相对集中于北京、上海、深圳、广州与杭州地区，与目前的数字产业集群分布相吻合，而长沙、合肥、郑州等地区数字人才较为稀缺，占比不足 2%。⑤ 总体来看，数字人才数量仍有较大的增长空间。

---

① 《Google 谷歌再牵手网易有道，数字人才培养计划升级归来》，中华教育网，2021 年 8 月 12 日，http：//www.edu-gov.cn/edu/20201.html。
② 《微软数字人才赋能计划：生态合作、技术赋能、加速成长！》，中国网，2022 年 9 月 13 日，http：//business.china.com.cn/2022-09/13/content_42105137.html。
③ 《数字化转型：可持续的进化历程》，埃森哲中国网站，2022 年 10 月 27 日，https：//www.accenture.cn/cn-zh/insights/strategy/china-digital-transformation-index-2022。
④ 《产业数字人才研究与发展报告（2023）》，人瑞人才网站，2023 年 3 月 17 日，https：//www.renruihr.cn/index。
⑤ 《猎聘 2021 年数字经济人才白皮书：智聚，融合，创变（猎聘）》，网易网站，2021 年 7 月 15 日，https：//www.163.com/dy/article/GEVPQ2NT051998SC.html。

（二）人才质量亟待提升

与世界其他国家相比，我国数字人才的能力水平具有较大的提升空间。美国在网络安全、机器人、图像设计、人工智能、游戏开发等颠覆性数字能力领域均远超世界平均水平，数字人才储备丰富。英国伦敦、曼彻斯特、伯明翰等地区，同样在游戏开发、技术支持、人机交互等专业技能方面超过世界平均水平 1.5 倍左右，德国汉堡在游戏开发领域超过世界平均水平 2.5 倍。对比发现，中国的数字人才在人工智能与机器人领域存在一定的优势，但其他数字能力仍显著低于世界平均水平，数字人才的专业能力和综合能力亟待提升。[1]

（三）人才供需结构失衡

供需结构失衡主要体现在三个方面。一是不同类型数字人才的供需差异。我国数字人才主要分布在产品研发、技术工程师等数字专业领域，但数字化应用人才等复合型人才相对占比较少。《赛迪智库》数据显示，到 2025年，既懂商业运营又懂数字技术的复合型人才缺口将达到 230 多万人，[2] 同时，数字化管理人才的需求呈现明显增长态势，结构失衡问题愈加严重。二是不同水平数字人才的供需差异。数字人才队伍整体呈现"两头小、中间大"的"橄榄型"特点。与中级水平数字人才供给相比，初级水平与高级水平数字人才的数量无法满足数字时代的人才需求。国家统计局数据显示，2021 年我国从事信息传输、软件和信息技术服务等数字化相关工作的约有519.2 万人，[3] 与美国、英国、德国等国家有显著差距。三是不同区域的人才供需错位。数字人才的缺乏导致欠发达地区的数字化转型存在瓶颈，经济

---

① 《猎聘 2021 年数字经济人才白皮书：智聚，融合，创变（猎聘）》，网易网站，2021 年 7月 15 日，https：//www.163.com/dy/article/GEVPQ2NT051998SC.html。

② 《赛迪数据：一图看懂大数据人才》，中国电子信息产业发展研究网站，2019 年 11 月 4 日，https：//www.ccidgroup.com/info/1096/21771.htm。

③ 《中国统计年鉴 2022 年》，国家统计局网站，2023 年 2 月 15 日，http：//www.stats.gov.cn/tjsj/ndsj/2022/indexch.htm。

发达地区对人才的"虹吸效应"明显，2021 年我国数字人才的两大集聚地是上海、北京，占比分别为 12.94%、10.88%。①

（四）人才配套政策不足

尽管我国目前从中央、地方、企业等多层面着力推进数字人才政策实施，但仍存在"摸着石头过河"的问题，相关配套措施有待完善。主要表现在四个方面：一是人才引进工作机制不健全，优越的保障条件是吸引人才的重要因素，包括政策和资金的扶持；二是人才培养与实际工作脱节，缺乏前瞻性的规划，存在重使用、轻培养的情况，数字人才发展动力不足；三是人才激励政策同质化，地方政府和企业缺乏有力的引才政策，人才优待政策主要集中在薪酬层面，户籍、住房、医疗和子女教育等方面的优待政策尚待完善；四是数字人才的服务平台有待优化，评价体系亟待更新。

五　数字人才的发展趋势

随着全球数字经济的快速发展和深度融合，领军的 ICT 企业正在加速布局多行业、多元化的生态圈，而数字人才作为数字经济和数字化转型的核心驱动力，其未来的发展趋势值得关注。

（一）人才需求急剧增长，复合能力成为必备需求

全球数字经济发展对人工智能、大数据、云计算、5G 等领域高端人才的需求一直居高不下，波士顿咨询公司预测 2035 年中国数字经济将创造 4亿个就业岗位，而人才供给不足和培养的长周期性导致"抢人大战"方兴未艾。特别是 T 型人才（指具备一项精深的特长和跨专业领域的复合型人才）和 π 型人才（指两专多能或者多专多能的复合型人才），更加成为数字人才市场中的宠儿。未来的数字人才，不仅需要具备数字思维，熟练掌握新

---

① 《猎聘：数字化人才城市分布分析报告》，"南圈大嘴说"百家号，2021 年 11 月 17 日，https://baijiahao.baidu.com/s? id=1716636626715828733&wfr=spider&for=pc。

一代信息通信技术，能够完成数字化场景应用与运维，不断丰富技术与产业知识架构的人才，还需要具备动态视野和数字化加持能力，能够根据企业未来发展需要以及产业变革趋势，以数字技术全方位挖掘企业潜在优势，动态调整提升自身数字能力的人才，以实现产品协同能力、合作开发能力和产业联盟能力的融会贯通。

（二）人才回流趋势明显，人才地域集聚显著

猎聘发布的《2023 海外留学人才就业发展报告》显示，截至 2023 年上半年，IT/互联网/游戏行业对海外留学人才的就业吸纳能力最强，占比为 18.1%。猎聘针对 2023 年毕业的海外高校留学生以及海外高校在读留学生的问卷调查显示，求职人群中超过八成选择回国就业。[①] 拓展海外招聘渠道，开展人才引进计划，建设数字人才高地，打造人才发展平台，培育健康人才生态，是"数字人才争夺战"的必备要素。与此同时，国内数字人才的地域集聚越发显著。在更具国际竞争力的数字化产业集群地区，如北京、上海、深圳、杭州、广州等地，数字人才密度较大，人才吸引力较强，整体呈现向中心城市聚合的趋势。

（三）人才分布泛行业化，人才培育全生态化

中国信息通信研究院发布的《中国数字经济发展研究报告（2023年）》显示，2022 年我国服务业数字经济渗透率为 44.7%，工业数字经济渗透率为 24.0%，农业数字经济渗透率为 10.5%。[②]《中国数字科技人才流动报告（2023 第一季度）》显示，截至 2023 年第一季度，新能源汽车行业发布的职位数量同比增幅最大，同比上涨 11%，成为数字人才热门之选。从 2019 年开始，生成式人工智能技术领域相关的岗位发布持续增长，2023

---

① 《超八成留学生选择回国就业! 2023 海外留学人才就业发展报告出炉》，网易网站，2023 年 8 月 15 日，https://www.163.com/dy/article/IC5U8IL805169EA1.html。

② 《中国数字经济发展研究报告（2023 年）》，中国信通院网站，2023 年 4 月 27 日，http://www.caict.ac.cn/kxyj/qwfb/bps/202304/t20230427_419051.htm。

年第一季度发布职位数量达到峰值,同比增长 15%。① 战略性新兴产业人才需求迅猛增长,展现出较强的就业吸纳能力,进一步推动数字经济与实体经济深度融合。与此同时,数字人才的培育将走向全面的生态化发展,政府、产业、学术界和研究机构之间只有通力合作与进行良性互动,方能促进数字人才健康生态体系的有序推进和持续发展。

六 数字人才的发展建议

中国的数字人才正在经历从需求端向供给端过渡的新发展阶段,有效培养和激励数字人才,使人才成长的生命周期与我国经济的高质量发展紧密融合,是我国在全球数字经济发展浪潮中建立竞争优势的重要基础。结合数字人才的发展趋势,本报告提出四项建议。

(一)吸引培养并举,增加数字人才储备

我国数字经济的快速发展和数字技术的迭代更新,导致对数字人才的需求呈现井喷式增长,据此,我们需要将外部吸引和内部培养相结合,以增加数字人才储备。人才吸引要有所侧重,关注产业发展的当下需求;人才培养要立足长远,关注产业发展的战略要求。

在数字人才的外部吸引方面,可针对不同的职业类型颁发不同的签证,为不同层次的人才移民设定相应的条件,并畅通工作居留向永久居留转换的机制,② 完善国外数字人才在华短期居留与永久性人才移民政策。同时,为引进更加符合我国现阶段发展的数字人才,需要完善人才的筛选机制,对个人能力、学历、数字技能、职业经历等开展多维度综合评价。在数字人才的自主培养方面,要以人才的全生命周期成长为基调,以多主体结合、多层面

---

① 《中国数字科技人才流动报告(2023 第一季度)》,拉勾招聘网站,2023 年 4 月 6 日,https://zhuanti.lagou.com/data2023Talentmobility.html。

② 黄海刚、连洁:《国际高层次人才吸引的典型政策体系分析》,《复旦教育论坛》2019 年第5 期,第 76~83 页。

渗透、多角度融合的方式推进。第一，坚持产业战略发展导向与人才培养目标相统一，瞄准行业数字化转型需求和数字人才缺口，以解决人才需求侧与供给侧"两张皮"的问题；第二，结合具体应用场景，在提高数字人才数字实践能力的同时，增强其数字思维和提升其底层思考能力；第三，建立数字人才培养追溯系统，对人才培养开展跟踪评价，以改进培训内容和培训方式。

（二）搭建数字人才平台，实现资源互通共享

第一，在平台内容设计上，通过数字化云平台的构建将数字人才的多维数据进行云处理，包括但不限于数字人才政策、数字人才能力图谱、数字人才基本信息、数字人才流动数据与多项交叉分析数据等，可根据观测者的不同需求调用相关数据，以掌握数字人才成长和发展动态。同时，云平台还可上线相关培训课程，结合数字化专业人才、数字化应用人才与数字化管理人才的不同能力需求设计相应的课程体系和培养方案，助力数字人才的横向跨越和高水平复合型数字人才的养成，实现动态性、随时性与终身性学习。

第二，在平台结构搭建上，数字人才云平台的布局可参考已有云平台建设，以数字人才发展需求为运作核心，设立前台、中台和后台。[①] 前台面向人才用户，是直接与人才需求场景进行交互的应用层，以快速迭代相应数字人才的使用需要；中台是连接系统，实现业务协同与数据交换，主要参与处理复杂性、技术性事务；后台用于提升人才相关数据的安全保障水平与系统整体运营效率，为数字人才的发展提供技术支持。此外，云平台还应开展与国内、国外多个人才系统及数据库的相关联动，实现资源的互通共享。

（三）建设数字人才梯队，拓宽人才成长通道

数字人才队伍可以从两个角度进行设计：纵向上，侧重于数字人才的不同类别，分为数字化专业人才成长通道、数字化应用人才成长通道和数字化

---

① 吴金鸽：《单位人才梯队的构建原则与实施方略》，《领导科学》2022 年第 10 期，第 24~27 页。

管理人才成长通道；横向上，侧重于数字人才的不同层次，分为数字青年人才、数字领军人才与数字战略人才（见表7）。

表7　数字人才梯队矩阵

数字人才类别	数字人才成长层次		
	数字青年人才	数字领军人才	数字战略人才
数字化专业人才	初级技能	中级技能	高级技能
数字化应用人才	初级水平	中级水平	高级水平
数字化管理人才	基层管理	中层管理	高层管理

数字青年人才包含三通道的初级数字化专业人才、初级数字化应用人才与基层数字化管理人才，具有基础性、成长性的特点，即在成长的初始阶段，其已掌握数字化相应领域的基础知识与基本技能，并且能够进行主动学习；数字领军人才包含三通道的中级数字化专业人才、中级数字化应用人才与中层数字化管理人才，具备承接性、成熟性的特点。在人才梯队中具有承接作用，是青年人才的成长目标与战略人才的后备军。数字领军人才拥有比青年人才更加成熟、全面的数字知识与技能体系，同时兼具问题识别的能力。数字战略人才包含三通道的高级数字化专业人才、高级数字化应用人才与高层数字化管理人才，具备顶尖性、决策性的特点，数字战略人才掌握前沿的数字化理论与技术，并能对数字化转型的整体方向进行把控，为数字化转型提出战略性决策。

（四）完善数字人才政策，赋能人才全面成长

宏观方面，我国需要完善数字人才的相关政策，深化引才育才体制机制改革。制定数字人才职业技能认证和考核评价制度，保障人才的知识产权，合理分配其知识和技术价值收益，建立数字人才荣誉激励机制，加快推进区域数字人才一体化发展，加强数字职业和数字能力培训，完善数字人才的保障机制。

微观方面，企业需要关注数字人才的职业成长诉求和工作体验，搭建职业发展平台，提升工作的价值感和意义。通过生动有趣的学习体验，丰富其数字能力认知；通过专业场景的升级改造，培养其数字底层思维，进而赋能数字人才的全面成长。

B.10
卓越工程师工匠精神评价与回报分析[*]

李晓曼　何兴铭　陈丽　母莎莎[**]

摘　要： 在经济结构转型以及追求高质量发展的背景下，足质足量的高技能人才队伍是经济高质量发展的保障，其中，卓越工程师的培养关乎国家竞争力。在此背景下，本报告构建了我国卓越工程师工匠精神的评价体系，在此基础上分析了其对劳动力市场回报的积极作用，旨在为我国卓越工程师工匠精神的精准培养提供建议。研究发现工匠精神对卓越工程师在劳动力市场上获得的报酬（包括工资收入、非货币福利和晋升）均具有显著的正效应，其中对工资效应贡献最大的是笃定执着、精益求精维度，对非货币福利效应贡献最大的是责任担当、精益求精、别具匠心维度，对晋升效应贡献最大的是珍视声誉维度。

关键词： 卓越工程师　工匠精神　劳动力市场回报

一　研究背景

　　培养与现代化产业体系相适配，与我国制造业迈向全球价值链中高端相契合的卓越工程师队伍是我国由制造大国向制造强国迈进的关键步骤。

＊　本报告受到国家社会科学基金教育学一般项目"我国青年技能型人才工匠精神的测度、劳动力市场回报与培养体系研究"（BFA200062）的资助。
＊＊　李晓曼，博士，首都经济贸易大学劳动经济学院副教授、硕士生导师，主要研究方向为劳动力市场理论和政策；何兴铭、陈丽、母莎莎，首都经济贸易大学劳动经济学专业硕士研究生。

进入新时代以来，以习近平同志为核心的党中央把"培养大批卓越工程师"作为"加快建设国家战略人才力量"的重要内容，指出要探索形成具有中国特色、世界水平的工程师培养体系。尽管已有研究围绕卓越工程科技人才培养标准、核心素养等进行了探索性研究，但对新时代背景下卓越工程师的内涵和外延仍未达成共识。其中"培育工匠精神，打造大国工匠"作为国家经济转型与人才培养的目标，构成了卓越工程师的核心能力维度。

在我国经济转型与产业结构升级的关键时期，为迎合消费升级的趋势，李克强总理在 2016 年的政府工作报告中首次提出工匠精神，并将其表述为"精益求精"，随后这一概念被从业者与政策制定者广泛接受与运用。党的十九大报告和 2016~2021 年的政府工作报告中均提及了弘扬劳模精神和工匠精神。在遵循这一目标设计和实施相关政策时，政策制定者却遇到了精准实施与政策效益评估的难题，即工匠精神的培育政策应该精准瞄向哪些群体，针对哪些能力维度？大力推进工匠精神的培育能获得哪些效果？

综上所述，本报告以卓越工程师核心能力维度之一的工匠精神作为切入点，在探索其测度方法的基础上重点关注卓越工程师工匠精神在个体层面上的经济回报，旨在为确保卓越工程师工匠精神培育政策的精准实施、提升各层级教育的培养质量，提供可靠的理论框架与实证依据。

二　我国高技能人才现状分析

要想加快构建新发展格局、实现"中国制造向中国创造、中国智造"的转变，推动经济高质量发展，就必须依靠一大批具有工匠精神、足质足量的高技能人才[①]后备力量支撑。《中华人民共和国国民经济和社会发展第十四个五年规划和 2035 年远景目标纲要》提出，"加强创新型、应用型、技

---

① 通过梳理国内外相关文献，参考《中华人民共和国职业分类大典》，本报告将高技能人才定义为以高级工、技师和高级技师为代表的、拥有精湛技艺的、具备职业素质和职业技能的高级人才。

能型人才培养，实施知识更新工程、技能提升行动，壮大高水平工程师和高技能人才队伍"。也就是说，在未来相当长的一段时间里，职业院校和相关职业培训机构需要加大对高技能人才的培养力度，以满足劳动力市场的需求。

因此，需要对当前我国高技能人才现状、人才培养中存在的问题进行分析，为后文"培育工匠精神、打造大国工匠"提供依据。

（一）高技能人才总量规模

1. 高技能人才的需求日趋旺盛

截至 2021 年末，我国技能人才已超过 2 亿人，约占全国总就业人数的 26%，高技能人才约有 6000 万人，然而在我国技能人才总数中仅占 28%。[①] 就整个就业环境和宏观经济发展的需求而言，我国技能人才总数还很少，与发达国家相比存在较大差距。

求职人员中具有技术等级、职称的占总求职人数的 41.8%，其中，具有技术等级、职称的求职人员占比分别为 27.2%、14.6%。从供需比较来看，市场需求总体大于供给，各技术等级的求人倍率均大于 1。其中，高级技师、技师、高级技能人员求人倍率分别为 3.05、2.70、2.51，高技能人才供不应求的态势一目了然。

与上年同期相比，用人单位对高级技师、技师、高级技能人员的需求有了较大幅度的增长，分别增长了 28.8%、5.9%、7.0%。而求职人员中除了高级技师人数略微增加了 2.3%，市场上具有各种技术等级、职称的求职人数都在减少，其中，技师、高级技能人员数量分别减少了 31.6%、19.9%，具有初级、中级、高级职称的人员数量分别减少了 15.9%、18%、6.3%。

可见，劳动力市场上对具有技术等级、职称的劳动者的用人需求总体上

[①] 《队伍壮、技能强，产业工人队伍建设改革五周年取得重要阶段性成效》，人民政协网，2022 年 6 月 6 日，http://www.rmzxb.com.cn/c/2022-06-06/3131946.shtml。

大于供给，尤其在我国发展质量和效率不断提高、经济结构不断调整、产业转型升级的情况下，对高技能人才的需求将持续增加。

2. 高技能人才培养能力不足，培养观念落后

一方面，从我国职业技能鉴定情况来看，如表1和图1所示，高技能人才的考核认证数量降幅较大。2015～2021年，职业技能鉴定机构、职业技能考评人数以及获得证书人数总体呈下降趋势。截至2021年，我国共有6894家职业技能鉴定机构，① 7.9万名职业技能考评人员，获得证书人数有273万人，比上年减少了68%，获得技师、高级技师证书的仅约7万人，而2020年超19万人获得了此类证书，降幅达64%，这其中也要考虑新冠疫情的影响，但高技能人才总体减少的趋势会加重我国技能劳动者结构失衡的情况，并且不利于我国产业转型升级。

另一方面，从职业学校培养情况分析，我国职业院校培训观念落后，重技能轻职业素养，导致学生对自身综合素质认知不够明确，难以形成坚定的职业理想，服务意识不强，职业价值观存在一定问题；校企资源合作平台建设不完善、教学内容和结构与现实劳动力市场需求不匹配，制约了技术型人才的培养和发展，进而导致职业院校毕业生很难较快地适应工作岗位，缺乏严谨踏实、精益求精的工作品质，由此引发我国制造业产品档次整体偏低、规模大而不强、自主创新能力薄弱等各种问题，制约我国产业转型升级。

表1　2015～2021年我国职业技能鉴定情况

单位：人，家

项目	2015年	2016年	2017年	2018年	2019年	2020年	2021年
职业技能鉴定机构数量	12156	8224	8071	8912	9152	8205	6894
职业技能考评人数	264237	282782	308612	251135	216680	155935	79474
获得证书人数	15392295	14461529	11987218	9031831	8618572	8659731	2734463

---

① 《2021年度人力资源和社会保障事业发展统计公报》，人力资源和社会保障部网站，2022年6月7日，http://www.mohrss.gov.cn/SYrlzyhshbzb/zwgk/szrs/tjgb/202206/t20220607_452104.html。

续表

项目	2015 年	2016 年	2017 年	2018 年	2019 年	2020 年	2021 年
获得初级证书人数	5915465	5549708	4207073	3245567	3184815	3278478	897180
获得中级证书人数	5831396	5481352	4541983	3333132	3419359	3278478	1383819
获得高级证书人数	3092249	2963711	2804674	2099864	1730493	1323861	383470
获得技师证书人数	416439	350596	330333	277673	205600	134474	49860
获得高级技师证书人数	136746	116162	103155	75595	78305	60048	20134

资料来源：2016~2022 年《中国劳动统计年鉴》。

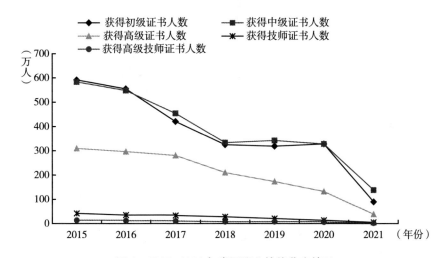

图1　2015～2021 年我国职业技能鉴定情况

资料来源：2016~2022 年《中国劳动统计年鉴》。

（二）高技能人才结构现状

1.高技能人才结构不合理

如图 2 所示，2021 年，我国职业技能鉴定获得证书人数约有 273 万人，其中，取得初级、中级和高级证书的人数各约占获取证书总人数的 33%、50% 和 14%，而取得技师和高级技师证书的人数约 7 万人，仅占总人数的 3%。整个技能人才结构与合理的"橄榄型"（1：3：1）技能人才比例结构存在较大差距。同时，市场上对高技能人才的需求量一直大于供给量，且缺口较大，以 2021 年第三季度为例，高级技师、技师、高级技能人员的求人倍率居高不下，分别为 3.05、2.70、2.51,[①] 技师和高级技师的数量严重不足，必将对我国产业结构的调整带来一定程度的负面影响。

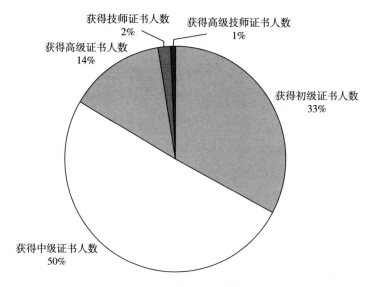

图 2　2021 年各级证书获得比例

资料来源：2022 年《中国劳动统计年鉴》。

2. 高技能人才空间分布失衡

如图 3 所示，我国技能型人才的劳动力市场整体存在明显的空间差异。从 2018 年第一季度到 2021 年第三季度，技能型工作岗位空缺数显著大于求职人数，东部地区、中部地区、西部地区的需供比均值分别为 1.36、1.40、1.54。其中，西部地区需供比均值显著高于中部地区、东部地区，分别为中

---

① 《2021 年第三季度百城市公共就业服务机构市场供求状况分析报告》，人力资源和社会保障部网站，2021 年 11 月 19 日，http：//www.mohrss.gov.cn/xxgk2020/fdzdgknr/jy_ 4208/jysc gqfx/202111/t20211119_ 428225.html。

部地区和东部地区的 1.10 倍、1.13 倍。高技能人才流动有明显倾向性等特点，这是由于东部地区就业机会多、工资高，中部地区、西部地区面临高技能人才流失的局面。

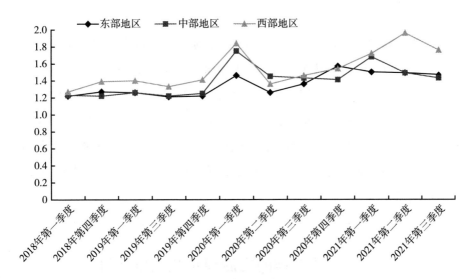

图 3　2018 年第一季度至 2021 年第三季度东部地区、中部地区、西部地区供需关系变化趋势

资料来源：根据人力资源和社会保障部发布的历年各季度部分城市劳动力市场供求状况分析数据整理而得。

3. 高技能人才学历偏低，向上晋升空间受限

在知识技能型人才队伍的建设中，学历毫无疑问是衡量一个人的重要指标。虽然高技能人才更加注重实用型技能的掌握，但是系统的理论文化知识和良好的职业素养、职业精神对高技能人才也是至关重要的，工匠精神是高技能人才的"优秀基因"。

根据 2021 年《中国劳动统计年鉴》，2020 年在我国农、林、牧、渔业从业人员中，初中及以下教育水平的占 92.7%，大专及以上的只占 1.0%；在以制造业和建筑业为主的第二产业从业人员中，初中及以下教育水平的从业人员分别占 61.9% 和 75.8%，技术工人的受教育程度普遍较低，多是在中等教育阶段就分流到职业教育，在注重高学历的社会环境

下，其职业晋升空间受限，工资收入普遍较低，同时社会地位不高，导致我国高技能人才匮乏，制约了职业教育的高质量发展。

（三）小结

首先，我国高技能人才仅占技能人才的 28%，总体短缺，供不应求，且培养规模也在缩小。其次，高技能人才比例、区域分布失衡，空间差异性较强。最后，我国职业院校培养观念落后，重技能轻职业素养，学生难以形成坚定的职业理想和工匠精神，而工匠精神是高技能人才的"优秀基因"。将工匠精神融入高技能人才培养，这既是我国经济实现转型升级的需要，也是职业院校和企业发展的需要，同时更是技能型人才实现自身社会价值和人生价值的需要。

三　工匠精神的内涵界定及测量评价

（一）工匠精神的内涵沿革

工匠一词源自拉丁语，意为体力劳动，即进行"聚拢、捏合和形塑"的过程，而工匠精神萌芽于古希腊罗马时期，柏拉图认为匠人工作并非仅为获取报酬，而是为追求作品本身的完美，即"非利唯艺"；亚里士多德认为工匠富有的创造性思维来源于"一种超越于一般规则应用的能力"。我国对工匠的解释最早见于《周礼·考工记》，"百工之事，皆圣人之作也"。此时工匠被称为圣人，而匠人的"圣贤"可以被归纳为匠德与匠心两个方面，它们构成了工匠精神的核心意涵。首先是孔子在《论语》中表达的工作态度"执事敬、事思敬、修己以敬"，强调的是尊重自己与工作，专心致志的敬业精神此为匠德；而《公羊传》中提出的"巧心劳手以成器物曰工"，与《汉书·食货志》中的"作巧成器曰工"，则侧重于对匠心的表达，即"巧"——创造力和精巧的心思。

为了解工匠精神的研究现状，本报告以"工匠精神"为关键词，对中国社会科学引文索引（CSSCI）期刊上发表的中文论文进行篇名（词）检索，并将上述研究中对工匠精神的界定进行汇总和分类，发现可以分为精神、新人力资本或软技能、价值观、态度四个方面。相关有代表性的定义如下，一是工匠精神是劳动者的一种精神气质，是工匠对自己生产的产品精雕细琢、精益求精、追求完美和极致的精神理念；二是工匠精神是凝聚在技能人才身上的专业精神与专业技能，该新型人力资本可以带来产品质量提高等经济效益；三是工匠精神是一种对特定经济、真理、伦理和审美等价值的追求，更具体来说是一种工作价值观，是基础价值观在工作场所中的具体体现；四是工匠精神是工匠对产品制作纯熟的技艺和精益求精的态度。

本报告最终目标是在近年来职业教育面临快速发展的契机与提升培养质量的挑战下，关注工匠精神在个体层面的经济回报，以明晰政策的经济效益，为促进工匠精神培育政策的精准实施提供可靠的实证依据。因此，本报告将新人力资本与工作价值观取向相结合，将青年技能型人才工匠精神界定为"一种个体在当前工作中所持有的特定工作价值观"，其反映了青年技能型人才内心所坚信的那些值得为之奋斗的多种工作目标。

（二）工匠精神的测量与评价

卓越工程师善于在工程实践中解决复杂、综合性的问题，动手能力强，兴趣专注度高，勇于创新创造，是工程师中的佼佼者，而不是夸夸其谈、好高骛远的人。本报告在全面理解卓越工程师内涵和外延的基础上，将工匠精神界定为工作价值观，采用以劳动力市场部门（企业、公共部门）为培育主体的员工工匠精神量表，该量表适用的主体较为广泛，从生产制造业延伸到服务、科研等非物质生产领域，适用于一般工作场所中各类员工的工匠精神测度。同时依照严谨的流程开发测量工具，先后进行了四轮不同目标的调研，为深入探讨工匠精神的影响因素和作

用机制创造条件。最终形成包含 16 个题项的工匠精神测量量表（见表 2）。

表 2　工匠精神测量

维度	题项
精益求精	A2 在工作细节上追求完美
	A12 努力避免工作中的缺陷与不足
	A17 为自己设定高于组织所要求的工作标准
珍视声誉	A3 如果工作完成得不好，我会觉得不光彩
	A8 工作完成的好坏关乎个人声誉
	A13 我愿意让别人知道某项工作是由我完成的
笃定执着	A4 并不急于在短期看到工作成效
	A9 专注于一项事业
	A19 工作不仅是赚钱的工具
责任担当	A6 将自己的工作视为一种责任与担当
	A11 严谨地对待我所从事的工作
	A16 高质量完成工作是我的本分
别具匠心	A10 为提升产品或服务质量，我总在尝试新方法
	A20 总是希望自己提供的产品或服务更有个人特色
	A21 完成工作不满足于简单重复现有方法
	A22 喜欢探索行业内先进技术

四　工匠精神劳动力市场回报的研究现状

从个人层面来看，现有研究主要集中在探讨工匠精神与员工就业竞争力、员工主动变革行为、员工主动性行为、员工工作绩效以及员工职业生涯成功等组织内部表现方面。从大学生群体角度来看，朱文婷阐述了培养大学生工匠精神对于其创业就业具有重要现实意义，有利于提升大学生在就业中的整体竞争力，而具有这种能力的大学生更能适应企业的用人需求。从在职群体角度来看，工作价值观理论指出，当员工在一定的水平基础上追求更高级的目标时，工匠精神就会被视为一种工作价值观，并且这些目标能够激发人们不懈地努力，表现为员工通过主动性行为追求既定目标，例如，朱永跃认为工匠精神作为一种优秀的职业精神，能促使员工主动担当责任，积极为公司提出建议和策略，即建言行为、组织公民行为等，进而影响个体、组织绩效以及提升客户满意度；赵晨将工匠精神视为员工在工作当中展现出的工作状态和价值观，决定了员工对特定工作行为的偏好，为他们进行行为选择提供内在准则。高中华指出工匠精神中的动机更有自我导向，看重个人声誉和品德，工匠精神所具有的笃定执着与精益求精特性，能够促使员工表现出主动性行为，使员工保持对工作质量的严格要求和对职业的责任担当，从而在工作中形成高度的责任感，同时，工匠精神所强调的别具匠心、珍视声誉会驱使员工追求高质量的工作成果和持续性的职业发展。有关工匠精神对工作绩效的影响，一方面有学者通过定性分析提出工匠精神能够影响员工的工作质量、工作态度、事业心、责任感、使命感、职业能力等；另一方面，有学者通过定量研究表明拥有责任感、主动性、严谨性等人格特征的员工对其工作绩效有较好的预测作用，并且对员工职业生涯的成功具有重要影响。

在企业层面，已有文献多关注工匠精神对企业创新绩效的影响，以及其对制造业经济增长的作用。Hasenkamp 认为，践行工匠精神的表现就是在技术工艺上追求极致，进而达到技术创新；Francesco 等研究发现工匠精神可以促进产品创新，进而提升企业绩效；杨俊青、肖群忠等从产权性质的角度入手进行研究，他们认为工匠精神能够激励员工精益求精，在生产过程中专注产品质量，从而提高企业绩效。马永伟、李群等学者指出，工匠精神是国家核心竞争力的体现，是制造业高质量发展的内生动力，并通过实证分析得出工匠精神对我国制造业整体的经济增长具有显著促进作用。

可以看出，现有学者有关工匠精神回报的研究多关注工匠精神组织层面的行为回报，缺乏对市场经济回报的关注，着眼点过于微观，因此无法解决工匠精神培养的驱动机制问题，也无法从根本上使人才主体拥有人力资本投资的主动性。而在现实社会背景下，关注人才主体工匠精神的市场经济回报并探讨其产生作用的机制，能更加精准地为培养工匠精神提出建

设性意见，因此本报告转而关注个体层面的经济回报，以期明晰政策实施的经济效益。

有研究表明，具有工匠精神的个体为高效地完成工作任务并取得高质量的工作成果，在工作过程中会秉承专注、执着的态度，坚持不懈地改进工作方式；同时，工匠精神中笃定执着和精益求精的特性可以激励员工在工作过程中始终保持对工作质量的严格要求、秉持细致入微的态度、怀有攻坚克难的勇气；此外，具有工匠精神的员工所追求的自我价值并不局限于实现一般意义上的工作绩效目标，更多的是通过创造高质量的、标志性的工作成果来发掘人生的意义和价值。因此，在工匠精神的驱动下，员工既会表现出"舍我其谁"的"愿干"态度，也可能会表现出精益求精的"能干"品质，并在工作岗位中表现出"择一事终一生"的职业态度，这种态度会转化为持续的工作动力，使其在工作中能够更加积极地寻找新的方法优化工作流程，并同时获得能力的提升。具有工匠精神的个体在工作中表现出的"愿干"态度、"能干"品质、"择一事终一生"的职业态度将在一定程度上外化为经济回报，可能表现为工资收入的增加、获得的非货币福利的增加，抑或更容易获得晋升。

五 工匠精神劳动力市场回报的实证分析

本报告利用"我国技能人才就业情况调查"数据，研究工匠精神对我国卓越工程师劳动力市场的影响。该数据来源于课题组组织的"我国技能型人才就业情况调查"，该调查采用网络问卷在线自填和线下填写相结合的方式，样本覆盖北京、山东、江苏、山西等21个省市，经过对无效样本的剔除筛选，两种渠道共回收686份有效问卷。

本报告的研究对象为工程师人才，被解释变量为短期回报（包括工资收入和非货币福利）和长期回报（晋升），分别用员工近1年的小时工资收入取对数、获得的非货币福利个数、近5年是否获得过职务上的晋升来表示，核心解释变量是工匠精神。

此外，本报告为评估工匠精神对工资收入的净效应，也将健康状况等变量纳入模型作为控制变量。模型中还加入了其他控制变量，如性别、年龄、政治面貌、受教育水平、工作经验等，同时，工匠精神是个体非认知能力的一部分，为得到工匠精神对技能型人才劳动力市场回报的净效应，本报告将认知能力和非认知能力作为控制变量纳入模型，所有变量的定义见表3。

表3　变量的定义

变量名		变量定义
主要变量	月工资对数	小时工资收入取对数
	福利	企业提供非货币福利个数
	晋升	是否获得过职务上的晋升
	加班意愿	是否愿意主动加班：1＝是；0＝否
	职业规划	1＝非常不清晰；2＝不清晰；3＝不知道；4＝清晰；5＝非常清晰
	休息次数	工作时间中平均每天休息次数
	出生顺序	1＝在家里所有孩子中第一个出生；0＝不是第一个出生
	工匠精神指数	责任担当、笃定执着、珍视声誉、精益求精、别具匠心标准化得分加总
	责任担当	责任担当维度题目的平均得分
	笃定执着	笃定执着维度题目的平均得分
	珍视声誉	珍视声誉维度题目的平均得分
	精益求精	精益求精维度题目的平均得分
	别具匠心	别具匠心维度题目的平均得分
控制变量	性别	1＝男性；0＝女性
	年龄	调查年份与出生年份之差
	健康状况	1＝健康；0＝不健康
	工作经验	目前这份工作的工作年限
	政治面貌	1＝党员；0＝非党员
	受教育水平	1＝初中及以下；2＝高中（中专、中职）；3＝大专（高职）；4＝本科；5＝硕士及以上
	神经质	神经质维度题目的平均得分
	外倾性	外倾性维度题目的平均得分
	开放性	开放性维度题目的平均得分
	宜人性	宜人性维度题目的平均得分
	尽责性	尽责性维度题目的平均得分

（一）工匠精神中笃定执着、精益求精对工资收入有显著的正向影响

如表4所示，模型1是基准模型，主要为探讨除工匠精神之外，其他变量尤其是传统人力资本变量（工作经验、健康状况）对技能型人才工资收入的影响，结果表明，模型中除了年龄变量其余变量均对工资收入有显著影响。

模型2在基准模型的基础上纳入工匠精神指数，模型3在基准模型的基础上纳入工匠精神的5个维度，结果表明，模型中除了年龄变量对工资收入影响不显著，其余控制变量对工资收入都有显著影响。整体来看，工匠精神对工资收入有显著影响，其中影响最显著的是笃定执着和精益求精，笃定执着维度和精益求精维度分别在5%、1%的水平上显著。笃定执着每提高一个标准差，技能型人才的工资收入就增加7.29%，精益求精每提高一个标准差，技能型人才的工资收入就增加11.60%，显著高于工作经验和健康状况的回报率（分别为4.33%、4.63%）。此外，技能型人才的受教育水平对其收入有较强的解释力，回报率为15.90%。该结果验证了前文提出工匠精神对员工的工资收入具有显著正向影响的假设。

鉴于劳动者在劳动力市场上的报酬不仅有工资收入，还涉及非货币福利。模型4、模型5分别表示工匠精神指数和工匠精神的5个维度对非货币福利的影响，可以看出结果仍然是显著的。工匠精神指数在10%的水平上对非货币福利有显著影响，与工资收入不同的是，责任担当、精益求精、别具匠心对非货币福利均有显著影响，其中最为显著的是责任担当维度，在5%的水平上显著。

值得一提的是，在工资收入的回归模型中，性别虚拟变量的估计系数约为0.09，且在5%的水平上显著，表明在其他变量不变的情况下，男性的小时工资收入比女性高9%，说明在技能型人才队伍中，工资收入存在一定程度的性别差异。

表4　工匠精神对技能型人才工资的影响

解释变量	模型1	模型2	模型3	模型4	模型5	模型6	模型7
责任担当			-0.0390		0.349**		-0.138
			(0.035)		(0.166)		(0.142)
笃定执着			0.0729**		-0.065		0.001
			(0.0285)		(0.127)		(0.115)
珍视声誉			-0.00589		-0.006		0.290**
			(0.0344)		(0.154)		(0.146)
精益求精			0.116***		-0.337*		0.028
			(0.0414)		(0.218)		(0.163)
别具匠心			-0.0255		0.273*		-0.188
			(0.0328)		(0.15)		(0.13)
工匠精神指数		0.117***		0.178*		0.148*	
		(0.0241)		(0.106)		(0.101)	
性别（男性）	0.076**	0.0881**	0.0836**	0.224	0.229	0.384***	0.371***
	(0.036)	(0.0354)	(0.0354)	(0.164)	(0.164)	(0.144)	(0.144)
年龄	0.002	0.00143	0.00108	0.005	0.007	0.043***	0.043***
	(0.003)	(0.00277)	(0.00286)	(0.018)	(0.018)	(0.010)	(0.011)
政治面貌（党员）	-0.123**	-0.130***	-0.130***	0.290	0.291	-0.073	-0.091
	(0.049)	(0.0486)	(0.0488)	(0.235)	(0.236)	(0.184)	(0.185)
受教育水平	0.158***	0.161***	0.159***	0.005	0.008	0.198***	0.199***
	(0.018)	(0.0180)	(0.0180)	(0.131)	(0.131)	(0.067)	(0.067)
健康状况	0.051**	0.0452**	0.0463**	0.039	0.027	0.035	0.021
	(0.02)	(0.0196)	(0.0197)	(0.096)	(0.096)	(0.076)	(0.075)
工作经验	0.042***	0.0402***	0.0433***	-0.0007	-0.005	0.150***	0.162
	(0.01)	(0.00996)	(0.0100)	(0.057)	(0.057)	(0.039)	(0.038)
工作经验的平方	-0.001***	-0.0011**	-0.00116***	-0.0002	0	-0.007***	-0.008***
	(0)	(0.000424)	(0.000428)	(0.003)	(0.003)	(0.002)	(0.002)
认知能力1	-0.01	-0.009	-0.01	-0.026	-0.023	-0.058**	-0.058**
	(0.007)	(0.007)	(0.007)	(0.035)	(0.035)	(0.028)	(0.029)
认知能力2	0.020	0.0187	0.02***	-0.028	-0.038	0.001	0.006
	(0.007)	(0.007)	(0.007)	(0.035)	(0.035)	(0.028)	(0.029)
外倾性	-0.017	-0.02	-0.0262*	0.111	0.134*	0.035	0.039
	(0.015)	(0.015)	(0.0151)	(0.071)	(0.073)	(0.059)	(0.06)
宜人性	0.003	-0.003	-0.0016	-0.045	-0.037	0.2*	0.191*
	(0.027)	(0.027)	(0.027)	(0.124)	(0.126)	(0.108)	(0.11)

续表

解释变量	模型1	模型2	模型3	模型4	模型5	模型6	模型7
尽责性	-0.014 (0.028)	0.024 (0.022)	-0.0221 (0.028)	0.041 (0.132)	0.011 (0.135)	-0.108 (0.111)	-0.123 (0.113)
神经质	0.034 (0.023)	0.024 (0.022)	0.023 (0.0224)	0.071 (0.108)	0.084 (0.11)	-0.048 (0.087)	0.045 (0.089)
开放性	0.039 (0.022)	0.026 (0.022)	0.0262 (0.022)	0.008 (0.105)	-0.004 (0.105)	-0.006 (0.085)	0.003 (0.085)
样本量	686	686	686	686	686	686	686
调整 R^2	0.2144	0.224	0.23	0.0722	0.0843	0.0429	0.15

注：表中的系数为回归系数，括号中为标准误；*、**、***分别表示在10%、5%、1%的水平上显著。

（二）工匠精神中珍视声誉显著促进技能型人才晋升

表4中模型6、模型7呈现了工匠精神对技能型人才工作晋升的影响，结果表明，工匠精神指数在10%的水平上对晋升有显著影响，即工匠精神越强的技能型人才在工作中更容易获得职务上的晋升，其中珍视声誉维度的影响最为显著（在5%的水平上显著）。值得注意的是，珍视声誉对技能型人才职务晋升有正向影响，而别具匠心是负向影响，即在工作中越看重工作质量、认为工作做不好会不光彩的劳动者，在工作中就越会花费更多时间提升工作质量，降低在工作中出错的概率，因此更容易获得晋升；而花费大量时间在工作创新和方法改进上，出错的概率就会越高，反而会影响其职务晋升。该结果验证了前文提出的工匠精神能够提高员工晋升概率的假设。

六　提升卓越工程师工匠精神的政策建议

本报告将卓越工程师工匠精神的内涵划分为内隐的价值层（别具匠心、责任担当）和外显的态度层（笃定执着、精益求精、珍视声誉）两个方面，它作为个体的一种非均衡能力，对技能型人才的劳动力市场表现有重要的影响，同时，在身份认同理论的视域下，大国工匠的烙印会给技能型人才的社会认同带来积极影响，这在一定程度上启示我们重视工匠精神的培育，从而提升技能型人才的就业质量，为提升培育质量提供了新方向。

（一）将工匠精神的培养融入人力资源开发体系

我国正处于经济转型和产业升级的关键时期，卓越工程师人才匮乏成为亟待解决的问题，社会高度呼吁工匠精神，厚植工匠文化，培养众多大国工匠。因此，促使工匠精神与人力资源管理体系相适应不失为一种好方法。逐步构建一套有工匠精神导向的人力资源管理体系，将工匠精神的培育渗透人力资源管理的各个环节。例如，在招聘环节尽可能地向求职者传递出组织看重个体创新、精益求精等工匠精神 5 个维度所涉及的"软实力"，吸引具备这方面能力的求职者；同时，在进行工作设计环节时，尽量避免碎片化，赋予员工更多工作自主权，将工作结果与个人声誉相联系；在员工开发环节，应设置成长导向明确的职业发展通道，引导员工制定明确的职业规划，可在组织内部实行技能与能力的逐级认证制度。

（二）完善现代学徒制，培养适应企业和市场需求的工匠

传统师徒制的优势在于切身性、实践性，弊端在于其经验性和封闭性。现代学徒制应当规避传统师徒制的弊端，建立与校政企标准化、精细化的合作，改变学校"重理论、轻实践"的取向，让大学生有更多机会接触创业、志愿服务和企业技术部门，从基层做起，接触就业岗位和专业对口单位，深入理解工作内容的同时加深对专业知识的理解和感悟，提前进行职业规划，并实行"双导师制"，即学生既有在学校的基础课老师，也有其联合办学的实习单位导师，推进创新创业教育机制的实施。

（三）发挥职业院校教育职能，多种渠道培育工匠精神

工匠精神是一种高技能人才实现自我价值的内在驱动力，它是构建高技能

人才队伍的精神基础。职业院校应该将工匠精神的培育作为培养高技能人才的首要目标。职业院校可以通过以下两种途径对学生进行工匠精神的培养：一是职业院校发挥其教育职能，开展各种形式的系列专题教育，例如，将精益求精、严谨踏实的工匠精神融入思政教育课程，同时积极举办大国工匠、优秀校友工匠等工匠榜样进校园的主题讲座，学生通过聆听工匠榜样的优秀事迹体会工匠精神，内化于心、外化于行，进而树立正确的职业价值观。二是在校园文化中引入工匠精神，营造一种"严谨踏实、精益求精、笃定执着"的校园氛围，提升职业院校校园文化的软实力，并将其转化为激励学生成长成才的无形动力，潜移默化地培育学生的工匠精神。

（四）关注培养对象的价值追求，激发高技能人才的内在兴趣

当前，不少职业院校过度关注学生硬技能的培养，而忽视了对学生软技能的培养，致使培养对象兴趣丧失，与高技能人才的培养目标渐行渐远。高职教育作为高技能人才的重要源泉，首先，应充分重视受教育者的内在价值追求，激发学生内心对技术、技能的兴趣，注重培养对象对教育教学课程的评价，提升学生的学习获得感和参与感。其次，职业院校应遵循学生的认知规律，树立可持续性的终身发展教育教学目标，促进学生持续学习、持续提升技能，促进高职教育的高质量发展。最后，教学课程考核重在过程而不是结果，关注培养对象在教育教学过程中，专业能力、技术能力以及社交能力是否得到提升，教学目标是否实现，从而使学生通过学习掌握技能。

参考文献

任社宣：《2021年第三季度部分城市公共就业服务机构市场供求状况分析》，《中国人力资源社会保障》2021年第12期。

刘娜、赵奭、刘智英：《中国高技能人才现状与供给预测分析》，《重庆高教研究》2021年第5期。

赵晨、付悦、高中华：《高质量发展背景下工匠精神的内涵、测量及培育路径研

究》,《中国软科学》2020 年第 7 期。

高中华:《工匠精神对员工主动性行为的影响机制研究》,《管理学报》2022 年第 6 期。

杨俊青、李欣悦、边洁:《企业工匠精神、知识共享对企业创新绩效的影响》,《经济问题》2021 年第 3 期。

李群等:《工匠精神与制造业经济增长的实证研究》,《统计与决策》2020 年第 22 期。

方阳春、陈超颖:《包容型人才开发模式对员工工匠精神的影响》,《科研管理》2018 第 3 期。

马永伟:《工匠精神与中国制造业高质量发展》,《东南学术》2019 年第 6 期。

胡彩霞、檀祝平:《高技能人才培养:政策导向、现实困境与教育调适》,《职教论坛》2022 年第 11 期。

王星:《精神气质与行为习惯:工匠精神研究的理论进路》,《学术研究》2021 年第 10 期。

朱永跃、马媛、欧阳晨慧:《工匠精神研究述评与展望》,《江苏大学学报》(社会科学版) 2019 年第 5 期。

F. Melosi, G. Campana, B. Cimatti, "Competences Mapping as a Tool to Increase Sustainability of Manufacturing Enterprises," *Procedia Manufacturing* 21 (2018).

区 域 篇
Regional Reports

B.11
北京"卡脖子"技术突破
与科技人才集聚分析[*]

北京"卡脖子"技术突破与科技人才集聚分析[*]

北京"卡脖子"技术突破与科技人才集聚分析[*]

徐 明　陈斯洁[**]

摘　要: 在当今世界百年未有之大变局加速演进的背景下,科技领域的竞争逐渐成为大国博弈的主战场。关键核心技术难以自主掌握,自主创新能力严重受制于人,"卡脖子"技术突破这一难题成为我国建设科技强国,跻身创新型国家前列必须直面的问题。北京作为全国科技创新中心,应在拥有丰富的科技和人才资源的基础上,有效集聚各领域的人才共同攻克"卡脖子"技术这一难题。当前,北京仍面临产业协同创新能力有待提升、基础研究投入力度有待加大、基础学科及跨学科人才培养水平有待提升、人才公共服务保障

---

[*] 本报告系北京市习近平新时代中国特色社会主义思想研究中心、北京市社会科学基金重大项目"统筹发展和安全研究"(21LLMLA009)的阶段性成果。

[**] 徐明,博士,中国社会科学院大学商学院教授、博士生导师,国家治理现代化与社会组织研究中心主任,主要研究方向为人力资源开发管理与人才发展、社会治理、公共安全与应急管理;陈斯洁,中国社会科学院大学人力资源管理专业博士研究生,主要研究方向为人力资源开发管理与人才发展。

水平有待提升等问题。未来，北京突破"卡脖子"技术应增强产业协同创新能力，加大基础研究投入，优化"卡脖子"技术领域学科布局，集成服务资源，优化人才发展生存环境。

关键词： "卡脖子"技术 高精尖产业 科技人才

一 北京"卡脖子"技术突破分析

（一）"卡脖子"技术的概念与特征

要攻克"卡脖子"技术难题，首先要明确"卡脖子"技术的概念与特征。第二次世界大战后，各国将战略重心由军事对抗转向发展关键技术，"国家关键技术"的概念就此诞生。[1] 1992 年，我国"国家关键技术选择"研究组将"国家关键技术"定义为"对振兴我国产业，提高产业的国际竞争力，促进经济持续增长，改善人民生活质量，保证国家强盛起决定性作用的技术"。[2] 2018 年美国对中国高科技领域实行全面制裁，中国政府为提升"国家关键技术"在全球范围内的竞争力和把控度，提出了"关键核心技术"的概念。[3] 掌握关键核心技术在确保产业链、供应链稳定安全中发挥着关键核心作用。我国产业链、供应链仍存在风险隐患，产业基础投入不够，产业链整体处于中低端。[4] 为进一步增强我国产业链、供应链的稳定性和产业综合竞争力，着力打造自主可控、安全可靠的产业链、供应链，一方面要锻造

---

[1] 徐霞、吴福象、王兵：《基于国际专利分类的关键核心技术识别研究》，《情报杂志》2022年第 10 期。

[2] 周永春、李思一：《国家关键技术选择——新一轮技术优势争夺战》，科学技术文献出版社，1995。

[3] 徐霞、吴福象、王兵：《基于国际专利分类的关键核心技术识别研究》，《情报杂志》2022年第 10 期。

[4] 《习近平经济思想学习纲要》，人民出版社、学习出版社，2022。

"杀手锏"技术，具备对外方人为断供的强有力反制和威慑能力；另一方面要补齐短板，实施关键核心技术攻关工程，尽快解决一批"卡脖子"问题。①

"卡脖子"技术由于在国家发展全局中的特殊地位和极端重要性，具有以下四个特征。一是战略性。"卡脖子"技术与国家重大发展战略息息相关，是决定国家科技发展和创新能力的关键所在，对于确保国家产业链、供应链安全稳定，保障国家经济安全具有重要作用。二是复杂性。"卡脖子"技术对基础研究要求较高，所需知识的复杂度远超其他一般技术，② 攻克难度大、攻克周期长。突破"卡脖子"技术，从没有完全掌握到完全掌握需要非常高的成本。三是稀缺性。"卡脖子"技术的难题之所以形成，可能就在于技术的稀缺性。"卡脖子"技术的复杂性决定了技术难以被模仿，一旦技术被外部人为封锁或垄断，就会在重要领域和关键节点受制于人，难以快速获得同类技术的替代和补充。四是高价值性。"卡脖子"技术由于具有稀缺性和复杂性，一旦成功突破将产生一系列的连锁反应，创造出一系列创新发展的新动能，带动相关产业的快速发展甚至推动产业升级跃迁至新的发展阶段和水平。

（二）北京"卡脖子"技术现状分析

1. 北京产业发展现状

《北京市国民经济和社会发展第十四个五年规划和二〇三五年远景目标纲要》中提出推动"十四五"时期经济社会发展的基本要求之一是更加突出创新发展，积极培育新产业、新业态、新模式、新需求，巩固高精尖经济结构，并强调要聚力提升原始创新能力，加速产出一批重大原创性成果，突破一批"卡脖子"关键核心技术，实施高精尖产业链技术短板攻关计划。③

---

① 《习近平经济思想学习纲要》，人民出版社、学习出版社，2022。
② 徐霞、吴福象、王兵：《基于国际专利分类的关键核心技术识别研究》，《情报杂志》2022年第10期。
③ 《北京市国民经济和社会发展第十四个五年规划和二〇三五年远景目标纲要》，国家发展和改革委员会网站，2022年12月7日，https：//www.ndrc.gov.cn/fggz/fzzlgh/dffzgh/202103/t20210331_1271321.html？code=&state=123。

根据北京市统计局发布的数据，2021年北京市内部产业结构持续优化，金融业实现增加值7603.7亿元，信息传输、软件和信息技术服务业实现增加值6535.3亿元，科学研究和技术服务业实现增加值3198.2亿元，合计占北京市地区生产总值的43.1%，① 占北京市第三产业增加值的比重达到52.7%，占比提高14.2个百分点。② 这从产业结构的层面为北京市构建高精尖产业新体系提供了保障。

2021年，北京市数字经济增加值从2016年的9674.7亿元增加到16251.9亿元，占全市地区生产总值的比重达40%以上，其中数字经济核心产业占全市地区生产总值的20%以上；战略性新兴产业增加值从2016年的5654.7亿元增加到9961.6亿元，占全市地区生产总值的24.74%；高新技术产业增加值从2016年的5888.8亿元增加到10866.9亿元，占全市地区生产总值的26.99%（见图1）。从增长速度来看，三类产业均总体保持增长趋势，这为构建高精尖产业新体系提供了基础和动力。同时，应注意到2018~2020年战略性新兴产业发展速度放缓，改变了战略性新兴产业和高新技术产业齐头并进的局面，虽然2021年战略性新兴产业发展速度有所提升，但其产业增加值仍与高新技术产业有一定差距。

在医药健康、新一代信息技术"双引擎"驱动下，2021年北京十大高精尖产业增加值占全市地区生产总值的比重达到30.1%，占比比2018年提高5.0个百分点。③ 这为北京市构建高精尖产业新体系、锻造"杀手锏"技术、攻克"卡脖子"技术提供了基础和支撑。从规模以上工业战略性新兴产业总产值来看，2021年规模以上工业战略性新兴产业总产值最高的产业

① 《增加值突破3万亿 服务业发展谱新篇——党的十八大以来北京经济社会发展成就系列报告之四》，北京市统计局网站，2022年12月7日，http://tjj.beijing.gov.cn/tjsj_31433/sjjd_31444/202209/t20220923_2822100.html。
② 《凝心聚力谋发展 砥砺奋进启新程——党的十八大以来北京经济社会发展成就系列报告之一》，北京市统计局网站，2022年12月8日，http://tjj.beijing.gov.cn/bwtt_31461/202209/t20220922_2820599.html。
③ 《凝心聚力谋发展 砥砺奋进启新程——党的十八大以来北京经济社会发展成就系列报告之一》，北京市统计局网站，2022年12月8日，http://tjj.beijing.gov.cn/bwtt_31461/202209/t20220922_2820599.html。

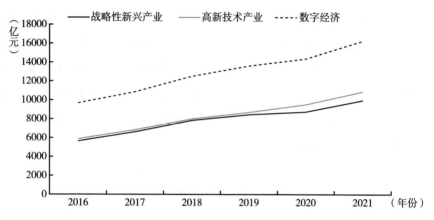

图1 2016~2021年北京数字经济、战略性新兴产业、高新技术产业增加值

资料来源：2017~2022年《北京统计年鉴》。

是生物产业，产值为4189亿元，与2020年相比增长了1.72倍，超过新一代信息技术产业，占战略性新兴产业总产值的42.05%；2021年规模以上工业新一代信息技术产业产值为3204.1亿元，同比增长36.61%，占战略性新兴产业总产值的32.16%（见图2）。除生物产业和新一代信息技术产业以外，2021年其余6个行业产值由高到低依次为高端装备制造业、新材料产业、节能环保产业、新能源产业、数字创意产业、新能源汽车产业，这6类产业的产值与生物产业、新一代信息技术产业相比仍有较大差距。

2. 北京"卡脖子"关键核心技术

《北京市"十四五"时期高精尖产业发展规划》中指出高精尖产业主要涉及先进制造业、软件和信息服务业、科技服务业，强调要打造面向未来的高精尖产业新体系，做大两个国际引领支柱产业，做强"北京智造"4个特色优势产业，做优"北京服务"4个创新链接产业，抢先布局一批未来前沿产业。[①] 其中，国际引领支柱产业包括新一代信息技术和医药健康，"北京智造"特色优势产业包括集成电路、智能网联汽车、智能制造与装备、绿色能

[①] 《北京市人民政府关于印发〈北京市"十四五"时期高精尖产业发展规划〉的通知》，《北京市人民政府公报》2021年第33期。

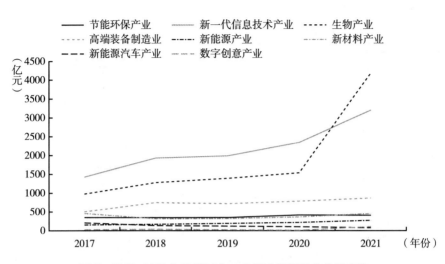

图2 2017~2021年规模以上工业战略性新兴产业总产值

资料来源：2018~2022年《北京统计年鉴》。

源与节能环保，"北京服务"创新链接产业包括区块链与先进计算、科技服务业、智慧城市、信息内容消费，未来前沿产业包括生物技术与生命科学、核酸与蛋白质检测和测序、碳减排与碳中和、前沿新材料、量子信息、光电子、新型存储器、脑科学与脑机接口等领域（见表1）。

表1 北京"卡脖子"关键核心技术

目标	领域	相关技术
国际引领支柱产业	新一代信息技术	人工智能
		先进通信网络
		超高清视频和新型显示
		产业互联网
		网络安全和信创
		北斗
		虚拟现实
	医药健康	创新药
		新器械
		新健康服务

续表

目标	领域	相关技术
"北京智造"特色优势产业	集成电路	集成电路创新平台
		集成电路设计
		集成电路制造
		集成电路装备
	智能网联汽车	智能网联汽车整车
		智能网联设施和关键部件
		智慧出行服务
	智能制造与装备	智能机器人与自动化成套装备
		智能专用设备
		智能制造系统解决方案
		智能终端
		航空航天
		轨道交通
	绿色能源与节能环保	氢能
		智能电网和先进储能
		绿色制造系统解决方案
		智慧化节能环保综合服务
"北京服务"创新链接产业	区块链与先进计算	先进计算系统
		区块链开源平台
		区块链应用
	科技服务业	研发设计、检验检测与工程技术服务
		创业孵化、技术转移与科技金融服务
		知识产权服务与科技咨询服务
		创业孵化、技术转移与科技金融服务
	智慧城市	底层通用技术
		城市感知体系建设
		城市数据融合服务
		城市运营开放平台
	信息内容消费	原创精品游戏与世界级电竞平台
		信息消费体验服务

续表

目标	领域	相关技术
未来前沿产业	生物技术与生命科学	生物大分子鉴定和序列读取技术
	核酸与蛋白质检测和测序	合成生物学和蛋白设计技术
		痕量检测、测序和组学技术
		基因编辑技术
	碳减排与碳中和	碳追踪
		碳捕捉
		先进能源技术
	前沿新材料	石墨烯等纳米材料
		生物医用材料
		3D 打印材料
		超导材料
		液态金属
		智能仿生材料
	量子信息	量子信息科学生态体系
		量子材料工艺
		核心器件和测控系统
		超导、拓扑和量子点量子计算机
		量子保密通信核心器件
	光电子	高数据容量光通信技术
		光传感、大功率激光器
		硅基光电子材料及器件
		大功率激光器国产化
	新型存储器	先进 DRAM(动态随机存取存储器)技术
		17nm/15nm DRAM 研发与量产
		突破 10nm DRAM 部分关键技术
	脑科学与脑机接口	认知科学、神经工程、生机交互、类脑智能理论与医学应用
		无创脑机接口方向创新成果转化应用

3. 北京科技研发基础

科技研发基础是在一定产业和行业内技术层面前期所做的工作和已经具备的条件,包括前期研发成果、人才团队、经费投入、硬件设施等内容,代

表某一地区或行业的技术资源禀赋与研发水平。

从研究与试验发展经费内部支出来看，2012～2021 年北京市研究与试验发展经费内部支出持续增长，特别是自 2018 年美国决定对中国高科技领域实行全面制裁后，北京市研究与试验发展经费内部支出快速增长，2018 年与 2019 年研究与试验发展经费内部支出以接近 20% 的增长率快速增长，增长率达到近 10 年最高值；2018 年与 2019 年研究与试验发展经费内部支出占地区生产总值的比例大幅增长（见图 3）。这表明北京市加大了对科技领域的研发投入力度，为关键核心技术突破，保证产业链、供应链安全稳定提供了基础保障。

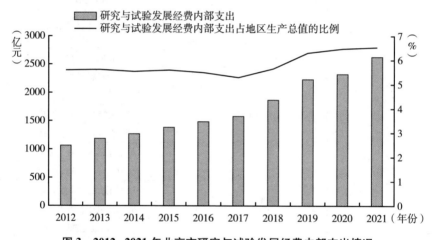

图 3　2012～2021 年北京市研究与试验发展经费内部支出情况

资料来源：2013～2022 年《北京统计年鉴》。

从不同执行部门的科技研发经费内部支出来看，企业和科研院所研发经费内部支出占比较大，2012～2021 年企业研发经费内部支出平均占比为39.40%，科研院所研发经费内部支出平均占比为46.98%；高等学校和事业单位研发经费内部支出占比较小，2012～2021 年高等学校研发经费内部支出平均占比为11.65%，事业单位研发经费内部支出平均占比为1.97%。相较于 2012 年，企业研发经费内部支出占比在 2021 年增加了 3.60 个百分点，事业单位研发经费内部支出占比增加了 0.51 个百分点，科研院所研发经费内部支出占比减少了 2.34 个百分点，高等学校研发经费内部支出占比减少了 1.76 个百分点（见图 4）。数据表明，各项鼓励创新的政策能进一步激发企业科技研发投入的积极性，企业的研发主体地位不断增强。

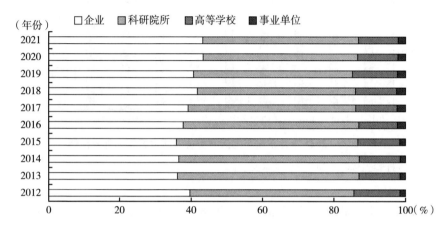

图 4 2012~2021 年北京市不同执行部门的科技研发经费内部支出情况

资料来源：2013~2022 年《北京统计年鉴》。

从不同活动类型的研发经费内部支出来看，试验发展研发经费内部支出占比最大，2012~2021 年试验发展研发经费内部支出平均占比为 62.60%；其次为应用研究，2012~2021 年应用研究研发经费内部支出平均占比为 23.24%；基础研究研发经费占比较小，2012~2021 年基础研究研发经费内部支出平均占比为 14.16%（见图 5）。从总量增长角度来看，相较于 2012 年，基础研究研发经费内部支出总量增长 2.36 倍，高于其他活动类型的研发经费内部支出总量增长率，表明政府持续加大对基础研究的投入力度。2020 年习近平总书记在中央财经委员会第七次会议上指出，"要优化基础研究布局，……把我国基础研究体系逐步壮大起来，努力多出'从 0 到 1'的原创性成果"，① 未来基础研究领域应实现持续增长。

从技术改造和技术获取情况来看，技术改造经费支出在 2014 年有较大

① 习近平：《国家中长期经济社会发展战略若干重大问题》，《求知》2020 年第 11 期。

图 5 2012~2021 年北京市不同活动类型的研发经费内部支出情况

资料来源：2013~2022 年《北京统计年鉴》。

幅度增长，此后呈现波动下降趋势，2018 年后持续下降，相较于 2012 年，2021 年技术改造经费支出下降了 37.29%；引进境外技术经费支出在 2016 年和 2021 年均有较大幅度下降，相较于 2012 年，2021 年引进境外技术经费支出下降了 37.5%；引进技术的消化吸收经费支出在 2018 年出现大幅下降，此后持续下降并保持在较低水平，相较于 2012 年，2021 年引进技术的消化吸收经费支出下降了 97.67%（见图 6）。由此可见，自 2018 年美国对中国高科技领域实行全面制裁后，我国引进境外技术经费支出、技术改造经费支出和引进技术的消化吸收经费支出均大幅减少，这意味着我国对外依赖度较高的高科技领域受到了垄断和制裁，以国外技术为借鉴进行技术吸收、技术改造的创新模式难以为继，必须加强我国关键核心技术自主研发能力。

从研究与试验发展人员情况来看，北京市研究与试验发展人员除 2017 年有所下降外，其余年份均呈增长态势，2018 年有较大幅度增长，相较于 2012 年，2021 年北京市研究与试验发展人员数量增长了 43.65%（见图 7）。从北京市不同活动类型的研究与试验发展人员情况来看，2012~2021 年，基础研究人员全时当量占比均值为 18.17%，应用研究人员全时当量占比均值为 26.25%，试验发展人员全时当量占比均值为 55.58%，基础研究人员

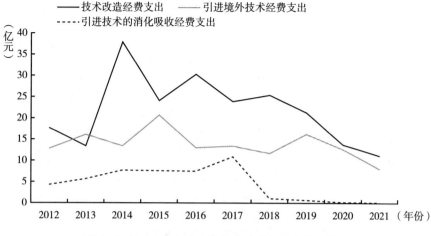

图6 2012~2021年北京市技术改造和技术获取情况

资料来源：2013~2022年《北京统计年鉴》。

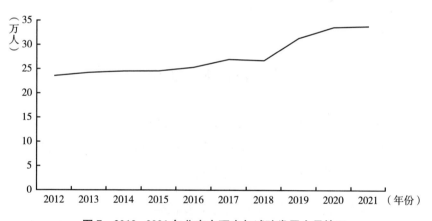

图7 2012~2021年北京市研究与试验发展人员情况

资料来源：2013~2022年《北京统计年鉴》。

占比较小。但从总量增长角度来看，相较于2012年，2021年基础研究人员全时当量增长了118.26%，应用研究人员全时当量增长了68.03%，试验发展人员全时当量增长了15.76%（见图8）。自党的十八大以来，习近平总书记多次强调基础研究的重要性，基础研究人员全时当量有较大幅度的增长，表明我国不断加大基础研究人员的投入。党的二十大报告指出，

要"加强基础研究，突出原创，鼓励自由探索"，[①] 未来应进一步提升基础研究人员数量及占比。

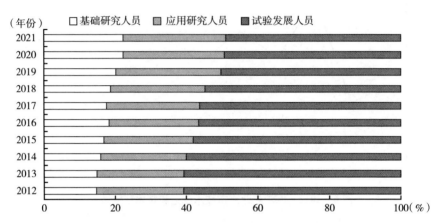

图8　2012~2021年北京市不同活动类型的研究与试验发展人员情况

资料来源：2013~2022年《北京统计年鉴》。

二　北京科技人才集聚现状

科技人才指在社会科学技术劳动中，以自己较强的创造力、科学的探索精神，为科学技术发展和人类进步做出较大贡献的人。本报告以科技人才集聚度为指标来分析北京市科技人才集聚现状。

（一）北京市科技人才集聚度的发展趋势

科技人才集聚度（T_j）采用区位熵测度，表示集聚程度和专业化水平的优势。[②]

---

① 习近平：《高举中国特色社会主义伟大旗帜　为全面建设社会主义现代化国家而团结奋斗——在中国共产党第二十次全国代表大会上的报告》，《人民日报》2022年10月26日，第1~5版。

② 赵青霞、夏传信、施建军：《科技人才集聚、产业集聚和区域创新能力——基于京津冀、长三角、珠三角地区的实证分析》，《科技管理研究》2019年第24期；张莉娜、倪志良：《科技人才集聚与区域创新效率——基于空间溢出与门槛效应的实证检验》，《软科学》2022年第9期。

$$T_j = \frac{N_t / E_t}{TN_t / TE_t} \tag{1}$$

其中，N_t 为第 t 年北京市研究与试验发展人员全时当量；E_t 为第 t 年北京市就业人数；TN_t 为第 t 年全国研究与试验发展人员全时当量；TE_t 为第 t 年全国就业人数。当 $T_j > 1$ 时，科技人才具有集聚优势和较强的人才优势；当 $T_j < 1$ 时，科技人才集聚处于劣势，竞争力较弱；当 $T_j = 1$ 时，科技人才集聚优势不明显。2002~2021 年北京市科技人才集聚度如图 9 所示。数据显示，2002~2021 年北京市科技人才集聚度均大于 1，具有集聚优势。但从增减变化的角度来看，北京市科技人才集聚度呈波动下降的趋势，与 2002 年相比，2021 年北京市科技人才集聚度下降了近 70%。科技人才集聚是一种复杂的社会现象，本报告通过建立多元线性回归模型探究北京市科技人才集聚度的影响因素。

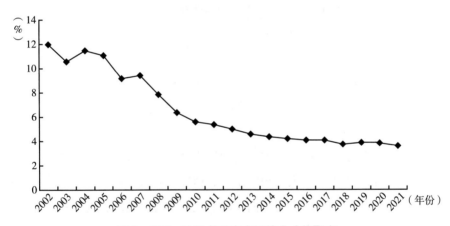

图 9 2002~2021 年北京市科技人才集聚度

资料来源：2003~2022 年《中国统计年鉴》、2003~2022 年《北京统计年鉴》。

（二）北京市科技人才集聚度影响因素分析

学者对科技人才集聚度的影响因素进行了研究。裴玲玲认为地区经济发展水平、地区工资水平、科技政策水平等是影响科技人才集聚的重要因素。[①] 霍丽

[①] 裴玲玲：《科技人才集聚与高技术产业发展的互动关系》，《科学学研究》2018 年第 5 期。

霞等人从经济发展水平、科技创新环境、文化教育环境和社会保障机制 4 个方面分析了人才集聚度的影响因素。[①] 郭鑫鑫等人从经济水平、产业结构、经济机会、生活成本、科技氛围、教育水平 6 个维度分析了人才集聚度的影响因素。[②] 结合裴玲玲、霍丽霞等人的研究,本报告选取经济发展水平、科技创新环境、文化教育环境和公共服务能力 4 个一级指标作为北京市科技人才集聚度的影响因素(见表 2)。

表 2　北京市科技人才集聚度的影响因素

一级指标	二级指标	变量定义	单位	代码
经济发展水平	地区生产总值	人均地区生产总值	元/人	X_1
	工资水平	地区法人单位从业人员平均工资	元	X_2
科技创新环境	政府重视程度	研发与试验经费投入强度	%	X_3
	科技创新水平	每万人申请专利拥有量	件	X_4
文化教育环境	在校大学生人数占当地人口比重	普通高等学校本科在校学生数占当地常住人口比重	%	X_5
	文化氛围	当地图书馆总流量人次	万人次	X_6
公共服务能力	城镇化水平	城镇人口占当地常住人口比重	%	X_7
	公共服务水平	公共服务从业人员占城镇人口比重	%	X_8

在经济发展水平方面,选取人均地区生产总值和地区法人单位从业人员平均工资两个二级指标。人均地区生产总值是反映地区经济发展水平、人民生活水平的重要指标,从宏观层面反映该地区的经济运行情况和社会生活情况。在劳动力市场,工资是劳动力资源的价格,工资水平能够反映科技人才的价格水平。[③]

在科技创新环境方面,选取研发与试验经费投入强度和每万人申请专利拥有量两个二级指标。研发与试验经费投入强度等于地区研发与试验经费投

[①] 霍丽霞、王阳、魏巍:《中国科技人才集聚研究》,《首都经济贸易大学学报》2019 年第 5 期。

[②] 郭鑫鑫、杨河清:《中国省际人才分布影响因素的实证研究》,《人口与经济》2018 年第 3 期。

[③] 纪建悦、朱彦滨:《基于面板数据的我国科技人才流动动因研究》,《人口与经济》2008 年第 5 期。

入总量与地区生产总值之比,该指标能够从比值角度反映我国科技创新投入水平。每万人申请专利拥有量等于该地区三类专利申请量与当地常住人口之比,该指标能反映地区的科技创新实力和创新氛围,同时能避免地区人口规模差异对样本数据分析的影响。[①]

在文化教育环境方面,选取普通高等学校本科在校学生数占当地常住人口比重和当地图书馆总流量人次两个二级指标。普通高等学校本科在校学生数占当地常住人口比重反映地区人才储备与供给能力,也间接反映地区高等院校、科研院所的数量、发展水平及对高校学生的吸引力。当地图书馆总流量人次反映该地区文化氛围,尊重学习、渴望学习的氛围会对科技创新氛围产生影响。

在公共服务能力方面,选取城镇人口占当地常住人口比重和公共服务从业人员占城镇人口比重两个二级指标。城镇人口占当地常住人口比重反映出该地区的城镇化发展进程和城镇化水平,城镇化水平的提升为第三产业发展和科技发展奠定了基础。公共服务工业人员占城镇人口比重反映出该地区从事公共管理、社会保障和社会组织方面工作的人员的服务水平,能够衡量该地区总体公共服务水平。

根据以上指标构建北京市科技人才集聚度影响因素的回归模型:

$$Y = \beta_0 + \beta_1 X_1 + \beta_2 X_2 + \beta_3 X_3 + \beta_4 X_4 + \beta_5 X_5 + \beta_6 X_6 + \beta_7 X_7 + \beta_8 X_8 + \mu \quad (2)$$

式中,Y 为北京市科技人才集聚度,β_i($i=0$,…,8)为待估回归系数,X_i($i=1$,…,8)为影响因素,μ 为残差变量。其中,X_1 为人均地区生产总值,X_2 为地区法人单位从业人员平均工资,X_3 为研发与试验经费投入强度,X_4 为每万人拥有专利申请数量,X_5 为普通高等学校本科在校学生数占当地人口比重,X_6 为当地图书馆总流量人次,X_7 为城镇人口占当地常住人口比重,X_8 为公共服务从业人员占城镇人口比重。回归系数 β_i 表示在其他解释变量保持不变的前提下,X_i 每增加一个单位,Y 的平均变化。通过比较回归系数

[①] 霍丽霞、王阳、魏巍:《中国科技人才集聚研究》,《首都经济贸易大学学报》2019 年第 5 期。

的绝对值，可以得出不同因素对北京市科技人才集聚度的影响程度，进而分析出北京市科技人才集聚度影响因素的相对重要性。

运用SPSS 26.0检验北京市科技人才集聚度影响因素多元线性回归模型的拟合优度，$R^2 = 0.987$，调整后的$R^2 = 0.976$（见表3），表明模型拟合效果较好。

表3　多元线性回归拟合优度检验结果

模型	R	R^2	调整后R^2	标准估算的错误
1	0.993	0.987	0.976	0.4396

运用SPSS 26.0进行方差分析，结果表明本报告选取的指标整体对北京市科技人才集聚度具有显著影响（见表4）。

表4　方差分析结果

	平方和	自由度	均方	F	显著性
回归	145.416	8	18.177	94.057	0.000
残差	1.933	10	0.193		
总计	147.349	18			

运用SPSS 26.0进行多元回归分析，结果表明研发与试验经费投入强度、普通高等学校本科在校学生数占当地常住人口比重、当地图书馆总流量人次、城镇人口占当地常住人口比重、公共服务从业人员占城镇人口比重5个二级指标对北京市科技人才集聚度具有显著影响（见表5）。

表5　北京市科技人才集聚影响因素多元回归系数

指标	Coef	标准误	t	P>|t|
人均地区生产总值	−0.0000188	7.68×10^{-6}	−2.45	0.092
地区法人单位从业人员平均工资	6.65×10^{-7}	7.93×10^{-6}	0.08	0.939
研发与试验经费投入强度	−0.2562918	0.0605565	−4.23	0.024

续表

指标	Coef	标准误	t	P>|t|
每万人申请专利拥有量	−0.0009122	0.0053276	0.17	0.875
普通高等学校本科在校学生数占当地常住人口比重	7.766077	0.7539781	10.31	0.002
当地图书馆总流量人次	−0.0007979	0.0000986	−8.09	0.004
城镇人口占当地常住人口比重	0.148267	0.0314163	4.72	0.018
公共服务从业人员占城镇人口比重	3.041167	4.710706	7.84	0.004

首先，文化教育环境对北京市科技人才集聚有重要影响。普通高等学校本科在校学生数占当地常住人口比重回归系数的绝对值为 7.766077，当地图书馆总流量人次回归系数的绝对值为 0.0007979，分别位居第一和第五。普通高等学校本科在校学生数占当地常住人口比重反映出该地区的科技人才培养与储备水平，也反映出该地区高等院校和科研院所的数量与发展水平，国家重点大学、国家重点科研基地既能为科技发展培养储备人才，也能为科技人才的集聚提供载体，载体的规模和水平会影响科技人才集聚的规模和水平，产生人才集聚效应。[①] 北京市拥有 120 余所高等院校和 170 余所科研院所，为吸引、培养人才提供了广阔的平台。

其次，科技创新环境对北京市科技人才集聚有关键影响。研发与试验经费投入强度回归系数的绝对值为 0.2562918，位居第三。研发与试验经费投入强度反映出国家政策对科技创新活动的重视程度和支持力度，为科技人才集聚提供物质保障、营造良好氛围，对科技人才集聚具有较大影响。北京市研发与试验经费投入强度逐年增加，政府对科技创新活动的重视程度和支持力度不断加大，对科技人才集聚效果具有积极影响。

最后，公共服务因素对北京市科技人才集聚有重要的保障作用。公共服务从业人员占城镇人口比重回归系数的绝对值为 3.041167，城镇人口

---

① 刘思峰、王锐兰：《科技人才集聚的机制、效应与对策》，《南京航空航天大学学报》（社会科学版）2008 年第 1 期。

占当地常住人口比重回归系数的绝对值为 0.148267，分别位居第二和第四。社会公共服务水平能够优化科技人才的生活环境，北京市提供了较为完善的区域交通网络、基础网络设施、营商环境等公共服务，①同时较高的城镇化水平能够为第三产业的发展创造条件，对科技人才集聚起到保障作用。

三 北京"卡脖子"技术突破与科技人才集聚面临的挑战

（一）产业协同创新能力有待提升

以创新驱动发展为导向，北京市为使"卡脖子"技术领域取得突破，布局了 10 个产业作为重点发展的高精尖产业，并结合区域资源禀赋进行规划部署。经过多年发展，北京市高精尖产业发展贡献率不断提升，科技创新水平不断提升，各产业的协同创新能力有待进一步提升。一方面，从科技研发到成果落地转化的创新闭环尚未完全打通，高精尖产业持续发展动能不足。另一方面，与新一代信息技术产业、节能环保产业相比，高端装备制造业、新材料产业、节能环保产业、新能源产业、数字创意产业、新能源汽车产业的倍增发展势能释放不够，产业规模仍有待扩大，产业链活力和韧性有待增强，科技创新产业集群有待培育。

（二）基础研究投入力度有待加大

为提升科技创新水平，突破"卡脖子"技术难题，北京市不断加大对科技领域的研发投入力度，研究与试验发展人员数量快速增长。但从基础研究、应用研究与试验发展活动的情况来看，一方面我国原创性、基础研究投入力度不够大，基础研究与应用研究的整体协同度不高。基础研究

---

① 李作学、张蒙：《什么样的宏观生态环境影响科技人才集聚——基于中国内地 31 个省份的模糊集定性比较分析》，《科技进步与对策》2022 年第 10 期。

经费占全国研究与试验发展经费比重虽稳步上升，但总体仍处于较低水平，不到美国等发达国家同指标比例的 1/3。[1]另一方面，基础研究人员在研究与试验发展人员中的占比仍然非常小，顶尖基础研究人才和团队匮乏，人才队伍规模与应用研究和试验发展人才队伍的规模相比仍有较大差距，导致从"0"到"1"的原创性研究成果较少，部分关键产业的技术对外依存度过高。

（三）基础学科及跨学科人才培养水平有待提升

科技创新正在进入大科学时代，科技发展呈现多源暴发、交汇叠加的"浪涌"现象，科技前沿领域加速突破，但北京市人才培养水平还难以满足"卡脖子"技术突破的需求。"卡脖子"问题没有得到妥善解决，直接原因在于缺乏能解决"卡脖子"问题的人。[2]一方面，基础学科人才培养水平有待提升。为实现突破"卡脖子"技术这一目标，基础学科人才的需求越来越大。北京市虽有较多的生源，但受到就业限制、专业考量、分数导向等多种因素影响，基础学科并未成为很多学生的第一选择，导致基础学科人才紧缺。另一方面，跨学科、交叉学科技术快速发展，突破"卡脖子"技术的高层次人才大多分布在交叉学科领域。北京市拥有 120 余所高等院校及 170 余所科研院所，为科研人才的培养和储备提供了广阔的平台。但目前学科专业设置仍无法完全满足"卡脖子"技术突破的实际需求，诸如集成电路、云计算、转化医学与精准医学等新兴学科领域以及交叉学科领域未设置专门学科进行人才培养。

（四）人才公共服务保障水平有待提升

《北京市"十四五"时期高精尖产业发展规划》为提升北京市高精尖产

---

① 胡丽娜：《中国 R&D 经费投入规模、结构与经费来源的国际比较研究》，《前沿》2019 年第 5 期。

② 王孜丹、孙粒、杜鹏：《学科布局的思路与出路—基于"卡脖子"问题的若干思考》，《科学与社会》2020 年第 4 期。

业的整体发展水平，集中各区力量形成"卡脖子"技术突破的协同合作之势，提出构建"一区两带多组团"的格局。新格局的建立需要匹配相应规模的人才队伍，但各区医疗保障、教育资源、文化设施等公共服务的不均衡发展将对科技人才集聚程度和优势形成制约。在医疗资源方面，北京市三甲医院主要集中于海淀、西城、东城三区，其他距离城中心较远的地区较难共享中心医院资源。[①] 在教育资源方面，北京市教育资源极其丰富，但也存在资源分配不均衡的问题。优质教育资源主要集中于东城、西城、海淀、朝阳四大中心城区，资源向外围城区扩散的同时逐渐减少。在文化设施方面，北京市文化设施总体空间分布极不平衡，形成中心城区向外围区域圈层式递减的趋势。公共服务保障水平的参差不齐将对"一区两带多组团"格局下科技人才的集聚形成掣肘。

四　北京破解"卡脖子"问题和促进科技人才集聚的政策建议

（一）增强产业协同创新能力

坚持推动"10+3"高精尖产业发展政策落地。一是推动高精尖产业创新链与产业链协同发展，进一步加强对新技术的消化吸收和改造转化能力，提升科技成果转化水平，实现产业链和创新链相互促进、相互拉动。二是依托不同区域的资源禀赋和产业优势，推动区域特色化、差异化、联动化，在推动"三城一区"科技创新主平台发展的基础上，加快构建"一区两带多组团"的格局，结合京津冀区域协同发展战略进行创新产业集群的发展与统筹。支持区位毗邻、资源互补的区开展产业协同试点示范，打造一批跨区的产业协同发展走廊。[②] 三是在推进"10+3"高精尖产业发展政策落地的同

---

① 张凌洁：《北京市建设宜居城市面临的问题和对策建议》，《北方经济》2021 年第 3 期。

② 《北京市人民政府关于印发〈北京市"十四五"时期高精尖产业发展规划〉的通知》，《北京市人民政府公报》2021 年第 33 期。

时，根据各区的产业布局精准聚才，以区域产业中面临的"卡脖子"技术清单列表为"牛鼻子"，精准集聚相关领域的人才，以高精尖产业的"卡脖子"技术突破需求为导向提升人才集聚程度，以人才集聚效应促进高精尖产业的高质量发展。

（二）加大基础研究投入

一是继续加大对基础研究的研发投入力度。进一步加大对基础研究研发经费的投入力度，集聚人才、资本、技术等科技创新要素，推动基础研究、应用研究与试验发展协同发展，完善基础研究人才双向流动机制，各方基础研究力量形成联合之势。二是进一步深化科技人才体制机制改革，向科技人才"松绑"赋能，激发科技人才的创新活力，大力弘扬科学家精神，培育尊重人才、宽容失败的创新文化，营造诚实守信的科研环境，打造能够心无旁骛、长期稳定深耕基础理论的顶尖人才队伍和基地。

（三）优化"卡脖子"技术领域学科布局

在科研范式变革的背景下，许多学科是通过研究一个个跨学科的集成问题而提炼出来的，是在解决具体问题中逐渐系统化、理论化的。因此，突破"卡脖子"技术，既要延续并进一步优化基础学科的布局，也要针对"卡脖子"技术突破需求优化跨学科布局。一方面，创新基础学科拔尖学生培养模式。高校以及教育主管部门需要明确基础学科人才培养的目标，避免仅局限于人才培养的就业导向和市场导向，应着眼于国家重大战略需求选拔一批坐得住"冷板凳"的拔尖创新型研究人才。另一方面，多学科交叉培育创新型人才，增强创新型人才解决前沿技术领域"卡脖子"问题的能力。以突破"卡脖子"技术为重要目标，加强交叉学科、跨学科、多学科布局，引导学生在融合创新中对标关键核心技术前沿。

（四）集成服务资源，优化人才发展生存环境

健全各类人才服务保障体系。一方面，增强公共服务的均衡性和可及

性。医疗资源方面，提高医护人员规模和质量，促进优质医疗资源扩容和区域城乡均衡布局；教育资源方面，加快实现义务教育区域均衡发展，持续推进义务教育均等化；文化设施方面，推进城乡公共文化服务体系一体化建设，持续推进公共文化服务均等化。要最大限度地为科技人才解决子女教育、医疗保健、社会保障、家属就业等难题。另一方面，运用数字技术、人工智能、物联网等技术建设资源统筹、数据共享、功能齐全的公共服务数字平台，实现部分公共服务资源跨时空流动，缓解公共服务资源禀赋的不均衡问题。

参考文献

《北京市人民政府关于印发〈北京市"十四五"时期高精尖产业发展规划〉的通知》，《北京市人民政府公报》2021年第33期。

徐明：《新时代人才强国战略的总体框架、时代内涵与实现路径》，《河海大学学报》（哲学社会科学版）2022年第6期。

陈劲、阳镇、朱子钦：《"十四五"时期"卡脖子"技术的破解：识别框架、战略转向与突破路径》，《改革》2020年第12期。

B.12
上海建设人才高地
与人才双循环体系分析

姚 凯*

摘 要： 当前，我国正构建以国内大循环为主体、国内国际双循环相互促进的新发展格局。人才作为重要的战略性资源和高质量发展的关键要素，应在双循环新发展格局中发挥引领作用。上海在新时代人才发展战略布局中发挥着关键作用，肩负着建设高水平人才高地的重任，具有参与国际人才竞争的坚实基础和竞争优势，但存在人才国际竞争力与全球主导城市仍存在差距、区域间人才协同发展水平有待提升、人才要素供给水平有待提升的问题。上海应通过强化"三位一体"的高水平人才生态基座、整合资源打造多链融合的内部发展生态体系、探索构建长三角人才要素大市场、探索成立上海国际人才集团和探索建设全球人才大数据中心等措施，进一步发挥世界级高水平人才高地的引领力和辐射力，促进人才要素在区域间、国际间的高质量集聚和高效流动，构建形成活跃畅通的人才内外双循环格局。

关键词： 人才高地 人才双循环体系 区域协同发展 国际人才竞争

2022年10月，中国共产党第二十次全国代表大会胜利召开，习近平总

---

* 姚凯，复旦大学管理学院教授、博士生导师，复旦大学全球科创人才发展研究中心主任，上海市人才理论研究基地首席专家，主要研究方向为人才资源开发与管理。

书记在题为《高举中国特色社会主义伟大旗帜　为全面建设社会主义现代化国家而团结奋斗》的主旨报告中，多次强调教育、科技、人才的发展意义，并对"实施科教兴国战略，强化现代化建设人才支撑"进行了专章阐述，习近平总书记特别提出人才是全面建设社会主义现代化国家的基础性、战略性支撑，强调了科技是第一生产力、人才是第一资源、创新是第一动力。① 中国共产党第二十次全国代表大会审议并一致通过第十九届中央委员会提出的《中国共产党章程（修正案）》，该修正案首次将人才作为第一资源写入党章，并突出了人才与创新对国民经济以及社会主义事业发展的关键意义。2021年9月，习近平总书记在中央人才工作会议上强调要深入实施新时代人才强国战略，提出加快建设世界重要人才中心和创新高地的战略任务，同时要求实行更加积极、更加开放、更加有效的人才引进政策，用好全球创新资源，精准引进急需紧缺人才，形成具有吸引力和国际竞争力的人才制度体系。②

当前，我国正在构建以国内大循环为主体、国内国际双循环相互促进的新发展格局，中国的发展需要世界人才的参与，中国的发展也能为世界人才提供机遇，人才作为重要的战略资源和高质量发展的关键要素，应在双循环新发展格局中发挥引领作用，构建形成活跃畅通的人才内外双循环格局。上海在新时代人才发展战略布局中发挥着"头雁"引领的关键作用，在加快建设世界重要人才中心和创新高地的战略进程中肩负着建设高水平人才高地的重任，也是我国参与国际人才竞争的关键阵地。作为我国参与国际人才竞争的主阵地，上海始终高度重视人才建设，积极发挥世界级高水平人才高地的引领力和辐射力，促进人才要素在区域间、国际间的高质量集聚和高效流动，强化高水平人才高地在人才要素的国际双循环中的全球配置功能。

---

① 《习近平强调，坚持科技是第一生产力人才是第一资源创新是第一动力》，中国政府网，2022年10月16日，https://www.gov.cn/xinwen/2022-10/16/content_5718815.htm。
② 《深入实施新时代人才强国战略 加快建设世界重要人才中心和创新高地》，中国人民政治协商会议全国委员会网站，2021年12月15日，http://www.cppcc.gov.cn/zxww/2021/12/15/ARTI1639556032721323.shtml。

一 上海建设高水平人才高地和人才 双循环体系的背景分析

从国际环境来看，当今世界正处于百年未有之大变局，全球科技创新进入空前密集活跃的时期，新一轮科技革命和产业变革正在重构全球创新版图、重塑全球经济结构，尤其是大数据、物联网、机器人、人工智能等新一代信息技术风起云涌，先进科技要素和高端人才资源加速向创新节点集聚，科技创新人才要素的国际流动出现新的变局。同时，叠加新冠疫情对全球供应链、价值链和人才链的冲击，国家保护主义和单边主义盛行，全球化发展面临更大的不稳定性与不确定性，尤其是中美贸易摩擦背后的"技术冷战"和高科技人才竞争，既加剧了高端人才的全球争夺态势，又带来了国际化的人才流动格局，给未来一段时间上海乃至国内的全球引才形势、人才国际化和更加开放的人才生态环境优化既带来了难得的窗口机遇期，也带来了严峻的挑战。

从国内环境来看，我国正处于"两个一百年"奋斗目标的历史交汇期，加快构建以国内大循环为主体、国内国际双循环相互促进的新发展格局，叠加全面对接长三角区域人才一体化进程，既要畅通国内人才循环，又要构建具有国际竞争力的人才制度，从依靠要素推动转向依靠人力资本和科技创新驱动，人才强国战略的实施将进入深度变化与变革交织阶段，人才创新的时代使命更加凸显，人才的稀缺性与重要性越来越成为区域发展的关键主题。习近平总书记在中央人才工作会议上强调，深入实施新时代人才强国战略，全方位培养、引进、用好人才，加快建设世界重要人才中心和创新高地[1]，这不仅为新时代人才强国战略锚定了新坐标、提出了新任务，也为上海建设高水平人才高地，在人才强国雁阵格局中发挥"头雁"作用提供了新方向、树立了新标杆、描绘了新愿景。未来五年，加快建设世界重要人才中心和创

---

[1] 《深入实施新时代人才强国战略　加快建设世界重要人才中心和创新高地》，中国人民政治协商会议全国委员会网站，2021 年 12 月 15 日，http：//www.cppcc.gov.cn/zxww/2021/12/15/ARTI1639556032721323.shtml。

新高地，将成为建设创新型国家和人才强国的重要抓手，也必将为国内人才发展提供强大牵引力和驱动力，进而对上海人才高质量发展提出新对标要求。

从区域环境来看，上海是我国科技创新能力、经济产业实力和城市综合实力最强的龙头城市之一，具有较高的起点、较强的人才资源优势。建设高水平人才高地，一方面是上海的重大使命，另一方面是推动上海发展的重大战略机遇，上海的人才发展并不是"单打独斗"，而是在人才强国雁阵格局中发挥"头雁"作用，在新时代人才强国、长江经济带建设、长三角区域一体化发展中发挥引领作用，带动区域人才整体高质量发展，成为区域参与人才要素双循环的重要引擎。上海在长三角区域一体化发展中作为"头雁"要率先推进改革创新、推动高质量发展，发挥龙头城市的策源作用，围绕产业基础高级化、产业链现代化，着力增强产业科技创新策源功能。助力区域产业智能化改造和数字化转型，深度增强上海大都市圈功能并与长三角区域其他城市实现高效对接。发挥双循环节点功能，着力提升全球优质资源配置和整合能力，对标国际一流标准，推动形成更大范围、更宽领域、更深层次的开放格局。这些都对人才资源作为第一资源的支撑力、人力资本作为第一资本的赋能力、人才发展生态作为城市核心竞争力的有机构成提出了新对标要求。

从城市环境来看，近年来，各地不断加码，引才政策层出不穷，城市之间掀起了一轮又一轮的"人才争夺战"，随着城市区域逐步进入高质量发展阶段，前期重叠竞争的"拼帽子、拼资金、拼政策"将逐渐转变为从制度创新优化、高能级平台搭建、人才生态优化等多维度进行提升。当前，上海正举全市之力加快推进高水平人才高地建设，努力打造我国建设世界重要人才中心和创新高地的重要战略支点。上海不仅树立了强烈的人才意识，而且积极开展人才发展体制机制综合改革试点工作，围绕人才全方位、全周期、全要素发展，不断完善在人才培养、选拔、使用、评价、吸引、激励、流动等方面的制度规范和政策保障体系，努力构建符合高水平人才高地建设要求的高层次人才生态体系，"近悦远来"的城市魅力将成为吸引全球人才的闪亮名片，形成引才、聚才的"强磁场"。

二 上海建设高水平人才高地和人才双循环体系的基础分析

（一）上海建设高水平人才高地的基础

1. 人才集聚基础

上海具有较强的人才集聚力，上海"十四五"规划明确提出全面确立人才引领发展的战略地位，扩大"海聚英才"品牌影响力，进一步实行更加开放、更加便利的人才引进政策，大规模集聚海内外人才，加快形成具有全球吸引力和国际竞争力的人才制度体系。近年来，得益于经济产业升级发展、人才政策迭代优化、落户政策有序放宽等因素，上海人才吸引力不断增强，2017～2021 年上海人才净流入占比分别为 1.2%、0.9%、0.5%、1.2%、2.1%。高层次人才不断集聚，2021 年，院士工作站有 62 个；在沪两院院士新增 7 人，总人数达 185 人；上海领军人才培养计划新入选 122 人，累计 1739 人；新设立上海科技青年 35 人引领计划；等等。高层次人才影响力不断扩大，2021 年度全球"高被引科学家"名单显示，上海有 106 人入选，同比增长 19.1%，占全国入选总人数的 10%，占全球入选总人数的 1.61%。

2. 经济产业基础

从经济产业基础来看，上海经济总量在全国名列首位，2021 年 GDP 达 43214 亿元，进入世界五强，2020 年上海 GDP 只排名世界第 8 位。2022 年凭借 1088 亿美元的增量，上海 GDP 连续超越伦敦、巴黎、芝加哥和休斯敦，排名世界第 4 位，跻身世界一线城市行列。上海是集金融、贸易、航运、科技、制造于一体的国际化都市，同时具有飞机产业、芯片制造产业、生物医药产业、新能源汽车产业等优势制造业，相较于其他城市，如日本东京和美国纽约都是其本国的科技和金融中心，但都缺少制造业，上海功能健全，发展韧性强劲。当前，上海大力发展创新型经济、服务型经济、总部型经济、开放型经济、流量型经济等"五型经济"，虽然受到疫情影响，但 2021

年上海经济超预期反弹,"五型经济"保持良好的增长势头,经济发展韧性进一步增强,强健的经济实力是吸引人才集聚、构筑优质人才生态的基础,为"五型经济"生态构建提供了支撑。另外,上海"3+6"产业体系重构升级既带来了产业发展新优势,也为高层次人才集聚带来了强有力的势能。

3. 教育发展基础

上海共有普通高等学校 64 所(其中本科高等学校 40 所),研究生培养机构 49 所。2021 年,上海研究生在校学生人数共计 19.1 万人,普通高等学校在校学生人数共计 54.87 万人。从毕业生人数来看,2021 年,上海研究生毕业学生人数共计 4.84 万人,普通高等学校毕业学生人数共计 13.57 万人。从高等教育规模来看,上海优势并不显著,但是教育水平以及高层次人才培养能力优势明显。从在校研究生人数来看,2021 年,研究生在校学生人数超过 10 万人的城市只有 7 个,上海排名全国第 2 位,仅次于北京,为高层次人才供给提供了强有力的条件。

4. 科技创新基础

随着上海建设具有全球影响力的科技创新中心进程的加速推进,上海科技创新实力不断增强,各类科技创新资源要素正在加速集聚,为科技创新人才发展营造了具有国际竞争力的优势环境。上海在全球范围的创新资源集聚力不断增强。长三角国家技术创新中心加快建设,G60 科创走廊汇聚高新技术企业 3.6 万余家,各类孵化器和众创空间 1300 余家。长三角区域科技资源共享服务平台集聚重大科技基础设施 23 个、国家级科研基地 315 个、科学仪器 4 万余台(套),共享率超 90%。上海高新技术企业从 2012 年的 4311 家增长到 2021 年的 2 万多家,集聚了 516 家外资研发中心,5 个国际科技组织在上海设立代表处。上海已逐渐成为国际科技合作的重要参与者和引领者,在全球创新发展格局中的地位进一步彰显。

5. 人口发展基础

从全球范围来看,上海具有显著的人口优势,根据联合国人类住区规划署(UN-Habitat)发布的报告,2022 年日本东京仍以 3743.52 万人的居民数量排名世界第 1 位,保持了其作为世界最大城市的地位;印度德里以

2939.91 万人，排名世界第 2 位；中国上海以 2631.71 万人，排名世界第 3
位。上海人口整体素质稳定提升，为人才供给和人才集聚创造了优势条件。
2021 年，上海每 10 万人中拥有高中文化程度的人数为全国最多，具有大学
文化程度的人数为 842.42 万人，每 10 万人中拥有大学文化程度的人数为
33872 人，15 岁及以上人口的平均受教育年限由 10.7 年升至 11.8 年。值得
注意的是，虽然上海少儿人口比重回升，但人口老龄化程度进一步加深，给
未来人才可持续发展带来了一定挑战。相较于第六次全国人口普查数据，第
七次全国人口普查数据中 15~59 岁常住人口占比较 2010 年下降 9.5 个百分
点；60 岁及以上人口占比较 2010 年提高 8.3 个百分点，其中，65 岁及以上
人口占比较 2010 年提高 6.2 个百分点。

6. 公共服务基础

上海具有较为完善的基本公共服务的体系框架和管理制度，基本公共服
务水平整体保持全国前列。根据中央党校（国家行政学院）电子政务研究中
心发布的《省级政府和重点城市一体化政务服务能力（政务服务"好差
评"）调查评估报告（2021）》，省级政府整体指数排名中，上海市得分
95.38 分，排名全国第一位。上海持续推进"一网通办"改革，累计实施了
357 项改革举措，全面超额完成目标任务，形成了一批可复制推广的经验和模
式。2021 年，实现"一网通办"从"可用"到"常用"的转变，根据部署进一
步深化改革举措、拓展服务范围，围绕个人事项和企业经营全周期服务，突出
场景应用，重点推进 12 个"高效办成一件事"，推出一批"快办""好办"服
务，围绕个人事项和企业经营全周期服务，拓展和优化公共服务、便民服务；
实现基本公共服务领域全覆盖，推出 10 项示范性公共服务场景应用。截至 2022
年年底，实现"一网通办"从"好用"到"爱用"的转变，形成协同高效的服
务运行体系，公共数据与社会数据融合。预计截至 2023 年年底，实现"一网通
办"从"爱用"到"常用"的转变，基本建成"一网通办"全方位服务体系。

随着长三角区域一体化发展不断推进，三省一市坚持"业务先行、数
据赋能、标准引领"，建立高效协同推进机制，加强顶层设计和制度创新，
越来越多的民生保障和企业服务事项不断实现跨省通办，促进了三省一市之

间的人才流动。长三角区域"一网通办"推出三年以来,同城化服务水平不断提升,让区域内的企业、群众享受到了越来越多的无障碍服务,享受到了城市公共服务。截至2022年8月,长三角区域已推出138项长三角跨省通办服务,累计全程网办办件超543.8万件,567个长三角区域"一网通办"线下窗口已服务逾19万次。

(二)上海在人才双循环体系中发挥要素配置功能的基础

1.全球人才创新链上的引领力

上海人才高地建设具有高起点、高水平的特点,高水平科学家的集聚奠定了上海在全球人才链和创新链中的引领力基础。根据世界知识产权组织(WIPO)发布的《2021年全球创新指数报告》,全球创新集群百强榜中上海排名第8位,比2017年的排名上升了11位;日本森纪念财团发布的《2021年全球城市实力指数报告》中上海排名第10位,相比2015年上升了7位;瑞士科尔尼咨询公司发布的《2021年全球城市指数报告》中上海排名第10位,相比2015年上升了11位。根据2022年8月发布的《2022"理想之城"全球高水平科学家分析报告》,2012~2021年,上海高水平科学家人数从2940人增加到11215人,增加了8275人,高水平科学家人数排名全球20座主要城市的第2位(前5位分别为北京、上海、纽约、伦敦、波士顿)。2021年度全球"高被引科学家"名单显示,上海有106人入选,同比增长19.1%,占全国入选总人数的10%,占全球入选总人数的1.61%。

2.人才要素国际循环中的影响力

上海作为世界级的中心城市,吸引了各地的科技、资本和人才,同时深度参与了全球各类要素的流动,具有主导和配置全球要素的实力。根据中国社会科学院(CASS)和联合国人类住区规划署合作研究的《全球城市竞争力报告2020—2021》,上海在全球城市综合经济竞争力排行榜中排名第12位,排名靠前的头部城市不仅是全球科技创新中心城市,也是全球综合中心城市、金融中心城市,特别是在综合考虑航空联系度、金融企业联系度、科技企业联系度和科研人员联系度的全球城市联系度指标中,上海排名全球第1

位，体现了全球中心城市的要素链接能力。同时全球人才正加速集聚上海，2021 年，上海已累计核发"外国人工作许可证"32 万余份，其中外国高端人才约 6 万份，持永久居留证的外籍人才人数约占全国的 1/3，累计核发"外国人工作许可证"数量约占全国的 1/4，连续 11 年入选"外籍人才眼中最具吸引力的中国城市"。

3. 人才要素区域协同的辐射力

随着长三角区域一体化发展国家战略的深入实施和加速推进，上海在长三角区域的辐射力和影响力不断增强，区域人才生态融合度和协同度不断提升，创新合力不断增强，科技部与三省一市共同设立了长三角科技创新共同体建设办公室，统筹实施《长三角科技创新共同体建设发展规划》；印发实施《长三角 G60 科创走廊推荐外籍高层次人才申请在华永久居留的认定管理办法（试行）》，实现九城市相关人才认定标准和统一流程，出台九城市互认互通人才 18 条政策；实施"长三角 G60 科创走廊百万科创人才引进工程"，建立全球引才顾问专家库、城市联盟人才培训资源库，共集聚国家级人才 1000 余人、院士专家工作站 547 个、博士后流动站 771 个。2021 年，上海获得国家科学技术进步奖的 27 个通用项目中，跨省合作单位的获奖项目有 25 个，其中苏浙皖等地合作机构参与获奖项目 13 个，占跨省合作项目数量的 52%。

三 上海建设高水平人才高地与人才双循环体系存在的问题

（一）人才国际竞争力与全球主导城市仍存在差距

从全球范围来看，上海城市人才竞争力相较于主导城市仍存在差距。根据 2021 年"全球人才竞争力指数（GTCI）"排行榜，上海排名第 77 位，排名前十的城市中，旧金山位于榜首，两个美国城市波士顿和西雅图也跻身前十，另外 7 个城市中有 6 个是欧洲城市（日内瓦、苏黎世、卢森堡、都柏林、伦敦和赫尔辛基），新加坡作为唯一的亚洲城市上榜前十。近年来，上

海连续放宽国际人才来沪限制，通过实施更加开放、更加便利的政策吸引外国人才，但是相较于美国等传统移民国家，上海海外引才政策力度有待加大。2021 年，上海市科学技术委员会及上海市外国专家局发布了《关于持续完善外国人来华工作许可"不见面"审批（4.0 版）大力吸引外国人才等有关事项的通知》，相较于美国移民局为吸纳资金、技术人才、顶尖人才而连续推出的"缩短案件审理积压、缩短审理周期"计划措施，将外国人在美国读书签证的 6 种身份的转换和外国人在美国工作签证中的 8 种身份的转换和延期停留都开通了加急申请，审理周期从数月缩短为 30 天等不断更新的措施，当前上海海外引才措施的更新频率较慢。另外，受疫情影响，上海人才外流面临一定压力，根据联合国移民署（IOM）发布的《2022 年世界移民报告》，美国仍是移民的主要目的国，从 1970 年开始，截至 2020 年，有 5100 万人移民，相较于第 2 位德国的将近 1600 万人具有明显优势；同时中国是排名第 4 位的移民输出国，移民输出量约为 1000 万人。根据美国国土安全部（DHS）发布的 2021 财年关于美国合法移民和身份调整的相关报告，2021 财年共有 738199 名申请人成功获得美国永久居民身份，墨西哥、印度、中国为美国移民的主要来源国，其中中国以 49657 人排名第 3 位，占移民总人数的 6.7%。

另外，当前上海海外引才政策企业作为用人主体的参与度和意向度并不高，例如，英国通过实施更具弹性和更加开放的移民政策让英国企业充分参与全球技术人才招募行动。英国政府还将推出一个名为 Scale-up Visa 的新签证，该签证允许正处于快速增长的公司更方便地从全球范围内招募高技术员工，且审批流程将比常规的 T2 工作签证更加简单快捷。值得注意的是，当前已有约 34000 家符合要求的 Scale-up 英国企业，这也意味着这些英国企业将通过更加开放的政策通道参与全球范围的抢人计划，同时对于留学英国的人才也有了更加广泛的选择性和更多留在英国的机会和渠道。

（二）区域间人才协同发展水平有待提升

当前老龄化问题日益突出，城市间人才竞争日益激烈，上海出台了

《关于本市"十四五"加快推进新城规划建设工作的实施意见》，明确了嘉定、青浦、松江、奉贤、南汇5个新城规划建设的阶段性目标和远景目标：2025年，5个新城常住人口总规模达到360万人左右，新城所在区GDP达1.1万亿元，新城基本形成独立的城市功能，初步具备综合性节点城市的地位；2035年，5个新城各集聚常住人口100万人左右，基本建设成为长三角区域具有辐射带动作用的综合性节点城市。当前青浦地区作为长三角一体化示范区两区一县之一，在一体化示范区内探索形成了一系列人才一体化政策制度，但这些政策制度在其他几个新城并未得到推广。从更大范围的长三角区域一体化发展来看，长三角区域人才一体化水平有待提升，人口、人才、资金、技术等要素的合理流动与优化配置还未形成，5个新城作为综合性节点城市的功能并未凸显，同时上海作为长三角区域人才发展"头雁"的带动和辐射力有待增强。

（三）人才要素供给水平有待提升

随着我国步入高质量发展阶段，传统制造业转型升级，新产业、新业态迅速发展，对人才的知识技能结构、素质水平的要求不断提高，产生了新的人才需求，但上海仍然面临人才供给缺口问题。以人工智能为例，2021年，上海人工智能产业规模达3057亿元并在相关领域集聚了一批创新企业，但与之相对的是巨大的人才缺口。根据《中国人工智能人才培养白皮书》，目前人工智能产业人才缺口高达500万人，并且人才短缺情况会长期存在。以浦东新区为例，"2022浦东新区重点产业人才紧缺指数"指出，浦东新区重点产业人才整体依然处于紧缺状态，其中，"智能造"产业由2021年的紧缺状态转为2022年的重度紧缺状态。

长期来看，上海还面临严峻的人口老龄化问题，相关研究显示，在北京、上海、广州、深圳四大城市中，上海不仅是"最老"的城市，而且"老得最快"。上海65岁及以上人口的占比是广州的2倍、深圳的5倍；在0~14岁的人口占总人口比例的省份对比中，上海是全国唯一这一比例低于10%的省级行政单位，仅为9.8%。这就要求上海充分发挥优势，加大创新

和教育生态投入力度，提高劳动资源的使用效率，保持高水平人才供给，为人口数量红利逐渐转变为人口质量红利奠定基础。

四　上海建设高水平人才高地的思路

要实现人才强国，就要努力构建良好的人才生态系统，让人才的生存、成长、成就形成一个良性的生态圈，让人才在生态圈中能够充分成长、释放活力，充分发挥上海作为世界科技创新中心和世界级高水平人才高地的优势，积极布局和外延人才生态圈和辐射范围，发挥中心城市作用，提升区域产才协同水平，在参与和畅通全球人才循环的过程中，畅通国内人才循环、凝聚区域人才能量，形成内在合力，提升人才国际竞争力。同时，通过外循环形成全球范围的吸引力和辐射力，在科技创新和产业变革中发挥世界性的引领作用，在全球人才治理中发挥重要作用。

（一）构建"三位一体"支撑体系，产才协同提升人才集聚力

习近平总书记强调："我们有大批科学家、院士，有世界级规模的科研人员和工程师队伍，要狠抓创新体系建设，进行优化组合，克服分散、低效、重复的弊端。"① 必须坚持科技是第一生产力、人才是第一资源、创新是第一动力，特别强调教育、科技、人才是全面建设社会主义现代化国家的基础性、战略性支撑。为解决当前产才融合度不高、人才供给需求不匹配、产业链与创新链衔接不顺导致的科技成果转化不足、创新链与资本链融合不足造成的金融力量偏弱等问题，应推进教育、科技和人才要素资源的统筹配置，充分发挥人才、企业、国家实验室、高校、中介机构等多元创新资源的作用，实现人才链、产业链、创新链、资本链的多链融合，以促进与创新活动相关的各行为主体之间形成要素新组合，提升人才效能，实现科教要素的

---

① 《（受权发布）习近平：在科学家座谈会上的讲话》，"鲁网"百家号，2020年9月11日，https：//baijiahao.baidu.com/s？id=1677550111072574675&wfr=spider&for=pc。

扩散。

一方面，优化人才集聚生态，增强国际人才吸引力。发挥上海作为高水平人才高地以及具有全球影响力的科技创新中心的作用，用好高水平大学、大科学设施、顶尖科学家论坛等高能级平台，增强人才集聚力，面向海外布局多元化柔性引才渠道，面向全球科技前沿、面向研发主战场吸引人才集聚，营造有利于创新的生态环境，推动和保障新型研发机构的培育、发展、聚集，促进新型研发机构发展优化"揭榜挂帅"机制。另一方面，优化人才培育生态，强化人才自主培养力。加强高校、科研院所人才培育，依托大科学装置、大型科研基础设施，未来科学城依托大企业研发中心，着眼于增强高校科研院所平台的原创能力和集聚效应，支持高校根据国家战略需要和市场发展需求，培养更多拔尖人才、高技能人才、各领域专业人才。推动产学研深度融合，加强校、企合作人才协同培养，注重优秀青年人才培育，搭建青年人才培育通道和国际青年人才培育通道，吸引全球青年人才。

（二）推进区域协同发展，增强区域产才高质量发展的引领力

在区域协同发展进程中，通过区域统一部署和规划引导教育、人才、科技等要素在区域内、区域间和城乡间流动，发挥头部城市的引领优势和辐射作用，鼓励区域间构建联系紧密、沟通高效、协调有力的人才合作机制，促进人才要素在区域间高效循环，推进区域整体人才链、创新链和产业链的深度融合。围绕全面推进乡村振兴，搭建和畅通人才要素和创新要素流动渠道，助力合适的人才要素资源下沉到更广泛的区域，缓解人才资源发展不平衡和不充分的问题。突破区域间的体制机制障碍，协同优化产业资源、教育资源和制度资源，通过产业链、创新链和人才链的深度融合与良性互动，破除一切影响人才合理布局与协调发展的制度藩篱，借鉴全球顶级城市经济圈的经验，提出以"以邻为友"取代"以邻为壑"的理念，在推进区域高质量一体化发展进程中，促进区域间创新要素资源高效流动和共享，推动人才要素在区域间实现更高质量的发展，以协同共生优势、产出效能优势和可续发展优势，提升区域的人才比较竞争优势。

构建长三角"大人才"生态系统，提升区域产才协同发展水平。上海具有突出的人才生态优势，随着长三角区域一体化发展的深入推进，区域间人才流动加快，这就要求上海与长三角以及更广泛的区域形成深度链接，通过打造城市间和地区间的"小生态"，构建整体协同高效的人力资本市场，协同提升整体的人才要素生产率，充分发挥上海的"头雁"引领作用。同时，发挥区域要素禀赋优势，形成内在合力，在区域一体化战略背景下，充分发挥"头雁"引领作用，发挥区域优势，推进区域间人才协同共治和差异化发展，整合区域内人才资源，共同完善人才跨区域评价、使用、鼓励、流动机制，以市场化的人才发展主体深入推进区域人才共同治理，以人才一体化赋能区域经济一体化，提升区域整体人才竞争力。

（三）构建要素双循环的人才生态系统，强化全球人才要素配置力

人才要素在空间上是相互关联的，激发人才创新活力的生态系统具有明显的空间和地理特征，因此，空间层结构包括了创新策源地、统一人才市场、地方政府协同合作等核心要件。上海作为世界级高水平人才高地和具有世界影响力的科技创新中心，应充分发挥其在双循环新发展格局中的重要节点作用，利用人才要素、创新要素、资本要素等的国际影响力和辐射力，在构建人才双循环体系的过程中，发挥上海五个中心优势，促进人才资源要素在更大范围内的畅通流动，促进国内和国际人才市场的衔接与融合，为人才要素国内国际双循环的形成奠定基础，通过设立境外研发中心、研究机构，以柔性引才等多种方式吸引国际人才，畅通人才在国际间的流动渠道，以人才的国际循环带动更加广泛的资源要素国际交流。

构建人才要素流通网络，畅通国际人才集聚和流动渠道，受逆全球化影响，国际人才流动受限，特别是美国的"小院高墙"策略直接限制了高端人才的国际间流动，亟须通过高水平人才生态国际化集聚全球要素资源，构建发达的人才要素流通网络，畅通国际人才流动渠道。在全球创新链和人才链中发挥五个中心的作用，强化全球人才要素配置力。当前，上海国际经济、金融、贸易、航运中心基本建成，国际科技创新中心框架基本形成，有

条件在国际人才生态中发挥五个中心的作用，通过资本、科技和人才要素的国际配置，发挥国际人才双循环的战略节点作用。

五 上海建设人才高地与人才双循环体系的对策建议

（一）强化"三位一体"的高水平人才生态基座

教育、科技、人才三者共同组成全面建设社会主义现代化国家的基础性、战略性支撑，也是稳固高水平人才生态的三个重要基石。首先，发挥上海高校、科研院所密集的优势，提升高层次创新型科技人才的自主培养能力，积极探索和建立"3+6"新型产业体系复合型人才培养机制、本科生科技创新素质培养机制，拓宽科技人才的选拔和培养路径，加强复合型专业学科的建设，积极探索打破学科壁垒，培育新兴交叉学科专业，深化产学研融合，强化学科对产业需求的满足能力，同时围绕产业需求、结合专业背景，组织新兴产业科研能力提升活动、职业技能培训活动、实训活动等，加强复合型人才培养以适应和满足未来经济产业转型的岗位需求。其次，以大科学装置为中心构建高水平科技创新人才基地，链接重点产业集群，形成"科创基地+产业集群"的高水平产学研共同体，搭建公共科研和教育平台，集聚和培养一批科学家、技术工程师、博士研究生以及其他科研人员。最后，进一步加强有关人才培养、选拔、使用、评价、吸引、激励、流动的制度规范和政策保障体系建设，优化人才"软环境"，简化科研项目的管理过程，改革科技创新人才和科研成果评价机制，围绕人才"成长全周期"建立长期的科研项目支持和保障体系，围绕科技创新人才在子女教育、落户、医疗、住房等方面的需求，提升人才服务水平，推动服务高效化、标准化和规范化。

（二）整合资源打造多链融合的内部发展生态体系

围绕"3+6"新型产业体系，建立推进人才链、产业链、创新链、资本链深度

融合的平台体系，实现人才生态中多种主体间的知识流、技术流、信息流、物质流等的高效流动，促进要素的集聚与融合，激发人才创新活力，推动产业升级发展。

平台建设方面，在以国家实验室和光子大科学设施集群、上海同步辐射光源、国家蛋白质科学研究（上海）设施、上海超强超短激光实验装置等大科学设施为中心的科技创新集群的基础上，积极推动搭建科技成果扩散、对接、转换等促进基础研究发现转向市场商业化的平台和渠道，联合集结各类科研优势组织共同搭建协同研发平台、T2M 科技成果转化平台、科技融资平台等，打通教育、科研、人才和市场主体之间的通道，通过市场化项目将科研和人才培养项目与市场、投融资、生产管理团队对接，制定完善科学合理的成果转化标准、流程和操作指南。

人才引育方面，以强链、补链、延链为导向，优化人才结构，强化多领域人才引进。在引进基础研究、产业技术人才的同时，同等重视资本投资、知识产权管理、人力资源管理、园区运营等各类专业人才引育。对不同类型的人才采取针对性引进、补助措施，不断优化人才队伍结构，促进产业链全方位发展，同时鼓励和引导财政资金、银行理财基金、社保资金、国有企业、科研机构、民营中小企业和其他多种社会资源参与科技创新人才培育。

（三）探索构建长三角人才要素大市场

以重点产业高端人才为试点，在长三角区域人才市场内建立统一的人才要素市场规则制度，在人才评价、使用、流动、奖励等方面形成统一的基础规则，在制度、管理、服务、信息等方面形成统一标准，打破制约要素高效流动的制度障碍，提高产才要素生产率。将长三角一体化示范区形成的一系列人才互评互认机制推广到更广泛的区域，以点带面形成全国范围的示范和模板，针对长三角区域具有领先优势的行业领域或社会通用性强、影响面广的专业技术职务系列，研究制定统一的职称评价标准，构建科学化、系统化和市场化的人才评价体系，引入企业薪酬、风投注资、运营绩效、知名榜单、专家举荐等市场化评价要素权重，同时主动接轨国际人才评价标准，在人才评价、激励、使用等方面与国际对接。

贯彻落实习近平总书记关于深化东西部协作和定点帮扶工作的重要指示精神，在沪滇协作等重点项目中，围绕全面推进乡村振兴、共同富裕，搭建和畅通人才要素和创新要素流动渠道，结合西部地区产业特色，为人才搭建富有潜力的事业发展平台，鼓励和支持适合的人才要素资源下沉到更广泛的区域，探索鼓励人才合理流动和柔性流动，畅通长三角区域和西部地区等的人才要素流动渠道，缓解人才资源发展不平衡和不充分的问题。另外，充分发挥长三角区域先进的人才、科研、资本等要素优势，探索搭建"沪滇人才交流平台"等推进人才要素资源在区域间自由流动和交互，通过人才要素的自由流动，赋能更加广泛区域的发展。

（四）探索成立上海国际人才集团

随着人才生态中产业布局、经济组织、交通设施、研发平台、大科学装置等实体逐渐形成，需要有实质的市场主体在人才循环中发挥作用。建议成立上海国际人才集团，一方面，通过以经济一体化的形式推动区域内产业、教育、研发、金融、人才等要素资源更深层次的协同发展，通过成立"长三角人才发展基金"，通过市场化主体对接人才政策、人才服务、用人主体，精准匹配产业需求，以市场化的手段助推区域人才要素的高质量集聚。另一方面，上海国际人才集团也可以成为在国际人才市场中发挥五个中心优势的重要窗口，在建立海外引才驿站的基础上，通过发挥资本优势和对外开放优势，促进对人才、科技创新要素的海外投资，提升全球创新网络参与度。借助世界科学家论坛等平台资源，面向国际搭建上海人才招聘及服务平台，美国、欧洲、日本等全球最具创新力的国家和地区都拥有如 Linkedin、Science Careers 等具有代表性的人才招聘及服务平台，在吸引人才的同时能够掌握科技创新人才的主要成果、成长途径、科研兴趣、合作伙伴等数据信息，为全球人才创造突破时间空间限制的事业发展平台，全方位掌握国际科技人才网络。

（五）探索建设全球人才大数据中心

随着数字时代的发展以及外部引才环境的不确定性增强，人才治理智能化尤为重要，人才大数据也成为掌握全球人才网络和参与全球人才配置的重要战略资源。例如，日本科学技术振兴机构（JST），负责收集来自日本及全球的科学技术文献数据，建立了"研究成果应用综合数据库""研究人才数据库""产学合作数据库"等数据库，并免费向大学、科研机构、企业等提供技术转让、官产学合作等信息服务。建议上海借鉴日本经验，建设全球人才大数据中心，同时打造国际化、信息化的科技服务平台，在捕捉世界科技信息和人才信息的同时，分类建设动态人才数据库，结合长三角区域产业发展需求制定科学的人才需求、管理、评价等相关的算法和模式，提供精准的人才引进、管理服务，借助信息化和数据化手段为企业提供人才匹配、创业支持、研发支持、成果转化、政策服务、决策咨询等全方位服务。

参考文献

姚凯：《以战略思维构筑全球科研创新高地》，《国家电网》2021年第9期。

蓝志勇：《论人才强国战略中的人才生态环境建设》，《行政管理改革》，2022年第7期。

习近平：《在科学家座谈会上的讲话》，人民出版社，2020。

姚凯：《以区域合理布局和协调发展　着力打造人才竞争优势》，《中国人才》2022年第12期。

陈丽君、李言、傅衍：《激发人才创新活力的生态系统研究》，《治理研究》2022年第4期。

B.13
粤港澳大湾区人才高地协同要素与机制创新分析

陈小平　杨丹妮　谭诗平*

摘　要： 本报告从协同发展的角度出发，对粤港澳大湾区人才工作的现状与成效进行了总结，对粤港澳大湾区内各城市在人才引进、培养、流动、服务和市场化评价等方面的协同机制下人才高地建设出现的问题进行了具体分析，针对性地提出了建设粤港澳大湾区人才高地的思路和策略。同时，从机制创新的角度出发，探讨了粤港澳大湾区在建设人才高地方面的机制创新和改革。本报告认为在建设粤港澳大湾区人才高地方面，需要加强协同发展和机制创新，打破行政壁垒，共同推进粤港澳大湾区内的人才培养和引进工作，为粤港澳大湾区的经济发展和创新提供强有力的人才支持。

关键词： 粤港澳大湾区　人才高地　协同要素　机制创新

2021年9月，习近平总书记在中央人才工作会议上指出要加快建设世界重要人才中心和创新高地，需要进行战略布局，可以在北京、上海、粤港澳大湾区建设高水平人才高地。2022年10月，习近平总书记在中国共产党第二十次全国代表大会上强调，要深入实施人才强国战略，坚持尊重劳动、

---

* 陈小平，广东财经大学粤港澳大湾区人才评价与开发研究院副院长，人力资源学院人才开发与管理系主任，教授，主要研究方向为人才学、人力资源管理、劳动经济学、公共管理；杨丹妮，广东财经大学人力资源学院应用心理学专业学生；谭诗平，广东财经大学人力资源学院人力资源管理专业学生。

尊重知识、尊重人才、尊重创造，完善人才战略布局，加快建设世界重要人才中心和创新高地，着力形成人才国际竞争的比较优势，把各方面优秀人才集聚到党和人民的事业中来。广东省委、省政府从全局角度贯彻落实习近平总书记提出的粤港澳大湾区建设高水平人才高地战略，强调要以在粤港澳大湾区建设高水平人才高地为牵引，扭住"五大工程"精准发力，奋力开创新时代人才强省建设新局面。通过近年的实践，粤港澳大湾区在人才高地要素协同和机制创新等方面取得了良好成效，但也存在一些局限，未来还需继续创新发展，进一步推进粤港澳大湾区高水平人才高地建设。

一 现状与成效

（一）粤港澳大湾区总体发展稳中向好

2023 年 1 月 12 日，在广东省第十四届人民代表大会第一次会议上发表的政府工作报告指出，5 年来广东省坚决落实重大国家战略，抢抓机遇推进"双区"和横琴、前海、南沙三大平台建设，改革开放迸发强劲活力。《粤港澳大湾区发展规划纲要》自 2019 年实施以来，已取得显著成效。横琴粤澳深度合作区、前海深港现代服务业合作区以及广州南沙等区域的深度合作和高速发展为粤港澳大湾区的蓬勃发展贡献了巨大力量。

《粤港澳大湾区发展规划纲要》贯彻落实效果凸显。自 2019 年颁布该纲要以来，粤港澳大湾区建设在不断打破旧有体制机制限制、不断建立新的"湾区链"的过程中稳步推进。为方便人员、资金、货物、信息等要素的区域流动，粤港澳三地协同合作，在体制机制上进行了一系列的改革创新，并取得了显著的成效。

横琴粤澳深度合作区建设成效显著。在粤澳共商共建共管共享的新体制下，一系列开放力度大、惠及范围广的政策给粤港澳大湾区企业和人才的发展带来了新机遇，合作区正在大力推进基础设施"硬联通"、促进体制机制"软对接"。据统计，自合作区成立后，澳门元素明显增多：合作区澳企澳资显著增长，新注册澳资企业 705 户；澳门居民数量大幅增长，较上年同期增长了 11.2%；享受医疗服务的澳门居民明显增多，横琴医院为澳门居民提供了超过 8000 人次的医疗服务；澳门学生的数量较上年同期增长了 66%。

前海深港现代服务业合作区建设全面系统。2022 年，前海实施了一系列重大项目，加快推进基础设施"硬联通"，目前前海已形成内联外畅、四通八达的格局。前海推出的"惠港九件实事"，涵盖住房、创业、服务、就业、平台、科技创新、金融、落户、民生等领域，为港人港企在前海发展提供了全面支持。据统计，前海就业港澳青年人数同比增长 206%，前海在 2022 年 1～11 月实际使用港资 49.07 亿美元，港资企业数量同比增长 137.4%，港人归属感、港企获得感、港机构参与感进一步加强。

《广州南沙深化面向世界的粤港澳全面合作总体方案》正在稳步推进。广州南沙人才引领发展战略地位日益凸显，依托建设全国人才管理改革试验区、粤港澳人才合作示范区和国际化人才特区，优化政策机制、加快建设人才平台、强化人才服务保障，为各类高层次人才在南沙就业、创业、安居提供全链条、全方位的一站式专业服务，推动人才工作不断取得新突破。

（二）粤港澳大湾区人才工作不断取得新突破

1. 粤港澳大湾区人才吸引力逐年增强

猎聘大数据研究院发布的《2022 年粤港澳大湾区人才发展报告》显示（见图 1），粤港澳大湾区在 2020～2022 年的人才增长量持续增加，从 2020 年的 14.03% 增加到 2022 年的 19.98%，说明粤港澳大湾区的人才吸引力逐年提升，预计 2023 年再创新高。

2. 粤港澳大湾区人才素质日益提升

2022 年粤港澳大湾区人才学历分布中（见图 2），本科学历人才占比达 60.07%、大专及大专以下学历人才占比达 23.00%、硕博士人才占比仅为 16.94%，均低于京津冀、长三角两大城市群。但随着粤港澳大湾区产业发展，企业招聘对人才学历的要求不断提高，对本科及本科以上人才学历的要求逐年增加，而对大专及大专以下人才学历的要求逐年降低（见图 3）。从上述数据可以看出，粤港澳大湾区高质量发展将推进人才素质日益提升。

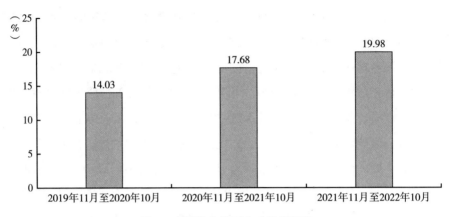

图 1　粤港澳大湾区人才增长情况

资料来源：猎聘大数据研究院。

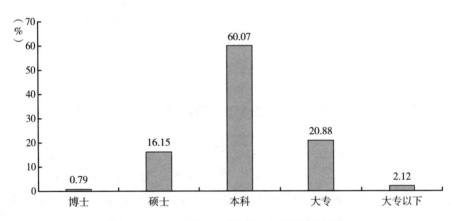

图 2　2022 年粤港澳大湾区人才学历分布情况

资料来源：猎聘大数据研究院。

3. 粤港澳大湾区城市群人才流动性强

从 2022 年粤港澳大湾区各城市跨地区人才流入来源、流出去向 TOP4 的数据来看，广深之间流动最频繁，深圳在广州流入来源和流出去向中都排名第一位，广州同理且占比均接近 20%。广深人才流动以粤港澳大湾区内为主，如佛山、珠海、东莞等优质核心城市；其次是上海、北京等一线城市，反映出广深对其他城市的人才有较强的吸引力，人才吸纳能力也较强（见图 4）。佛山与广

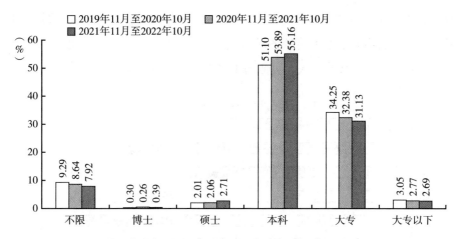

图3 粤港澳大湾区企业新发职位人才学历要求情况

资料来源：猎聘大数据研究院。

州、深圳与东莞人才流动最频繁，广州在佛山流入来源和流出去向中排名第1位，深圳在东莞流入来源和流出去向中排名第1位，且佛山、东莞对中山、珠海、惠州等周边城市的人才吸纳能力较强，北上广深等一线城市人才流失较为严重，说明需要重点关注人才保留问题。惠州、珠海人才流入来源和流出去向城市较为相似，其中惠州与深圳流动最为频繁；珠海人才主要与广深人才互流，流入

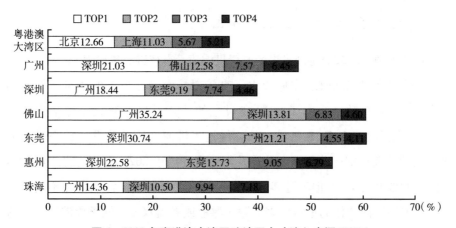

图4 2022年粤港澳大湾区跨地区人才流入来源TOP4

资料来源：猎聘大数据研究院。

珠海的人才主要来源于广州，流出的人才主要去往深圳（见图5）。根据以上数据，可以看出粤港澳大湾区各城市人才主要在湾区内流动，说明人才流动与区位特点相关性较强，人才更倾向于选择在邻近城市就业。

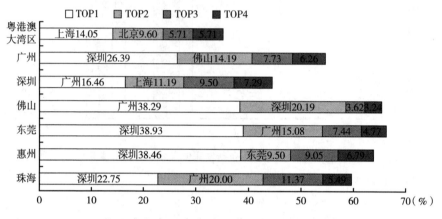

图5　2022年粤港澳大湾区跨地区人才流出去向TOP4

资料来源：猎聘大数据研究院。

二　存在的问题

（一）人才工作部门协同仍需磨合

1.粤港澳三地政府协同推进的专责机构建设有待进一步加强

尽管粤港澳三地政府先后成立了直接对接大湾区事务的领导机构，例如，澳门特别行政区政府于2018年设立的"建设粤港澳大湾区工作委员会"、广东省政府于2019年成立的"推进粤港澳大湾区建设领导小组办公室"以及香港特别行政区政府政治及内地事务局于2020年成立的"粤港澳大湾区发展办公室"，但粤港澳三地专责小组之间的横向协调存在不足。目前，粤港澳三地合作的重点更多局限于粤港或粤澳双方，缺乏粤港澳三方的协调与合作。此外，以纵向协调为主的人才发展体制无法满足当前的发展需求，需要进一步加强协调。

2. 粤港澳大湾区人才协同的法律法规体系存在较大差异

在"一国两制"基本国策实施的背景下，粤港澳三地行政结构、政策管理制度、法律制度等均存在差异，且分属于不同的关税区域。粤港澳大湾区内部发展差距较大，需要增强协同性和包容性。目前，一些地区和领域仍存在同质化竞争和资源错配现象。粤港澳三地人才协同发展行动方案的出台尚需积极推进，顶层设计亟须完善。

3. 粤港澳大湾区人才协同管理方式有待完善

区域内人才流动性强，人才管理的任务繁重，但是对应的机构人员数量配置和职能设置不够合理，人才工作有效衔接不够，导致协同管理的效率不高。粤港澳三地在人才引进、培养、管理等方面也存在差异，需要建立更加协同的机制，避免人才流失和重复建设。此外，粤港澳大湾区人才协同管理机制还需要加强信息共享、标准统一、协作评估等方面的建设，以推进跨地区人才协同管理方式的完善。

（二）人才引进交流畅通度有待提高

1. 粤港澳大湾区人才引进协同信息交流平台有待完善

粤港澳大湾区内部人才引进供求信息交流不够畅通，导致企业等招人单位发布招聘公告宣传范围不广，使粤港澳三地中有就业需求的人才难以接触到跨区域的合适岗位。例如，广东人才网中的引智公共服务平台——岗位需求板块信息更新不够及时，收效甚微，目前运行已陷入停滞状态；广东人才网发布的是广东上万家企事业单位的招聘信息，目前缺乏香港和澳门地区的招聘信息和针对港澳人才开展的专场招聘会等活动。

2. 粤港澳三地人才引进"竞争"局面使人才引进政策实行效果未能最大化

广东人才引进政策一般以市级为单位进行发布施行，如广州的"羊城人才计划""红棉计划"，深圳的"鹏城英才计划""鹏城孔雀计划"，珠海的"珠海英才计划"，中山的"中山英才计划"，东莞的"高层次人才特殊支持计划""蓝火计划"，惠州的"人才双十行动"、香港和澳门地区的"科技人才入境计划"，等等。然而广深人才引进政策吸引力要远强于其他

人才蓝皮书

城市，珠三角九市之间形成了不平等的竞争局面。与此同时，香港和澳门地区为吸纳与留住人才，相继更新已出台的人才引进政策，如 2021 年 11 月，澳门特别行政区政府颁布《人才引进制度》以吸引不同层次的人才；香港特别行政区政府在 2022 年 10 月新出台的《施政报告》中对"优才入境计划"进行了优化，指出要降低人才准入门槛和提高人才福利待遇。广东各市人才引进政策吸引力远远弱于香港和澳门地区，致使广东各市尤其是广深除外的人才引进政策施行效果不佳。虽然广东印发过《粤港澳大湾区（内地）事业单位公开招聘港澳居民管理办法（试行）》这一省级层面的人才引进政策通知，但粤港澳三地人才引进"竞争"矛盾未能得到有效缓解。

（三）人才培养协同亟待深入支持

1. 粤港澳大湾区内高水平高校之间的协同培养有待进一步深化

一方面，粤港澳三地高等教育国际化水平悬殊。在国际数据分析和比较上，200 强大学中，澳门有 0 所、香港有 2 所、广东有 1 所。500 强大学中，澳门有 0 所、香港有 5 所、广东有 2 所，且粤港澳大湾区受高等教育人口比例较低，受高等教育人口占常住人口比例仅为 17.47%，基础较弱的情况下也缺乏优质教育资源合作交流与共享的平台。另一方面，广东各市与香港和澳门地区协同培养的高校学生数量较少，2012 年以来，内地（大陆）高校 10 年间累计招收港澳台学生仅 7.9 万名。2021 年，内地（大陆）高校共有港澳台在校生 3.82 万名，较 2012 年的 2.53 万名增长了 51%。[①] 粤港澳三地政府对于高校高水平人才的协同培养战略《推进粤港澳大湾区高等教育合作发展规划》（2020 年国家教育部、广东省人民政府联合印发）尚在起步阶段，目前仅有 3 所内地与港澳合办的大学落地广东，中外合作办学形式以项目和人员合作为主，合作办学机构偏少，也尚未建立协同育人长效机制，不利于国际高等教育示范区的系统构建。

2. 粤港澳大湾区背景下政校企三方协同培养模式亟须深入研究改进

学生学习内容滞后，教材内容更新速度落后于现代企业发展速度，不能

---

① 《党的十八大以来内地（大陆）与港澳台地区教育交流合作情况》，教育部网站，2022 年 9 月 20 日，http://www.moe.gov.cn/fbh/live/2022/54857/sfcl/202209/t20220920_662948.html。

满足企业最新需求，协同培养的师资队伍多由高校讲师组成，较为单一，企业讲师较为缺乏，导致学生学习多以理论知识为主，学生的实践经验和能力严重欠缺，难以快速适应岗位要求。大部分企业未能意识到校企协同培养的重要性，存在企业参与积极性不高、程度不深的情况。与此同时，粤港澳三地政府缺乏专门机构来协调、考核和推行校企合作，仅靠校方各自的人脉和关系去硬性建立与维持较为困难，未能充分发挥通过政校企合作为粤港澳大湾区提供高质量人才的重要途径作用。

（四）人才市场化评价还需规范统一

1. 粤港澳大湾区的人才协同评价标准体系尚未明确统一

由于粤港澳大湾区内部地域发展水平、经济实力及人才分布等方面的差异，粤港澳三地政府之间缺乏有机协调和高效统筹，导致湾区内部整体对人才的界定和分类未达成共识，以至于人才协同评价标准体系难以进行系统性设计，尤其是针对海外人才的更为模糊。

2. 粤港澳大湾区职称评价体系需进一步构建完善

根据 2019 年印发的《关于推进粤港澳大湾区职称评价和职业资格认可的实施方案》及有关政策规定，对粤港澳大湾区内地（大陆）工作的港澳台专业人才职称评价标准条件限制较多，人才必须从事与学历专业对口的专业技术工作，对工作经验及年限要求较高，如港澳台专业人才申报副高级职称需从事本专业对口专业技术工作分别满 10 年、7 年和 2 年，申报正高级职称需从事本专业对口专业技术工作分别满 15 年、12 年和 7 年。

3. 在推进粤港澳大湾区职业资格互认方面依旧存在困难

《广东省人力资源和社会保障厅关于省政协十二届四次会议第 20210033 号提案会办意见的函》中提到了三个方面的主要困难：一是职业资格设置、调整的事权在国家不在省，在相应行业的主管部门不在人社部门，人社部门主要起统筹协调作用，从宏观管理层积极予以支持；二是各地准入类职业资格以法律法规为依据，但粤港澳三地法律制度不同，导致三地的职业资格框架准则存在较大差异，而互认或单方认可会涉及法律修订，工作难度大；三

是需进一步争取港澳方面的认可。港澳业界担忧资格互认的开放会使竞争加剧，给行业带来冲击。另外，粤港澳三地在专业资格管理事权上不对等。粤港澳三地职业资格管理运行机制存在较大差异：在内地，职业资格由政府主导管理，人社部统筹指导、行业主管部门具体组织实施；在香港，特别行政区政府由行业协会或法定机构依法管理，实施行业自律；在澳门，特别行政区政府虽由职能部门主导，但其就业市场较小，部分职业尚未形成独立门类。

（五）人才流动需要开发更多渠道

1. 粤与港澳之间的人才协同流动渠道有待进一步畅通

香港特别行政区政府指出，2020～2021年香港本地劳动人口流失约14万人。[①] 港澳社会人口老龄化，青年人才外流严重，主要流向国外。除了珠海与澳门、深圳与香港之间联系最为紧密，港澳与其他城市的人才往来较少。[②] 2022年，粤港澳大湾区与北京、上海交流频繁，成为国内人才流动的重要枢纽。除北京、上海外，粤港澳大湾区的人才主要来自广东周边城市。此外，武汉和长沙分别排名第三位和第四位（见图6）。

2. 粤港澳大湾区内部人才供需差距较大

粤港澳大湾区珠三角九市中，2022年劳动力分布大体上呈现东强西弱的状态，深圳、广州两地的招聘需求遥遥领先（见图7）。深圳、广州两地人才合计占粤港澳大湾区人才总量的75.58%，呈现明显的人才"虹吸效应"；企业招聘岗位占粤港澳大湾区的78.87%，深圳、广州两地人才市场整体呈现供需两旺的态势。同时人才集聚效应较强，各岗位人才供需比稳步上升，平均每个职位的投递简历数超过10个，但江门、中山、香港相对较低。

---

① 《中华人民共和国香港特别行政区行政长官2022年施政报告》，粤港澳大湾区门户网，2022年10月19日，http://www. cnbayarea. org. cn/policy/policy% 20release/policies/content/mpost_ 1025535. html。

② 清华大学经济管理学院互联网发展与治理研究中心、LinkedIn（领英）中国：《粤港澳大湾区数字经济与人才发展研究报告（2019）》，2019年2月22日。

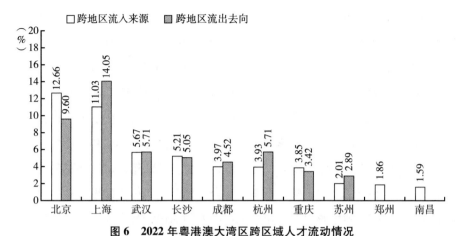

图6　2022年粤港澳大湾区跨区域人才流动情况

资料来源：猎聘大数据研究院。

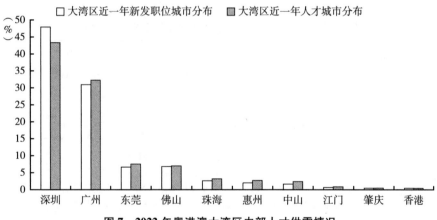

图7　2022年粤港澳大湾区内部人才供需情况

资料来源：猎聘大数据研究院。

3. 粤港澳三地个人所得税税率差异对港澳人才自由流动形成约束

相比来说，珠三角九市的个人所得税优惠政策力度不够，粤港澳大湾区科技创新领域涉及的税收差异分析表明，珠三角九市的税负相对香港和澳门地区较高（见表1）。如在珠三角九市就业的高端人才个人实行超额累进税率最高可达45%，所需缴纳税费较高，反观香港地区，其个人利得税最高为15%且有多种退税政策，澳门地区个人商业利润所得税最高为12%且税种少。内地实行双

主体的税种结构，2020年，其间接税占总税收收入的46.7%，但由于香港和澳门地区未开设增值税，其间接税占比分别为4%和1.2%。2019年，广东省财政厅发布了《关于粤港澳大湾区个人所得税优惠政策的通知》，政策规定广东省、深圳市可按内地与香港个人所得税税负差额，对在粤港澳大湾区工作的境外（含港澳台）高端人才和紧缺人才给予补贴，并对该补贴免征个人所得税。然而，该政策只针对高端人才和紧缺人才，对于其他人才并不适用。此外，粤港澳三地之间的税负差距仍然较大，难以得到平衡。2022年，财政部税务总局出台了《财政部税务总局关于横琴粤澳深度合作区个人所得税优惠政策的通知》，政策规定，对在横琴粤澳深度合作区工作的澳门居民，其个人所得税负超过澳门地区税负的部分予以免征。目前仍旧缺少对在粤港澳大湾区工作的香港人才有关的个人所得税优惠政策且现有政策在珠三角九市施行范围较小。

表1 粤港澳大湾区科技创新领域涉及的税收差异分析

	珠三角九市	香港地区	澳门地区
税制结构	流转税和所得税双主体模式	直接税为主体	直接税为主体
涉及的主要税种及税率	增值税:销售科技产品税率为13%,销售科技服务税率为6%,小规模企业税率为3%	无	无
	企业所得税:税率为25%,高新技术企业税率为15%	利得税(包括企业利得税和个人利得税):首个200万港元税率为8.5%,超过200万港元税率为16.5%,以非公司形式经营税率为15%	企业利得税、个人商业利润所得税:税率为12%
	个人所得税:累进税率,最高税率为45%	薪俸税:累进税率,最高税率为17%	个人收入的薪俸税:累进税率,最高税率为12%
税收管辖权	居民管辖权和地域管辖权并用	单一地域管辖权	单一地域管辖权
个人纳税	夫妻双方分别纳税	可选择按家庭申报或分开申报	夫妻双方分别申报
进出口纳税	包括普通税率、特惠税率、协定税率等,平均税率为9.8%	不征收	不征收

4. 促进人才流动的粤港澳大湾区人才协同发展政策宣传平台有待完善

高端人才难以详细了解相关政策，缺乏统一、权威、全面的具备政策信息查询和互动咨询功能的便捷式平台，目前处于运营状态的各市人力资源和社会保障局网站上"政民互动"板块的使用率不高，如广东省人力资源和社会保障局网站每年处理的业务办理留言不超百条，广东省人民政府港澳事务办公室网站亦是如此，未能完全发挥政策的调控功能，严重阻碍了粤港澳大湾区内部人才横向流动。

（六）人才服务方面的完善程度有待提高

1. 粤面向港澳人才的生活服务协同体系仍需完善

被引进的港澳人才对内地环境难以适应，生活中不便利的情况较多，如电子支付无法使用、上下班通勤时间较长、配偶工作岗位安排不当、菲佣工作签证办理困难等问题始终未能解决，不利于港澳人才在粤安居乐业。此外，人才生活服务协同体系数字化程度不高，如广东省人力资源和社会保障厅网上服务平台和粤港澳大湾区门户网等服务平台缺少人才反馈生活便利问题的快捷渠道，故问题无法得到及时解决，导致人才留粤体验感差。

2. 粤港澳大湾区的人才住房存在供应不足等问题

由于政府用地指标的限制，人才住房总量较少，供应不足，提高了人才住房门槛，如作为粤头部城市的广州和深圳在 2022 年向港澳人才推出总数不超过 1500 套的人才住房，同时住房环境基础设施配套建设仍有待加强，尚未达到拎包入住的软装配置标准，各地标准不一，政策灵活性弱，增加了对人才的限制。与此同时，广东省内人才住房政策差异明显，各地人才住房政策不联动，对引进的港澳人才的购房优惠政策结构仍需优化，人才层次和行业覆盖尚未全面，存在港澳人才无法享受福利的情况。

3. 粤港澳大湾区人才子女教育需求较难满足

粤港澳大湾区的整体教育资源缺乏，市场供不应求，公办学校学位数量供给紧张，高端学位数量较少，如深圳经济发展水平比肩北京、上海，但教

育资源十分缺乏，深圳初中毕业生大约仅有 50% 可以入读高中。截至 2021 年，粤港澳大湾区内地城市设有 4 所港澳子弟学校，还有 29 所学校开设了港澳子弟班。港澳人才对国际学校的学位需求较大但无法得到满足，同时港澳子弟学校学费较高，每人每学年约需支付 10 万~15 万元，严重加重了港澳人才的经济负担。

4. 粤港澳大湾区人才医疗保障协同服务发展阻力较大

由于港澳与内地医师职级评定处于不同的体系，如评定标准和等级不同，存在港澳医师职级高于内地医师职称的情况；评定程序不同，存在港澳医师职级认证在内地无法得到承认的情况，也可能会增加医师在不同地区的评定负担等，进而引发一些争议和不满。且内地医院和港澳医疗机构的就诊模式存在较大差异（见表 2），导致港澳人才难以享受到与在港澳地区时同等的医疗待遇，其常住内地存在明显阻碍并在短时间内难以改变。

表 2　内地医院和港澳医疗机构的就诊模式差异

特点	内地医院	港澳医疗机构
挂号就诊方式	需要提前通过线上或线下渠道进行挂号预约,到达医院后需要在挂号处排队等待叫号就诊	一般不需要提前预约,患者可以直接前往医院挂号处排队等待就诊
诊疗流程	通常需要经过分诊、医生问诊、检查、确诊、治疗等环节	医生通常会直接进行问诊和检查,并给出诊断和治疗建议
医疗费用	医疗费用相对较低,但需要自行支付一定比例的医疗费用	医疗费用相对较高,但通常会由政府或保险公司支付一部分或全部费用
医疗服务水平	医疗服务水平因医院的不同而存在一定差异,一些医院的医疗设施和技术水平较为先进,但也存在一些基层医院服务水平不高的情况	医疗服务水平相对较高,医院的医疗设施和技术水平普遍较为先进,但就医难度较大

5. 粤港澳大湾区被引进人才在社会融合方面存在不足

根据团结香港基金组织发布的《粤港澳大湾区人才流通研究报告》，在香港工作的内地人才与当地社区互动较少，缺乏与本地人交流的机会，社会融合程度较低。同时，为港澳人才建设的广式生活圈还需要进一步改善，其中一个关键的问题是缺乏彼此沟通交流的信息平台和港澳引进人才俱乐部等的支持。

三　对策建议

（一）创新专责机构，灵活人才协同发展

1.创新三地政府协同的专责机构，健全统筹人才协同沟通协调机制

成立粤港澳人才协同发展部际协调小组，协调小组会议原则上每年召开一次，由粤港澳三地轮流主持协同工作，完善人才工作领导小组及其办公室主任会议制度，持续强化"一把手抓第一资源"和行业部门抓行业人才队伍的责任，健全人才工作述职考核和结果应用的长效机制。共同打造和优化区域人才发展的生态环境，优化服务理念，加强政策创新，深化人才交流与合作，共同实施"人才工程"，推进粤港澳大湾区人才集聚，建立"人才协同发展示范区"。

2.建立健全更加灵活的人才管理体制，增强创新活力

改革人才编制管理办法，用人单位引进急需紧缺的教育、文化、卫生、体育等专业技术人才，经市委编办、市人力社保局以及业务主管部门审批通过后，可开通招聘绿色通道，并不受单位编制和专业技术岗位结构比例限制。完善人才薪酬分配机制，对于急需的紧缺或高层次人才，事业单位经过有关部门的审核备案后，可单独制定薪酬分配的优惠政策，不纳入绩效工资总量。在此基础上，用人单位对于引进特别优秀和急需紧缺的专业技术人才可以实行"一事一议"的薪酬协商制度。建立健全医疗卫生、职级（职称）等特殊岗位人才的及时奖赏机制，激励更多优秀人才为粤港澳大湾区的发展做出自己的贡献。

3.进一步完善党管人才工作机制，提高人才认同感

持续加强党委领导，坚持党管人才原则，统一领导人才工作，确保各级

党组和部门的主体责任和主要责任落实到位，切实贯彻党管人才原则，确保其贯穿人才工作的全过程。强化政治引导，积极开展"弘扬爱国奋斗精神、建功立业新时代"活动，进一步增强人才的认同感和向心力。

（二）多主体共同参与，助力协同引进常态化

1. 建立常态化的粤港澳相关部门会晤机制，加强沟通交流

在人才引进交流方面，粤港澳三地代表委员要积极推动建立政府相关部门的会晤机制，并且推进到常态化的程度，以便通过会晤机制来进行粤港澳人才引进、交流相关事项的安排，粤港澳三地政府也应该给常态化的会晤机制赋予相应的权力，使其能够充分体现粤港澳三地各自的利益，以及获得各自期望获取的人才资源。要进一步优化粤港澳三地政府之间的交流内容，粤港澳三地应该进行更多与人才协同相关的在不同领域中的交流与互动。

2. 构建粤港澳三地社会多元主体共同参与的人才协同模式，促进三地人才市场的协作

在人才政策制定方面，要积极引导粤港澳三地企业、学术界、行业协会等社会团体组织参与，逐步建立与健全政府购买咨询服务机制，由研究人员组成的知识智库要充分发挥作用，提出人才交流机制的建设性方案，为粤港澳三地的人才交流服务。此外，对于粤港澳三地的人才市场，要加强相互联系，了解彼此对人才的需求，这需要企业与政府全面合作，并依据统计数据共同制订人才引进计划。

3. 创新人才协同机制，优化人才结构与提高国际化程度

充分发挥港澳人才资源丰富的优势，积极构建与粤港澳大湾区相适应的人才协同机制。一方面，要实施更大力度的引才聚才计划，优化粤现有的引才聚才体制机制，实施重点领域人才专项引才计划；另一方面，要实施更高层次的全球引才聚才行动，加快构建与国际接轨、与粤港澳大湾区发展相适应的全球引才聚才体系。着力打造以港澳为龙头的高端人才集聚地，发挥港澳人才资源优势和"一国两制"制度优势，吸引更多港澳及海外高精尖人才来粤创新创业，加大对重点领域高端人才团队建设的支持力度。

4. 强化企业人才引育的政策支持，留住人才稳定发展

鼓励企业在人才引进、培育、使用和激励等方面，探索建立与自身发展相适应的政策体系，形成以市场为导向的人才管理机制。人才引育、科技创新工作取得突出成绩的企业可获得人才公寓的奖励；对重大招商引智项目，可采取"一事一议"方式，明确人才公寓奖励的具体条件。对符合条件的人才，可在申购人才公寓、人才子女申请入学等申报时，单列一定的推荐名额，推荐人选在同等条件下优先保障，帮助被引进人才扎根当地、稳定发展。

（三）推动平台运行，精准对接人才供需

1. 深化粤港澳高校联盟建设，推动人才协同培养发展

利用粤港澳高校联盟平台，建立粤港澳三地对接的教育框架和标准，促进粤港澳大湾区高校之间的深入合作，进一步提升教育水平和质量。在建立教育框架和标准的过程中，通过对比和整合各高校的教育资源和特色，确定一系列在学科设置、课程开发、教学方法等方面的统一标准。同时，着眼于培养应用型和技能型人才，建立更加紧密的校企合作关系，为企业和行业提供高素质人才的支持。另外，鼓励大学生积极投入创业，培养学生的创新和实践能力，提升学生就业竞争力。在创业教育方面，可以通过设立创业课程、创业实践基地等措施，增强学生的创业意识和创新能力。同时，还应建立创业支持机制，为学生提供创业孵化、投融资等方面的支持和帮助，创造更加良好的创业环境。进一步深化粤港澳大湾区高等教育的合作，实现"湾区教育资源共享"，打破地区壁垒，建立更加紧密的教育合作关系，为粤港澳大湾区的高等教育发展注入新的动力和活力，提升粤港澳大湾区的整体实力和竞争力。

2. 创新政校企三方协同培养模式，对接人才供需

产学研相结合的高等院校与企业合作创新办学模式，应面向产业需求、围绕区域经济实体的需求，以推动地方产业结构级发展为目的，培养应用型、复合型、技术型人才，与企业实际需求无缝对接，地方政府应为校企合

作提供信息沟通、合作机会、咨询服务并协调双方利益关系，充分发挥其在沟通校企合作与区域经济发展之间的作用，高等院校为企业输送人才和进行科研成果转化，企业为学校提供实习实训实境，产生"1+1＞2"的效应，真正实现一种以市场和社会需求为导向的双赢运作模式。

（四）打破技术壁垒，完善人才评价体系

1.打破港澳人才申报职称的技术壁垒，明确人才协同评价标准体系

在现行的广东省职称评价标准的基础上，结合香港和澳门地区职称申报人员的特征，在学历资历、业绩成效、学术成果等方面，增设适用于港澳人才的条款和标准，突破目前内地评价港澳人才能力水平的标准存在的技术障碍。明确内地与香港和澳门地区职称专业的对应关系，明确港澳人才在粤进行职称评审的专业申报方向，解决内地与香港和澳门地区在职称申报过程中评价标准体系存在差异性的难题。

2.协同粤港澳三地专家评议，进一步完善职称评价体系

设置港澳专家广泛参与评议的工作机制，建议内地与香港和澳门地区共同组成港澳专业人才评审团，结合评审的实际情况，确定一定比例的港澳评委，或者邀请在相关领域做出突出贡献的专家（对其职称不进行要求）参与评议。

3.逐步明确职称晋升通道，不断优化区域内人才互认机制

完善粤港澳三地职业资格制度，不断拓展粤港澳三地职称资格互认范围和领域，实行粤港澳三地职称评审结果互认。明确已在香港和澳门地区获得相关职业资格的港澳人才可不受学历、资历等条件限制直接申报相应等级的职称，无须逐级申报，最高可直接申报正高级职称，为已具备一定执业能力的港澳人才开通职称评价绿色通道。

（五）注重规则衔接，清扫人才流动障碍

1.为人才交流合作提供服务，畅通人才协同流动渠道

一是政府和用人单位要提供优质、高效的人才服务。粤港澳三地应借助建立联席会议制度、推动干部人才挂职交流等多种措施，积极探索在政策衔

接、人才资源共享等方面的合作，不断增强政府部门间的常态化联系和沟通，为促进人才交流与合作、营造良好的政策环境不断努力。二是要大力发展各种社会力量，为企业提供优质的服务。在人才引进、测评、招聘、培训、评价等方面，各类人才中介服务机构、人力资源服务企业和人力资源行业协会要为人才交流合作提供个性化和多样化的服务。同时，应引导其他社会力量积极参与，大力发展专业化的服务机构如高端人才招聘机构，为人才流动提供专业化、精准化的服务，从而提升人才配置的质量和效率。

2. 加强主要城市之间的人才流通，深化人才交流合作

在粤港澳大湾区协同发展战略的大框架下，注重广东各市在体制机制、项目平台建设等方面的科学规划，优化人才交流与合作的生态环境。建立联合招聘机制，实现人才资源共享和优化，各市之间协同招聘优秀人才，促进广东的人才标准统一和信息共享；建立跨城市的人才交流平台，为各城市的企业和人才提供信息共享、人才推荐和交流的机会。建立人才共享网络，构建高端人才需求数据库，使人才与用人单位实现精准对接，促进区域内人才的合理、有序流动。

3. 创新人才交流合作载体，促进人才在产业间的纵横向流动

对粤港澳大湾区人才协同发展战略进行错位规划，坚持依托各自优势，推动粤港澳大湾区人才共享计划，为大湾区企业提供跨区域的人才招聘和流动服务，鼓励人才在不同产业之间流动，提高区域内企业的创新能力和竞争力。要加快产业结构调整，以特色产业为核心，集中一批人才、集中园区、承接优质产业，通过产业转移带动人才流动，引导人才向区域合理布局。

4. 税收对接机制向常态化升级，降低人才税务风险

一是加强广东各市之间的税务交流与联络，以前海、南沙、横琴自贸区为平台，在政策、征管、风控、服务等方面加强跨区域的税收经验互鉴。通过协商税务交流与联络，减少征管、服务上的差别，以政策整合和规范服务推动粤港澳大湾区营商环境的优化。二是强化内地与香港和澳门地区之间政府与企业并行的"双轨"对接。内地企业对港澳企业的双重税务风险防范应坚持"双向对等"原则，即香港税收居民企业在香港开展业务时，对其

在内地经营所得的税收居民身份应与实际经营活动身份一致，不得出现双重税务风险。内地税收居民则在内地开展业务时享受同等待遇，以避免双重税务风险。在持续保持和强化企业与税务机关交流的同时，应加强内地与香港和澳门地区之间税务机关的沟通。部分问题可以在粤港、粤澳联合工作联席会议制度下，积极对接、对等协商，寻找利益契合点，并探索符合法律法规的特别措施和灵活解决方案，从而提高跨境合作的效率。

5. 进一步协调税收管辖权，促进生产要素跨区域自由流动

根据《财政部、税务总局关于粤港澳大湾区个人所得税优惠政策的通知》，对在粤港澳大湾区工作的境外（含港澳台地区）高端人才和紧缺人才，按内地与香港个人所得税税负差额给予补贴，并对补贴免征个人所得税。同时，在充分考虑珠三角九市的现实需求的基础上，建议各地按照各自的实际情况，制定相应的认定标准和实施细则，给予各城市足够的自治权，推动粤港澳大湾区人才的自由流动。

6. 搭建粤港澳人才大数据平台，积极进行政策宣传

搭建粤港澳人才大数据平台，通过数据统计以及科学分析来准确把握人才分布及需求。重视政策信息汇总工作，将粤港澳大湾区内各城市的人才政策信息进行汇总，按照不同类别进行分类，并整理成易于理解和使用的形式，方便人才按照自己的需求查找相应政策。同时在政策信息发布方面可加强政策信息的精准推送，提高政策宣传的效果和精准度。利用多媒体手段宣传政策，采用多种形式的宣传手段如视频、图片、文章等，展示政策的内容和亮点，吸引人才的关注；建立交流互动平台，鼓励人才就政策进行讨论和提出意见，提高政策宣传的互动性和参与度。

7. 加强粤港澳三地社保规则衔接，增强人才流动吸引力

进一步加快粤港澳三地社保规则衔接，推进港澳居民在广东享受与内地居民同等的社保待遇，实现粤港澳三地社保服务的顺畅对接，加快完善社保卡跨境应用和境内外融合服务体系。推进符合条件的香港居民在广东参加城乡居民基本医疗保险，并实现港澳青年参加内地基本医疗保险政策的衔接，进一步完善粤港澳三地社保参保缴费政策；推进港澳居民在广东享受与内地

居民同等的社保待遇、办理参保登记和个人权益记录等手续与香港、澳门待遇衔接；逐步放宽港澳居民在内地享受社保待遇的资格限制。细化参保指南，探索建立跨境社保服务协作机制，加强内地与香港和澳门地区社保经办服务合作，实现数据共享，逐步完善内地与港澳社保经办服务的合作机制。

（六）关注人才需求，提供温暖人才服务

1. 聚焦提供更有温度的人才服务，增强人才归属感

打造人才驿站等综合性人才服务中心，配备专业人才服务团队，提供全方位、多层次、多元化的服务支持。根据"对口安置为主、统筹调配为辅"的原则，帮助解决人才配偶就业问题，加大高层次人才配偶职业技能培训力度，切实提高就业能力，同时对高层次人才的配偶优先安置就业岗位。

2. 加强港澳人才在粤安居的政策与服务保障，解决人才安家问题

一是适当放宽港澳人才的居住条件。鼓励珠三角九市根据当地实际制定和完善"人才安置"政策，为港澳人才提供相应的安置和住房。粤港澳大湾区应届或提前实习的港澳大学生，可在人才公寓办理住宿手续。二是优化港澳人才购房相关政策。准许持有居住证的港澳人才在就业地合法购房，享受与当地居民同等的住房公积金缴存、提取以及个人住房贷款等方面的待遇。三是探索构建国际化人才社区。在重点产业和国际人才集聚区实行试点计划，建立国际人才居住区，推出多种住宅设施，包括国际人才公寓、高档住宅、共有产权房等，提供专业的国际化管理和服务，以满足各类国际人才及其家庭的居住需求。港澳及海外人才可优先安排入住国际人才社区，建议在广州、深圳的科学基础平台、创新载体中先行先试。

3. 妥善解决高层次人才子女入学问题，留住人才安心发展

建立分层分类人才子女入学协调解决机制，符合条件的人才子女可享受与当地户籍学生同等的待遇，并且在入读公办（优质普惠）幼儿园、小学、初中以及报考或转入相关地市高中阶段学校就读等方面，给予一定的政策保障。民办学校在报市教育局同意后，可以对一定层次以上人才的子女予以适当的政策倾斜。

4. 加强粤港澳三地医疗保障工作衔接，落实人才医疗保障政策

加快推进广东与香港、澳门医疗保险规则衔接，支持港澳居民在内地参加基本医疗保险，为港澳参保人员提供高效便利的服务。推动粤港澳三地医疗保险信息互通、待遇互认，促进广东与香港、澳门医疗保险参保人在内地就医结算更加便捷，提高粤港澳三地医疗保障待遇水平。落实高层次人才医疗保障，定期开展人才的健康体检，健全对人才重大疾病、突发疾病的快速响应机制，并做好人才日常保健管理。

参考文献

张彦：《粤港澳大湾区背景下政校企协同育人模式构建——基于区域教育联动发展视角》，《中国高校科技》2019年第11期。

朱嘉琳：《税收视角下推进粤港澳大湾区人才建设》，《商业》2022年第11期。

孙伟、张娜：《粤港澳大湾区所得税征管协调与合作研究》，《国际税收》2020年第12期。

陈万灵、郑春生主编《高等教育蓝皮书：中国高等教育发展报告（2019）》，社会科学文献出版社，2020。

邓满源：《粤港澳大湾区科技创新税务困境及税收协调研究》，《当代经济》2021年第2期。

吴巧瑜、黄颖：《第三方治理：粤港澳大湾区社会组织跨区域协作治理研究——以Y青年总会为例》，《学术研究》2022年第3期。

赵明仁、陆春萍：《高等教育赋能横琴粤澳深度合作区发展》，《中国高等教育》2021年第24期。

孙殿超、刘毅：《优化粤港澳大湾区科技创新人才评价体系的对策分析》，《中国科技人才》2021年第1期。

田静：《横琴观察 | 横琴"双15%"税收优惠政策落地，助力企业招才引智》，21世纪经济网，2022年6月17日，http://www.21jingji.com/article/20220617/herald/adbb7fc9e097364277e2829ed68d2b13.html。

《横琴粤澳深度合作区，实现澳门元素"五增长"》，深圳新闻网，2022年9月16日，https://www.sznews.com/news/content/2022-09/16/content_25372025.htm。

B.14
北京科技人才政策效果
评估分析及建议

高中华 张恒*

摘　要： 本报告首先对 2016 年以来的北京科技人才政策进行系统梳理，探索当前科技人才政策的主要脉络。其次，从科技人才政策发布频度、科技人才领域情况、科技活动及专利情况、基础研究经费及其所占比重以及中关村国家自主创新示范区企业经营及科技活动情况等方面对北京科技人才政策效果加以评估分析，在此基础上提出当前北京科技人才政策面临的主要问题和挑战。最后，从科技人才政策目标、科技人才政策工具、科技人才政策效果动态评价机制等三个方面提出具体的完善建议。

关键词： 科技人才政策　政策效果　北京

　　近年来，全球科技创新进入空前密集活跃的时期，与此同时，全球科技竞争的激烈程度也与日俱增。作为世界重要人才中心和创新高地的承载引领区，北京市紧紧围绕加强"四个中心"功能建设，特别是国际科技创新中心建设，确立了人才引领发展的战略。为了把首都科技界各方面力量凝聚到率先建成高水平人才高地和国际科技创新中心的工作任务上来，支撑首都高质量发展，北京市委、市政府及市科委及中关村科技园区管理委员会、市人

---

* 高中华，中国社会科学院工业经济研究所研究员、博士生导师，主要研究方向为人力资源与人才开发；张恒，首都经济贸易大学工商管理学院博士研究生，主要研究方向为组织行为学与人力资源管理。

力资源和社会保障局、市教育委员会等多个部门打出"放权、松绑、解忧、创生态"的人才政策"组合拳",加强北京市科技人才培养、深化首都人才发展体制机制改革、开展科技人才评价改革试点、引进与陆续出台多项政策,为促进北京市科技人才发展、推动首都世界重要人才中心和创新高地建设提供了诸多举措。

一 北京科技人才政策体系现状梳理

为充分了解近年来北京科技人才相关政策及其实施进展情况,本报告对2016年以来北京科技人才政策进行了系统梳理。政策文本来源于北大法宝数据库等。本报告的检索范围设定为北京,为有效提升政策文本检索的精准度,将"科技""人才""创新"等设为关键词,对文本标题进行广泛搜索。由于本报告旨在研究北京市级层面的科技人才政策效果,因此在检索中对北京区级层面的政策文本进行了筛选剔除。经筛选,本报告共获得182份北京市级科技人才政策文本。经逐一阅读,本报告剔除主题不符、政策重复、与科技人才关联度较低的政策文本后,得到53份政策文本作为有效样本(见附表),包括通知、办法、意见等多种形式。当前相关政策主要集中于人才发展体制机制改革、人才开发培养、人才队伍建设、人才职业发展等多个方面。

一是在人才发展体制机制改革上,现行颁布的北京科技人才政策主要围绕北京如何着力破除体制机制障碍,向用人主体放权,为人才松绑,让人才创新创造活力充分迸发这一问题。在《关于深化首都人才发展体制机制改革的实施意见》中,北京系统地部署了相关政策举措以破除束缚人才发展的思想观念和体制机制障碍,这对于完善首都现代化人才发展治理体系具有重要的意义。在《关于新时代深化科技体制改革加快推进全国科技创新中心建设的若干政策措施》中,北京立足习近平总书记对其的重要指示和讲话精神,坚持全球视野,扩大开放,以更大的勇气开展制度创新以更有效地驱动科技创新,从而为我国实施科技强国战略和创新驱动发展战略提供有力的人才支撑。这些政策除涉及深入学习贯彻中央关于人才工作的决策部署之外，还提出要全面推进人才管理体制机制改革、加快建立京津冀人才一体化发展体制机制、积极构建具有国际竞争力的人才开发体制机制等系列措施，为北京建设具有全球影响力的国际科技创新中心提供有力支撑。

二是在人才开发培养上，当前政策既考虑了北京作为首都城市的功能定位，又结合了北京产业转型升级和高质量发展需求，如大量政策探讨了高技能人才的培养策略，产教融合和校企合作成为政策提及较多的关键词，此外，终身职业技能培训制度和企业新型学徒制也得到了较多关注。《关于2022年开展高端技术技能人才贯通培养的通知》聚焦首都"四个中心"功能建设和经济社会发展的技术技能人才需求，以高层次应用型人才和高素质技术技能人才的培养为目标探索形成长学制，一体化设计职业教育人才培养体系，切实增强了职业教育的适应性和贡献力，提高了职业教育的匹配度，为推动首都高质量发展提供了坚实的人才和技能支撑。2022年5月，北京市人力资源和社会保障局、北京市财政局、北京市人民政府国有资产监督管理委员会等联合印发《北京市全面推行中国特色企业新型学徒制加强技能人才培养实施方案》，坚持以北京城市总体规划对技能人才的需求为导向，探索具有中国特色的新型学徒制，不仅注重技能人才生产岗位技能、安全生产技能、绿色技能、数字素养及技能的提升，而且以工匠精神、品牌与质量意识、职业道德和素养、法律知识、创业创新相关规定等为内容加大企业对技能人才的培训力度。此外，北京还重点围绕国际消费中心城市建设、超大城市运行保障，以及高精尖产业、数字经济等多个领域，实施技能人才"金蓝领"培育行动计划，积极推进项目式、精准化培训服务，培养高素质技术技能人才。

三是在人才队伍建设上，相关政策不仅聚焦于以大师、战略科学家和科技领军人才、青年拔尖人才为代表的科技创新人才队伍建设，而且对科技创新产业领域的其他人才队伍的发展给予了较多重视，明确提出应加强五支重点人才队伍建设，即战略科学家、科技领军人才、青年科技人才、高素质技术技能人才、企业经营管理人才队伍。《关于全面加强新时代首都技能人才

队伍建设的实施意见》的出台，有助于为新时代首都技能人才队伍的建设提供有针对性的政策保障。大量技能人才的培育能够为加强"四个中心"功能建设、提高"四个服务"水平、推动首都高质量发展、加快建设国际一流的和谐宜居之都提供坚实的能力支撑。2019年，北京市人力资源和社会保障局试行技能人才队伍建设配套行动计划，该计划指出要在3年之内培训110万名以上的城乡劳动者，健全技能人才保障和评价机制，不断提高技能人才薪酬和待遇水平，推动技能人才高质量发展。近年来，北京陆续出台一系列政策文件，针对企业职工和高校毕业生、退役军人等重点群体，实施培训计划、提升职工职业技能。此外，相关政策还从科技创新企业在引才、育才、留才等方面的现实难题出发，关注创新企业家、先进制造技术人才、先进基础工艺人才的遴选与支持。

四是在人才职业发展上，相关政策旨在通过推动本市企业畅通人才职业发展通道，以更好地培养与激励人才。早在2017年和2018年，北京市人民政府、北京市人社局就分别发布了《关于优化人才服务促进科技创新推动高精尖产业发展的若干措施》和《北京市引进人才管理办法（试行）》，对北京人才引进落户条件与流程进行了规定，提供优秀人才引进的"绿色通道"及职业发展畅通渠道，提高待遇水平，增强荣誉感、获得感、幸福感等，吸引更多科技人才助力首都高质量发展。2020年北京市人力资源和社会保障局印发《北京市深化工程技术人才职称制度改革实施办法》，指出要遵循工程技术人才成长规律，建立符合工程技术人才职业特点的职称制度，为高层次工程技术人才职称申报提供更多绿色渠道，建立高技能人才与工程技术人才双向互通的职业发展通道，实现工程技术领域职业资格与职称的有效对应。《关于做好技能人才薪酬激励相关工作的意见（试行）》指出，要鼓励企业完善内部薪酬分配和激励机制以支持技能人才技能与待遇"双提升"，在提高技能人才薪酬待遇的同时，有效增强技能人才的获得感、成就感以及职业荣誉感。2022年服贸会期间，北京市人力资源和社会保障局发布"紧缺人才"目录，该目录由《重点产业领域人力资源开发目录》和《技能人才急需紧缺职业（工种）目录》构成，主要目的是优化北京重点产业领域科技人才的评价和保障政策。既有 5G 技术研发与应用、芯片设计等重点产业的急需人才，也有服务业技能人才（养老护理员、育婴员）等。在评价激励方面，不断畅通北京科技人才的职业发展和晋升通道；支持对相关产业领域技能人才的技术培训，并给予一定的人才补贴。这些政策旨在为北京科技人才畅通职业发展通道，为人才职业发展保驾护航，以吸引、留住人才推动北京科技人才高质量发展。

二 北京科技人才政策效果评估分析

本报告主要从科技人才政策发布频度、科技人才领域情况、科技活动及专利情况、基础研究经费及其所占比重以及中关村国家自主创新示范区（以下简称"中关村"）企业经营及科技活动情况等方面对北京科技人才政策效果进行评估分析。

（一）科技人才政策发布频度

本报告对 2016~2022 年北京科技人才政策发布频度进行了分析，如图 1 所示，主要从年度发布数量和累计发布数量两个方面对发布情况进行了刻画。

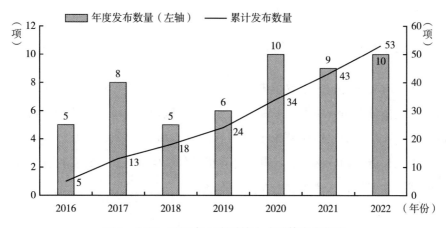

图 1 2016~2022 年北京科技人才政策发布频度

资料来源：笔者自行绘制。

从图 1 可以看到，2016~2022 年北京在科技人才政策数量方面存在一定的波动，但总体呈上升趋势。这表明，北京对于科技人才问题的重视程度整体呈现提升的趋势。进一步地，本报告对政策内容进行了分析，2016~2017 年主要集中于养老服务人才、科技领军人才、"一带一路"国家人才以及以人才促进高精尖产业发展方面。值得一提的是，北京首次提出养老服务人才培育方面的政策。此外，北京在"一带一路"国家人才队伍建设上也取得了突破性进展。与此同时，在 2016 年国务院提出将北京建设成为全国科技创新中心的基础上，北京市政府于 2017 年推出新一版《北京城市总体规划》，进一步出台促进科技创新、重大创新成果转化落地、形成高精尖产业结构的相关政策。2020 年和 2021 年，北京在高端技术技能人才与外籍人才培育和引进方面的政策变得更加完善和系统化，尤其是在高端技术技能人才上强调贯通培养，同时加快推进科研成果落地。在科研环境方面，侧重于知识产权保护以及职称制度、落户制度改革，开始推行积分落户。2022 年，北京深入推进 1+3 人才培养试验工作以及推行中国特色企业新型学徒制，加强技能人才培养。总体来看，自 2016 年以来，北京科技人才政策逐渐丰富多元，除聚焦于人才本身培养与引进外，还逐渐重视有助于促进人才培养与引进的各项配套措施，如金融服务、科技企业孵化器、科创平台等多个方面。

（二）科技人才领域情况

通过对北京科技人才数量进行汇总可以看出，截至 2021 年，在北京科技人才整体分布与发展上，多领域科技人才指数领先，北京成为全国最顶尖的科技人才集聚地，遥遥领先于全国其他重点城市。在大数据、可再生能源、人工智能、物联网、云计算、计算机软件、生物医药、计算机视觉等多个领域，北京科技人才指数均在全国排名第一（见表 1）。

表 1 截至 2021 年北京科技人才领域情况

单位：人，件

科技人才领域	科技人才指数	科技人才总数	成果总数
大数据	99.5	5000~10000	139590
可再生能源	99.6	10000 以上	227430
人工智能	99.5	2000~5000	109170
物联网	99.5	2000~5000	78123
云计算	99.5	2000~5000	140628
计算机软件	99.6	5000~10000	189750
生物医药	99.5	5000~10000	121056
计算机视觉	99.5	2000~5000	79125

资料来源：根据北京市智慧人才地图整理。

此外，北京非常重视高科技人才，科技岗位上的高薪在一定程度上能够吸引高科技人才的进入。其中，薪资最高的岗位集中于技术研发和专业技能类，在 26 个"高""新"职业中，热招岗位主要涉及高科技、智能制造、生物/医药行业，如工业视觉系统运维员、食品安全管理师、故障分析工程师、模拟集成电路设计工程师、过程改进工程师、传感器融合算法工程师。这些以"高"和"新"为特征的岗位中，80%以上的岗位薪酬中位数处于 2 万~3 万元/月。截至目前，北京科技人才指数处于全国最高水平，而且自 2014 年北京被新定位为"全国政治中心、文化中心、国际交往中心、科技创新中心"以来的这些年，它所拥有的科技人才数量也在呈现逐年上升的趋势，这主要是因为北京不断完善科技人才政策，推动全市朝着创新驱动方向发展，也得益于全市对科技人才的吸引，同时优化科技人才的激励机制，注重对创新人才的培养和合理配置，营造科技人才创新发展的社会氛围。

（三）科技活动及专利情况

由于《北京统计年鉴》仅能获取截至 2020 年的相关数据，因此本报告对 2016~2020 年的北京科技活动及专利情况进行了整理（见表 2）。结果表明，与 2016 年相比，2020 年北京研究与试验发展人员折合全时当量增长

32.74%；北京专利申请量大幅度提升，从 2016 年的 177497 件增长到 2020 年的 257009 件，增长率达到 44.80%；PCT 国际专利申请量从 2016 年的 6651 件增长到 2020 年的 8283 件，增长率达到 24.54%；国内专利有效量从 2016 年的 417665 件增长到 2020 年的 768090 件，增长率达到 83.90%。

表 2　2016～2020 年北京科技活动及专利情况

年份	研究与试验发展人员折合全时当量（人年）	研究与试验发展的内部支出经费（万元）	研究与试验发展的内部支出经费占地区生产总值比例（%）	专利申请量（件）	PCT 国际专利申请量（件）	专利授权量（件）	国内专利有效量（件）	万人发明专利拥有量（件）
2016	253337	14845762	5.49	177497	6651	102323	417665	77
2017	269835	15796512	5.29	185928	5069	106948	494941	95
2018	267338	18707701	5.65	211212	6527	123496	569929	112
2019	313986	22335870	6.30	226113	7165	131716	653053	132
2020	336280	23265793	6.44	257009	8283	162824	768090	156

资料来源：根据历年《北京统计年鉴》整理。

（四）基础研究经费及其所占比重

北京基础研究经费占比稳步提升（见图 2）。近年来，北京持续对基础研究进行前瞻布局，如继续加强重大科技基础设施集群建设，不断加大基础研究投入，进一步增强国家战略科技力量服务能力。全社会研究与试验发展经费中，基础研究经费从 2016 年的 211.2 亿元增加到 2021 年的 422.5 亿元，约占全国的 1/4；基础研究经费占全社会研究与试验发展经费的比重从 2016 年的 14.2%提高到 2021 年的 16.1%。从成效来看，北京在基础数学理论、人工智能算法、蛋白质科学、半导体材料等前沿领域取得了重要进展和突破，如仅在 2021 年北京就有 64 项重大成果获得国家科学技术奖，其中 15 项科技成果获得国家自然科学奖。此外，财政支持和社会资本为科技创新提供了保障。2021 年，北京市科技经费共支出 449.4 亿元，投向北京企业的早期投资、VC/PE 投资金额达 2917.2 亿元，股权投资在全国保持领先优势。

图 2　2016~2021 年北京市基础研究经费及其所占比重

资料来源：根据历年《北京统计年鉴》整理。

（五）中关村国家自主创新示范区企业经营及科技活动情况

北京深入推进中关村国家自主创新示范区主阵地建设，加快建设"三城一区"主平台，不断打造世界重要人才中心和创新高地，持续发挥主阵地、主平台的创新引领作用。中关村主阵地创新驱动发展动能增强。中关村聚焦高质量发展，加强关键技术攻关，促进产业链、创新链融合，加速培育创新型产业集群。图 3 展示了 2016~2021 年中关村企业经营活动情况。2021 年，中关村企业实现总收入 8.42 万亿元，是 2016 年的 1.83 倍；实现技术收入 2.11 万亿元，占中关村企业总收入的 25.06%，较 2016 年提高 8.54 个百分点；实现新产品销售收入 0.66 万亿元，较 2016 年增加 0.20 万亿元。此外，在"三城一区"主平台上，集聚了一大批创新要素，如截至 2021 年，全市 31.8% 的企业、六成左右的研发人员和研发费用集聚于"三城一区"。从数量上来看，研发人员共 53.8 万人，是 2018 年的 1.5 倍；研

发费用2791.7亿元，是2018年的2.1倍。总体而言，主平台功能进一步
凸显。

图3 2016~2021年中关村企业经营活动情况

资料来源：根据历年《北京统计年鉴》整理。

图4展示了2016~2021年中关村企业科技活动情况，可以看出中关村
企业科技活动成效显著。其中，2021年中关村企业申请专利数为13.54万
件，是2016年的1.81倍；期末有效专利数为19.56万件，比2016年增多

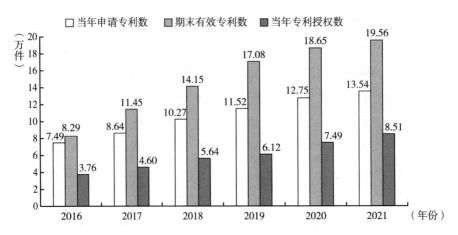

图4 2016~2021年中关村企业科技活动情况

资料来源：根据历年《北京统计年鉴》整理。

11. 27 万件，是 2016 年的 2. 36 倍；2021 年专利授权数达到 8. 51 万件，近 6 年呈现不断增长趋势。

三　北京科技人才政策面临的主要问题和挑战

本报告从政策实施成效、政策工具使用、政策评价体系等方面对当前北京科技人才政策面临的主要问题和挑战进行了系统梳理，概括而言主要包括以下三个方面。

一是当前政策在科技人才流动与交流机制方面还存在明显的短板。不能否认，近年来北京科技人才政策取得了显著的成效，尤其是在适应当前科技创新和经济高质量发展的高技能人才队伍建设上，形成了以"招工即招生、入企即入校、企校双师联合培养"为主要内容的新学徒培养模式，塑造了体系完备、成效显著的首都特色新学徒培训良好局面，为构建中国特色企业新型学徒制提供了样板。但从促进人才流动与交流方面看，北京现行科技人才政策存在明显的不足之处，这是由于当前政策以人才激励、培养、集聚和保障等目标为主，并未充分考虑人才流动与交流目标。在人才流动上，当前主要形式是促进科技人才在企业用人单位以及科研院所等之间的互相流动或双向兼职，目的是促进科技人才创新创业，但流动并不彻底导致的多重身份约束了科技成果转化效率的提高；在人才交流上，科技特派员、技术经纪人等逐渐成为推动科技创新要素流动的重要一环，加深了产学研的进一步合作，但这些角色并无法充分激发人才的主人翁意识。未来政策实施要提高对人才流动与交流的关注程度，尤其是不同人才队伍之间的横向流动，如构建技能人才与技术创新人才、复合型人才等多个队伍之间多方向、学科交叉和融合的发展路径，引导更多高校毕业生优先选择加入技能人才队伍。

二是当前政策工具缺乏供给类。尽管北京科技人才政策数量在持续增加，但整体而言科技人才政策工具以环境类和需求类为主，供给类工具的信息服务水平需要进一步提高。2016~2022 年，北京科技人才政策主要集中于科技创新、产业创新、服务平台、人才引进、队伍建设、科研活动、

科技创业等基础配套设施与服务方面，而在对科技人才的直接培养与扶持方面（如技术服务、技能培训、贯通培养、合作交流、经费管理、创新券发放等）的政策文件相对欠缺。整体来看，北京科技人才政策较为频繁使用环境类和需求类工具。环境类工具主要体现在公共服务与基础设施建设上，需求类工具主要反映在需求端的拉动效用上，如从科技人才在创新成果转化、知识产权保护方面的需求出发制定政策。相对而言，供给类工具较为欠缺，对科技人才合作交流、定向培养、能力提升等方面的关注较少，未显示出供给类科技人才政策工具对科技人才队伍的开发效应。

三是当前政策还存在评价体系滞后与创新性不强、科技人才"获得感"不强等问题，尚未形成政策效果动态评价机制。作为促进人才发展的基础性制度和推动深化科技体制改革的重要内容，科技人才评价在引导高水平科技人才队伍建设、高质量科技创新成果攻关以及创新环境营造等方面发挥着至关重要的作用。完善科技人才评价工作历来是党中央高度重视的战略性工作。习近平总书记在2021年两院院士大会上发表了重要讲话，"破四唯"和"立新标"并举成为科技人才评价改革的重要原则，在此原则下应加快建设完善以创新价值、能力、贡献为导向的科技人才评价体系。之后，习近平总书记在中央人才工作会议上强调了建设以创新价值、能力、贡献为导向的科技人才评价体系的重要性。尽管北京已经开始尝试推行科技人才评价方式的改革，但在实践中不少科研单位并没有形成创新性的综合评价体系，如在实际操作中仍然是采取传统的以论文数量、项目数量、经费总额等定量指标为主的方式，甚至科技人才的入职合同中还会明确标出规定年限内论文发表和项目申报要求。尽管北京对科技人才评价改革非常重视，如北京市科学技术委员会和中关村科技园区管理委员会在2022年11月发布了《〈关于开展科技人才评价改革试点的工作方案〉政策解读》，但目前也没有形成具体的政策效果动态评价机制。北京科技人才评价体系建设与完善目前还面临"破四唯"后"立新标"工作不充分、评价方式创新性不强、用人单位评价制度建设不到位等突出的问题。此外，北京目前尚未针对各项科技人才政策的效果形成动态评价机制。

四 北京科技人才政策的完善建议

党的二十大报告再次明确了科学技术在社会生产力发展中的重要地位，而且明确了在构成科技这一"第一"生产力的诸多要素中，人才是第一资源。为了进一步实现首都高质量发展，发挥科技人才政策在激发科技人才创新活力方面的积极作用，北京科技人才政策需要进一步进行调整和优化，未来政策完善工作应从以下三个方面进行。

第一，着力解决北京科技人才政策建设不到位的问题，如科技人才流动、交流、评价等多个方面。在科技人才流动方面，应打破科技人才身份限制，在产学研上增加就业岗位，扩大产学研合作基地，以鼓励科技人才深入一线。同时，不断畅通人才流动渠道，健全人才跨所有制、跨行业、跨部门、跨地区流动渠道，探索更为有效的人才柔性流动政策，形成更为有效的人才流动和优化配置机制，着力解决人才资源分布不合理等问题。此外，针对当前科技人才公共服务还面临体系不健全、供给不足、信息不畅通等问题，应完善科技创新紧缺人才目录及时更新制度，加快发展科技人才服务业，完善科技人才公共服务体系，建设科技人才公共服务平台，推动人才流动公共服务便民化、及时化、有效化。在科技人才交流方面，应着力改善各类科技人才开展交流的条件，如扩展交流及合作的渠道，加大学习和培训的资助力度，打造有利于研究合作和竞争的良性局面，鼓励高校、科研院所与企业不同主体之间形成人才共享机制。在科技人才评价方面，应立足于首都定位，在"破四唯"的基础上，坚持以质量、绩效、贡献为评价导向，构建更加灵活有效的人才评价和激励机制，重点关注和奖励那些做出创造性贡献的一线科研人员和科学家。在激励举措上，不断完善同行评价法和开放式评价法，采取精神激励和物质激励相结合的评价方法。此外，在激励保障上，一是要提高用人单位在选拔人才和评价人才等方面的自主权；二是要提供或安排更多与科研助理相关的工作岗位，辅助科研人员完成重要科研任务，减轻科研人员的工作负担，让其节省时间和资源从事更多创新创造

工作。

第二，在科技人才政策工具方面进行创新，创新使用需求类、供给类和环境类政策工具体系。在需求类工具上，要逐步加强人才工作的"一网通办"和"全网定位"，提高科技人才服务的智能化水平。北京科技人才政策制定者应基于人的自然属性，完善科技人才保障机制，重点关注科技人才落户、医疗、养老、子女教育等问题，尤其是可以从住房保障这一最迫切的人才需求出发，进一步优化人才租房和购房政策，提高企业单位人才公寓建设的比例，营造有温度的生活和工作环境，形成更加适宜科技人才释放创新潜力的居住氛围；应基于人的经济属性，继续大力推进高精尖产业建设与发展，积极部署国家战略科技力量，布局国家实验室等前沿研究力量和机构，为科技人才提供具有竞争力和吸引力的职业发展机会；应基于人的社会属性，充分利用首都特有的城市包容性、国际性以及文化、教育资源集聚等先天优势，从国内外人才对出入境、居住证、落户、子女教育、住房、医疗等各类生活保障的实际需求出发，吸引人才集聚，打造"一站式"供应的海内外人才服务体系，依托世界创新高地建设，打造世界重要人才中心。

第三，探索政策效果动态评价机制，增强北京科技人才政策的有效性。在对科技人才科学精神、学术道德等进行持续评价的基础上，在国家重大攻关任务、基础研究、应用研究和技术开发、社会公益研究四类创新活动上部署评价工作。对于承担国家重大攻关任务的科技人才而言，评价应以对国家重大战略需求满足、国家安全、突破关键技术、解决经济社会发展重大问题的实际贡献情况为依据；对于基础研究类科技人才而言，评价应以学术贡献和创新价值为导向，探索建立低频次、长周期的考核机制，鼓励突破性理论贡献，切实破除"一刀切"的"唯论文"数量倾向；对于应用研究和技术开发类科技人才而言，评价应以应用技术突破以及对产业发展的实际贡献为导向，以技术标准、技术解决方案、高质量专利、成果转化及产业化、产学研深度融合成效等为评价标准的来源；对于社会公益研究类科技人才而言，不得设立硬性经济效益作为评价指标，而是要重点评价服务共性关键技术开发的能力与效果。此外，科技人才政策效果评价指标体系只是科技人才政策评价体系的一个组成部分。评价体系有效发挥作用还取决于评价主体、评价所采用的模型与方法、评价所遵循的流程、评价信息的收集与使用、评价结果应用等诸多要素的有效配合，以形成完整、有效的科技人才政策效果动态评价机制。

参考文献

黄海刚、付月：《"十四五"时期北京科技人才政策的战略转型》，《北京社会科学》2022年第1期。

裴瑞敏、姜影、肖尤丹：《科技人才政策变迁与政策主体协同网络演化研究——基于对1978—2020年政策文本的分析》，《科学学与科学技术管理》2022年第8期。

倪渊、张健：《区域科技创新人才政策效果评估——基于北京市微观数据》，经济管理出版社，2020。

张洪温主编《北京人才发展报告（2020）》，社会科学文献出版社，2020。

张洪温主编《北京人才发展报告（2021）》，社会科学文献出版社，2021。

附表　2016~2022 年北京科技人才政策汇总

序号	时间	政策名称	发布部门
1	2022 年 11 月 9 日	《〈关于开展科技人才评价改革试点的工作方案〉政策解读》	北京市科学技术委员会、中关村科技园区管理委员会
2	2022 年 7 月 15 日	《关于推荐第十六届全国技术能手候选人及国家技能人才培育突出贡献候选单位和个人的通知》	北京市住房和城乡建设委员会
3	2022 年 7 月 11 日	《关于印发〈2022 年北京市专业技术人才知识更新工程工作计划〉的通知》	北京市人力资源和社会保障局
4	2022 年 6 月 29 日	《关于印发〈北京市境外职业资格认可目录（2.0 版）〉的通知》	北京市人力资源和社会保障局、北京市人才工作局
5	2022 年 6 月 28 日	《关于做好 2022 年 1+3 人才培养试验工作的通知》	北京市教育委员会
6	2022 年 5 月 27 日	《北京市全面推行中国特色企业新型学徒制加强技能人才培养实施方案》	北京市工商业联合会等五部门
7	2022 年 4 月 24 日	《关于申报 2022 年高技能人才研修培训项目的通知》	北京市就业促进中心
8	2022 年 4 月 18 日	《关于 2022 年开展高端技术技能人才贯通培养的通知》	北京市教育委员会
9	2022 年 3 月 30 日	《关于印发〈北京市高技能人才研修培训工作管理办法〉的通知》	北京市人力资源和社会保障局、北京市财政局
10	2022 年 2 月 15 日	《关于开展 2022 年度交通运输行业科技创新人才推进计划推荐工作的通知》	北京市交通委员会
11	2021 年 12 月 23 日	《关于做好技能人才薪酬激励相关工作的意见（试行）》	北京市工商业联合会等四部门
12	2021 年 12 月 17 日	《关于印发〈北京市公共实训基地高技能人才培训经费补助办法（试行）〉的通知》	北京市人力资源和社会保障局、北京市财政局
13	2021 年 11 月 19 日	《关于印发〈北京高等教育本科人才培养质量提升行动计划（2022 —2024 年）〉的通知》	北京市教育委员会
14	2021 年 9 月 6 日	《关于印发〈北京市 2021 年专业技术人才知识更新工程工作计划〉的通知》	北京市人力资源和社会保障局

续表

序号	时间	政策名称	发布部门
15	2021 年 7 月 15 日	《关于申报 2021 年高技能人才研修培训项目的通知》	北京市职业能力建设指导中心
16	2021 年 7 月 14 日	《关于申报 2021 年中关村海外人才创业服务机构支持项目的通知》	北京市科学技术委员会、中关村科技园区管理委员会
17	2021 年 6 月 24 日	《关于做好〈北京市养老服务人才培养培训实施办法〉贯彻落实工作的通知》	北京市民政局、北京市财政局
18	2021 年 4 月 13 日	《关于 2021 年开展高端技术技能人才贯通培养的通知》	北京市教育委员会
19	2021 年 1 月 6 日	《关于进一步加强中关村海外人才创业园建设的意见》	中关村科技园区管理委员会
20	2020 年 12 月 21 日	《关于公布 2020 年入选北京高等学校高水平人才交叉培养"实培计划"项目的通知》	北京市教育委员会
21	2020 年 11 月 30 日	《北京市深化自然科学研究人员职称制度改革实施办法》	北京市人力资源和社会保障局、北京市科学技术委员会
22	2020 年 9 月 28 日	《北京市深化工程技术人才职称制度改革实施办法》	北京市人力资源和社会保障局
23	2020 年 8 月 28 日	《关于对实施北京市高精尖产业技能提升培训补贴政策有关事项的通知》	北京市科学技术委员会、北京市经济和信息化局
24	2020 年 7 月 28 日	《北京市科技企业孵化器认定管理办法》	北京市科学技术委员会
25	2020 年 6 月 30 日	《关于做好 2020 年 1+3 人才培养试验工作的通知》	北京市教育委员会
26	2020 年 6 月 19 日	《关于申报 2020 年高技能人才研修培训项目的通知》	北京市职业能力建设指导中心
27	2020 年 5 月 12 日	《关于进一步提升北京高校专利质量加快促进科技成果转移转化的意见》	北京市教育委员会
28	2020 年 3 月 4 日	《关于开展 2020 年百千万人才工程国家级人选推荐工作的通知》	北京市科学技术委员会
29	2020 年 2 月 14 日	《关于做好新冠肺炎疫情防控期间技能人才评价工作的通知》	北京市职业技能鉴定管理中心
30	2019 年 11 月 27 日	《北京市促进科技成果转化条例》	北京市第十五届人民代表大会常务委员会

续表

序号	时间	政策名称	发布部门
31	2019 年 10 月 28 日	《关于做好北京市高端技术技能人才贯通培养试验项目专升本转段工作的通知》	北京市教育委员会
32	2019 年 10 月 16 日	《关于新时代深化科技体制改革加快推进全国科技创新中心建设的若干政策措施》	北京市人民政府
33	2019 年 9 月 20 日	《关于公布 2019 年入选北京高等学校高水平人才交叉培养"实培计划"项目的通知》	北京市教育委员会
34	2019 年 6 月 12 日	《关于做好 2019 年 1+3 人才培养试验工作的通知》	北京市教育委员会
35	2019 年 1 月 28 日	《关于 2019 年开展高端技术技能人才贯通培养试验的通知》	北京市教育委员会
36	2018 年 12 月 29 日	《关于全面加强新时代首都技能人才队伍建设的实施意见》	中共北京市委办公厅、北京市人民政府办公厅
37	2018 年 10 月 30 日	《关于公布 2018 年入选北京高等学校高水平人才交叉培养"实培计划"项目的通知》	北京市教育委员会
38	2018 年 10 月 22 日	《关于首都金融科技创新发展的指导意见》	北京市金融工作局等四部门
39	2018 年 6 月 11 日	《北京市科技创新基地培育与发展工程专项管理办法(试行)》	北京市科学技术委员会
40	2018 年 2 月 28 日	《北京市引进人才管理办法(试行)》	北京市人力资源和社会保障局
41	2017 年 12 月 31 日	《关于加快科技创新构建高精尖经济结构用地政策的意见(试行)》	北京市人民政府
42	2017 年 12 月 31 日	《关于优化人才服务促进科技创新推动高精尖产业发展的若干措施》	北京市人民政府
43	2017 年 12 月 29 日	《北京市科技计划科技报告管理办法(试行)》	北京市科学技术委员会
44	2017 年 12 月 20 日	《关于印发加快科技创新构建高精尖经济结构系列文件的通知》	中共北京市委、北京市人民政府
45	2017 年 11 月 7 日	《关于公布 2017 年入选北京高等学校高水平人才交叉培养"实培计划"项目的通知》	北京市教育委员会
46	2017 年 6 月 29 日	《加快全国科技创新中心建设促进重大创新成果转化落地项目管理暂行办法》	北京市经济和信息化委员会
47	2017 年 6 月 20 日	《北京市"一带一路"国家人才培养基地项目管理办法(试行)》	北京市教育委员会、北京市财政局

续表

序号	时间	政策名称	发布部门
48	2017 年 3 月 7 日	《关于印发〈首都科技领军人才培养工程实施管理办法〉的通知》	北京市科学技术委员会
49	2016 年 12 月 30 日	《北京市科技计划项目（课题）管理办法（试行）》	北京市科学技术委员会
50	2016 年 10 月 19 日	《关于开展高端领军人才自然科学和社会科学研究系列研究员直通车评价工作的通知》	北京市人力资源和社会保障局
51	2016 年 6 月 13 日	《关于深化首都人才发展体制机制改革的实施意见》	中共北京市委
52	2016 年 5 月 11 日	《关于 2016 年开展高端技术技能人才贯通培养试验的通知》	北京市教育委员会
53	2016 年 2 月 16 日	《关于开展 2016 年中关村国家自主创新示范区高端领军人才专业技术资格评价工作的通知》	北京市人力资源和社会保障局

资料来源：根据北大法宝数据库、中共北京市委及北京市人民政府等网站相关资料整理。

B.15
北京市科技人才队伍建设及展望

程 龙　于海波[*]

摘　要： 科技人才队伍的壮大与发展是北京市人才工作的首要核心。新时期，北京市科技人才队伍发展面临科技创新中心建设、人才高地建设等新机遇、新形势、新挑战。"十三五"以来，北京市实施了一系列针对科技人才吸引、培养、激励、评价、保障等的新政策，科技人才队伍总量持续增长，科研产出提升显著，产学研得到深度融合，科技人才队伍建设显著促进了北京市产业发展。未来，北京市将在继续发展推进十大高精尖产业、支持青年科技人才打造、建设战略科学家队伍、提升科技人才服务水平与塑造科技人才良好发展环境等方面继续加强资源支持，率先建成具有国际影响力的人才高地与科技创新中心。

关键词： 科技人才　高质量科技人才队伍　重点技术领域　北京市

　　北京市是全国首善之区，科技人才队伍建设与发展历来是首都人才工作的核心与首要任务。"十三五"以来，北京市紧紧围绕建设"全国政治中心、文化中心、国际交往中心、科技创新中心"的城市功能定位，出台了一揽子有关科技人才吸引、培养、激励、评价、保障等的新政策，统筹推进首都科技人才队伍建设。"十四五"时期，北京市继续加大针对科技人才的

---

* 程龙，管理学博士，科技部科技人才交流开发服务中心副研究员，主要研究方向为公共部门人力资源管理、科技人才政策与科技人才评价；于海波，理学博士，北京师范大学政府管理学院教授、博士生导师，主要研究方向为人才测评与选拔、评价中心技术。

政策倾斜支持力度，着力打造具有国际影响力的人才高地、高质量人才聚集平台与科技创新高地。未来，北京市将进一步重点打造高质量科技人才队伍，为首都经济社会发展提供高端智力资源支持。

一 北京市科技人才队伍建设与发展的新形势

在党中央和国家的一系列政策支持下，北京市科技人才队伍建设面临新背景、新形势、新机遇、新发展，具有得天独厚的先发优势。

（一）北京市的"四个中心"城市功能定位

2014 年 2 月，习近平总书记考察北京时就对北京的核心功能进行了明确定位，即全国政治中心、文化中心、国际交往中心、科技创新中心，要求努力把北京建设成为国际一流的和谐宜居之都。① 2015 年 6 月，中共中央、国务院印发实施《京津冀协同发展规划纲要》，对北京的核心功能定位再度进行了明确。2017 年 9 月，北京发布了《北京城市总体规划（2016 年—2035 年）》，明确了北京的一切工作必须坚持"四个中心"的城市功能定位。

2022 年 6 月 27 日，北京市第十三次党代会报告指出，"四个中心"是党中央赋予北京的城市功能定位，全市各项工作都要立足于此，不断优化提升首都功能，更好担负起首都职责使命。尤其是在科技创新中心功能建设方面，为贯彻落实北京国际科技创新中心建设重大战略决策，充分发挥首都人才优势，根据《北京市国民经济和社会发展第十四个五年规划和二〇三五年远景目标纲要》和《"十四五"北京国际科技创新中心建设战略行动计划》，2021 年 7 月北京市委印发了有针对性的《"十四五"北京国际科技创新中心建设人才支撑保障行动计划》，进一步对科技人才加大了支持力度。

可见，科技人才队伍建设在北京市大力推进科技创新中心建设的背景下，获得了政府部门一定的政策倾斜与资源支持。北京市政府发布的《2022 年北京

---

① 《北京居住证、积分落户政策研究制定任务将在年底完成》，人民网，2015 年 5 月 1 日，http：//politics. people. com. cn/n/2015/0501/c70731-26934810. html？t=wrc18m。

科技工作的总体思路》显示，北京市的科技创新工作现在有三条主线。第一条是以国际科技创新中心建设为主线，推动首都高质量发展。第二条是打造世界领先的科技园区和"三城一区"主平台来推动培育高精尖产业新动能。第三条是国家实验室建设。为支撑整个创新型国家建设和科技强国建设贡献更多的北京力量。高质量科技人才队伍也为北京市在未来建成国际科技创新中心提供了高端智力助力与支持。北京市从"全国科技创新中心"到"国际科技创新中心"，取得了一批重大原创性科学成果。支持北京市建设国际科技创新中心，是党中央立足新发展阶段、新发展理念、新发展格局做出的重要战略部署，是新时代培育国家战略科技力量、建设科技强国的重要支撑。

（二）北京市人才高地建设新形势

2021 年，在中国共产党建党一百周年之际，习近平总书记在中央人才工作会议上提出深入实施新时代人才强国战略，加快建设世界重要人才中心和创新高地，强调必须坚持党管人才，坚持面向世界科技前沿、面向经济主战场、面向国家重大需求、面向人民生命健康，深入实施新时代人才强国战略，全方位培养、引进、用好人才，明确提出了加快建设世界重要人才中心和创新高地的战略目标，在北京市、上海市、粤港澳大湾区建设高水平人才高地。①

2022 年 1 月，北京市委人才工作会议强调，党中央提出的加快建设世界重要人才中心和创新高地的战略目标，对北京市而言是国际科技创新中心建设的重要内容，是立足新发展阶段、贯彻新发展理念、构建新发展格局、推动高质量发展的必然要求，是率先基本实现社会主义现代化的重要支撑。

北京市科技人才队伍的建设与发展，在新时期人才高地建设的新形势下，将以建设国家战略科技人才队伍为首要目标，以首善标准抓好人才工作，力争率先建成高水平人才高地，为我国建设世界重要人才中心和高质量人才聚集平台提供不断支持。

---

① 《深入实施新时代人才强国战略 加快建设世界重要人才中心和创新高地》，《求是》2021 年第 24 期。

（三）北京市创新高地建设新形势

2021 年《北京市"十四五"时期国际科技创新中心建设规划》公布，明确到 2025 年，北京市基本建成国际科技创新中心，该规划明确了北京市要"把握国际科技创新中心新使命""开启国际科技创新中心建设新征程""强化战略科技力量，加速提升创新体系整体效能""加强原创性引领性科技攻关，勇担关键核心技术攻坚重任""聚焦'三链'融合，加速培育高精尖产业新动能""构建新技术全域应用场景，支撑国际一流的和谐宜居之都建设""优化提升重点区域创新格局，辐射带动全国高质量发展""激发人才创新活力，加快建设世界重要人才中心和创新高地""构建开放创新生态，走出主动融入全球创新网络新路子""深化科技体制改革，引领推动支持全面创新的基础制度建设"。

从北京市实际发展情况与潜力看，北京市 2019 年 GDP3.5 万亿元人民币，人均 GDP2.4 万美元。高科技企业（如新一代信息技术、生物医药、电子通信、科技服务等）产值占 1/4，北京市重点建设的"三城一区"以接近 6%的土地贡献了全市 GDP 的 1/3。由此可以看出，北京市可谓中国创新高地的代表。

"人才是第一资源"，北京市科技人才队伍的建设与发展在创新高地建设新形势下，必将以提升科技人才的创新能力为主要方向，各方将对科技创新人才予以更大的支持与政策倾斜，让高质量科技人才助力高科技企业以创造更多产值，推动北京市经济社会发展，为北京市创新高地建设提供源源不断的智力支持。

二　北京市科技人才建设现状

（一）北京市科技人才总量与发展比较

在科技人才总量方面，截至 2020 年底，北京市拥有人才总量达 781.3 万人，人才密度高达 62%。截至 2019 年底，全国拥有 R&D 科技研发人员共

480.10万人，其中北京市拥有R&D科技研发人员共31.40万人，占全国的6.54%。与其他直辖市相比，天津市拥有R&D科技研发人员共9.25万人，占全国R&D科技研发人员总量的1.93%；上海市拥有R&D科技研发人员共19.86万人，占全国R&D科技研发人员总量的4.14%；重庆市拥有R&D科技研发人员共9.76万人，占全国R&D科技研发人员总量的2.03%。北京市R&D科技研发人员总量在4个直辖市中排名第一。在全国31个省、自治区、直辖市中，北京市R&D科技研发人员总量排名第四，仅次于广东省（80.32万人）、江苏省（63.53万人）、浙江省（53.47万人）。①

在科技人才入选各类人才计划方面，北京市拥有"智源学者计划"入选人才85人；北京市杰青项目共选拔培养106名市级杰青；"高层次人才创新创业计划"入选人才582人，其中杰出人才42人，领军人才343人，青年拔尖人才197人；"北京市科技新星计划"入选人才2662人；"中关村高端人才聚集工程"入选人才527人。②

在尖端高层次科技人才方面，截至2022年8月，北京两院院士913人，占全国的49%；2020年，北京市高被引科学家共230人，较2019年增长72.36%，入选机构数量增加了36个（2019年为11个），增幅为327.27%，从全国范围来看，北京市高被引科学家人数及其所在机构数量均位居第一。

从以上三个方面可以得出，不论是科技人才总量，还是各类人才计划入选人才、尖端高层次科技人才数量，北京在全国都占有绝对优势。尤其是仅北京就聚集了全国1/3左右的高被引科学家，数量远超其他4个也拥有较多高被引科学家的省份人数之和，体现了北京市作为首善之区具有的极为丰富的科技人才资源，体现出北京能够聚集高层次科技人才的显著优势。这些人才优势为北京打造国际科技创新中心、建设人才高地与创新高地提供了最重要的资源支撑。

---

① 中华人民共和国科学技术部：《中国科技人才发展报告（2020）》，科学技术文献出版社，2021。
② 中华人民共和国科学技术部：《中国科技人才发展报告（2020）》，科学技术文献出版社，2021。

（二）北京市科技人才队伍储备人才分析

北京市拥有高校 92 所，拥有全国 39 所"985 工程"院校中的 8 所，拥有全国 116 所"211 工程"院校中的 26 所。从硕士及以上培养单位数量来看，北京市共有 165 家研究生培养单位。截至 2019 年底，全国共有在校研究生 1847689 人，其中硕士研究生 1535013 人，博士研究生 312676 人。北京市共有在校研究生 299562 人，占全国在校研究生的比例为 16.2%。其中硕士研究生 212163 人，占全国的比例为 13.8%；博士研究生 87399 人，占全国的比例为 28.0%。

以上数据表明，北京市的高校数量和硕士、博士研究生数量，均在全国范围内占有绝对优势，标志着北京市有着全国最集中的储备科技人才资源，研究生学历尤其是具有博士研究生学历的高端储备科技人才资源最为丰富，远远领先于其他地区。另外，考虑到高校硕士、博士毕业生的就业偏好，一方面在北京市的硕士、博士毕业生具有在北京市本地就业的倾向性，自然形成高质量科技人才队伍的储备人才库；另一方面首都作为超一线城市，对北京市外其他高校硕士、博士毕业生也具有很强吸引力，每年市外高校也有不少硕士、博士毕业生来京就业，他们也将成为北京高质量科技人才队伍重要的后备军。

（三）北京市科技领军人才的产业领域分布情况

科技领军人才是对某个领域的科技发展做出卓越贡献，并处于领先地位的、在领域内起到引领和带动作用的尖端科技人才。按照工作性质侧重点的不同，科技领军人才分为科技创新领军人才、科技创业领军人才两大类。科技领军人才的产业领域分布能够反映当地产业结构的优化程度。

1. 科技创新领军人才产业领域分布情况

如图 1 所示，截至 2019 年底，北京市科技创新领军人才产业领域分布情况为：生物学 9.55%，物理学 7.54%，电子与通信技术 3.27%，化学 7.29%，地球科学 6.28%，农学 6.28%，材料科学 5.53%，自动控制技术 3.27%，临床医学 3.52%，畜牧、兽医科学 3.27%，其他 44.20%。

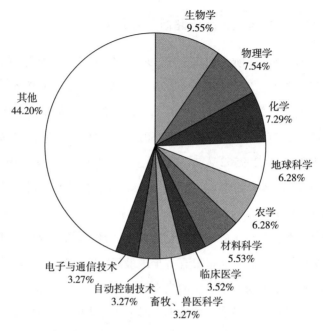

图1　截至2019年底北京市科技创新领军人才产业领域分布

资料来源：2019年相关政府部门统计。

可见北京市现有科技创新人才专家主要集中在生物、物理、化学等基础研究学科，表明北京市具有强大的科技基础研究能力，在未来科技重大攻关方面具有较大潜力。这主要有两个方面的原因，一是科技创新人才主要的工作单位在高校、科研院所等学术科研机构，以基础研究为主，或者是基础研究的相关成果转化与工程应用；二是近年来国家对基础研究进行政策倾斜，强调基础研究对未来建设创新型国家的重要性与核心地位。北京市作为全国高校、科研院所等科研机构最多的城市，也对基础研究进行了重点支持，为科技攻关储备了领军人才。

2.科技创业领军人才产业领域分布情况

如图2所示，截至2019年底，北京市科技创业领军人才产业领域分布情况为：化学原料和化学制品制造业1.35%，软件和信息技术服务业37.84%，计算机、通信和其他电子设备制造业4.05%，畜牧业1.35%，卫生 1.35%，专业技术服务业 8.11%，医药制造业 6.76%，土木工程建筑业 2.70%，电力、热力生产和供应业 1.35%，非金属矿物制品业 2.70%，生态保护和环境治理业 6.76%，教育业 1.35%，互联网和相关服务业 6.76%，专用设备制造业 5.41%，通用设备制造业 1.35%，食品制造业 1.35%，农业 4.05%，研究和试验发展 2.70%，科技推广和应用服务业 1.35%，其他制造业 1.35%。

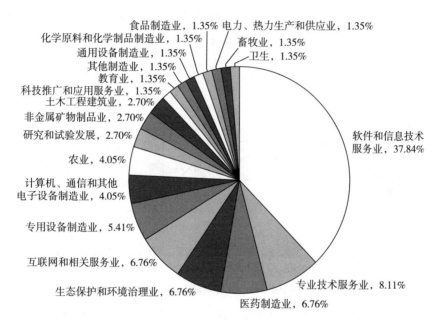

图 2 截至 2019 年底北京市科技创业领军人才产业领域分布

资料来源：2019 年相关政府部门统计。

可见北京市的科技创业人才多偏重于与市场经济紧密结合的应用领域的研究，并且涉及领域十分广泛，体现了科技创业活动的灵活性与多样性。这主要得益于北京市作为首都和超一线城市，具有良好的创业环境和政策支持，科技创业人才可以结合北京市不同产业、行业发展实际情况，通过创办科技型企业，将科技成果通过灵活的市场转化为商品，完成企业生产力的提升。

（四）北京市科技人才队伍建设与发展的典型：中关村

中关村历来重视科技人才队伍建设，注重以人才链带动创新链，以创新链发展产业链，中关村科技人才队伍建设的"先行试验田"为北京市建成国际科技创新中心打下了很好的基础。

1. 科技人才总量稳定增长

如图3所示，截至2018年底，中关村科技人才总量272.1万人，相比2017年增加了约10万人，2018年增长率为3.9%。

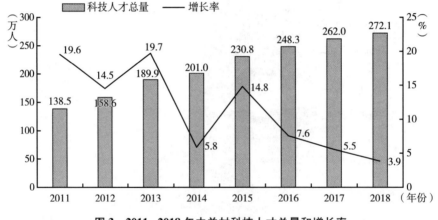

图3 2011~2018年中关村科技人才总量和增长率

资料来源：历年《中国科技统计年鉴》、《北京统计年鉴》、《北京人才发展报告》及相关政府部门统计。

从历年科技人才总量发展趋势看，2011~2018年，中关村科技人才总量连续保持稳定增长态势。尤其是在2014年以前，中关村科技人才总量不仅连续增长，每年的增长率都保持在10%以上，2011年和2013年更是接近20%。2014年以后，伴随着中关村科技人才总量已经达到了很高的水平，增速才开始有所放缓。这充分显示了中关村得益于北京市科技人才发展环境与良好人才政策，对科技人才具有巨大吸引力，保证了中关村具有丰富的科技人力资源，能够为中关村高新技术企业发展提供强有力的智力支持。

2.科技人才年龄结构更加优化

如图4所示，截至2018年底，中关村科技人才的年龄分布为：50岁及以上的占7%，40~49岁的占15%，30~39岁的占40%，29岁及以下的占38%。

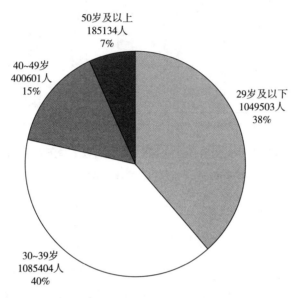

图4 截至2018年底中关村科技人才各年龄阶段的人数分布

资料来源：历年《中国科技统计年鉴》、《北京统计年鉴》、《北京人才发展报告》及相关政府部门统计。

可见，中关村拥有的科技人才中，30~39岁和29岁及以下这两个最年富力强的年龄段占绝对优势（合计占78%），且具有一定科研、工作经验的30~39岁的科技人才数量最多。科技创新需要一定的创造活力，偏年轻化的科技人才年龄结构能够为中关村带来持续不断的创新动力，也表明了青年科技人才对中关村的青睐。

3.理工类本科以上学历人才数量不断增长

如图5所示，中关村内理工类本科以上学历人才数量不断增长，截至2018年底，中关村科技企业中理工类本科以上学历人才数量为109.7万人，比2017年增加了4.8万人，2018年增长率为4.6%。

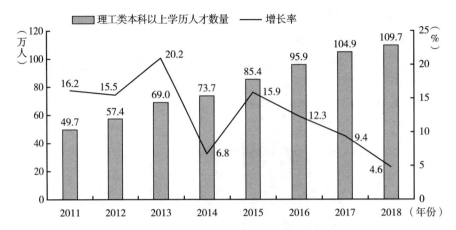

图5　2011～2018年中关村科技企业中理工类本科以上学历人才数量和增长率

资料来源：历年《中国科技统计年鉴》、《北京统计年鉴》、《北京人才发展报告》及相关政府部门统计。

　　理工类人才是科技人才的主要培养对象，从历年中关村内理工类本科以上学历人才数量发展趋势看，2011～2018年，其连续保持稳定增长态势。尤其是在2016年以前，不仅连续增长，而且几乎每年的增长率都保持在10%以上（2014年除外）。2017年中关村内理工类本科以上学历人才数量就已经突破100万人大关，已经达到了很高的水平，这充分显示了中关村科技人才质量的不断提升。

　　4. 留学回国人员中具有博士研究生学历的人数稳步上升

　　如图6所示，截至2018年底，中关村留学回国人员中具有博士研究生学历的人数为3620人，比2017年增加了563人，2018年增长率为18.4%。

　　留学回国人员工作意向是对某地发展水平认可与否的重要衡量指标，而海外博士的就业选择更加显著。从历年中关村内具有博士研究生学历的留学回国人员数量增长趋势看，2011～2018年，留学回国人员中具有博士研究生学历的人数稳步上升，显示了中关村对海外博士高端人才的巨大吸引力。另外，其增长率有一点比较明显，即呈现隔年差异化。如2015年增长率为21.4%，远超2014年的2.4%；2018年增长率为18.4%，远超2017年的

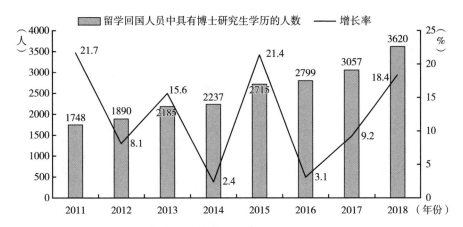

图6 2011~2018年中关村留学回国人员中具有博士研究生学历的人数和增长率

资料来源：历年《中国科技统计年鉴》、《北京统计年鉴》、《北京人才发展报告》及相关政府部门统计。

9.2%。考虑到海外博士专业领域往往较为精准，可能会受到当年所能提供工作岗位是否适合自己的限制。

5. 中关村科技人才创新成果数量持续增长

专利申请和专利授权标志着申请人和获得的人具有独一无二的科技创新成果，是科技人才创新成果的重要衡量指标。如图7所示，截至2018年底，中关村企业专利申请量和专利授权量分别为102717件和56374件，比2017年分别增加了18098件和10328件。

从历年中关村企业专利申请量和专利授权量看，2011~2018年，中关村企业专利申请量和专利授权量持续增长，2018年专利申请量突破了10万件大关。另外，从每年的专利申请量和专利授权量对比来看，基本每年（2011年除外）能保证50%左右的专利申请最终获得授权（其中2018年已经有约55%的专利申请获得授权），显示出中关村科技人才创新成果显著，为企业提高科技含金量做出了巨大贡献，能够推动企业获得蓬勃发展。

6. 中关村科技人才队伍产业领域分布特色鲜明

按照电子与信息、生物工程和新医药、新材料及应用技术、先进制造技术、航空航天技术、现代农业技术动植物优良新品种、新能源与高效节能技

图7　2011~2018年中关村企业专利申请量和专利授权量

资料来源:历年《中国科技统计年鉴》、《北京统计年鉴》、《北京人才发展报告》及相关政府部门统计。

术、环境保护技术、海洋工程技术、核应用技术、与十大领域配套的相关技术产品以及适合首都经济发展的其他高新技术及其产品领域划分,截至2018年底,中关村各技术领域中科技人才资源情况见图8。

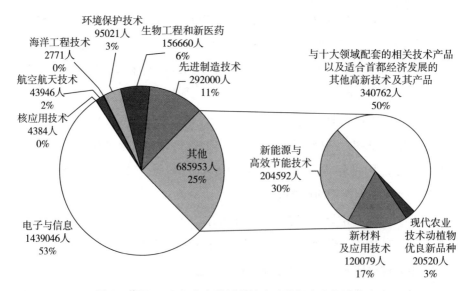

图8　截至2018年底中关村科技人才队伍产业领域分布

资料来源:历年《中国科技统计年鉴》、《北京统计年鉴》、《北京人才发展报告》及相关政府部门统计。

从中关村科技人才在各个技术领域的分布来看，中关村科技人才队伍中涉及电子与信息领域的人才数量最大，所占比例超过一半，可见科技人才队伍产业领域分布情况非常符合中关村产业发展的特色。特色产业人才分布更加密集，将会为中关村的支柱产业——电子科技与信息技术产业的企业提供巨大的智力支持。

7.中关村科技人才队伍专业技能水平提高

截至 2018 年底，中关村科技企业拥有高级技师（国家职业资格一级）、技师（国家职业资格二级）、高级技能人员、中级技能人员、初级技能人员的人才数量结构更加合理，其中拥有高级技师（国家职业资格一级）、技师（国家职业资格二级）、高级技能人员的比重达 46%（见图 9）。

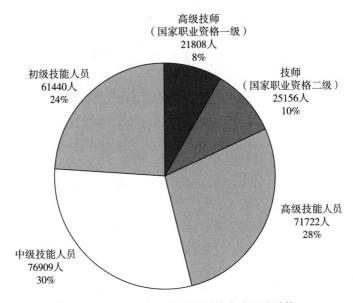

图9 截至 2018 年底中关村科技人才职称结构

资料来源：历年《中国科技统计年鉴》、《北京统计年鉴》、《北京人才发展报告》及相关政府部门统计。

可见，中关村科技企业拥有高级职称的科技人才数量接近一半，显示出中关村科技人才队伍的专业技能水平较高，拥有高级职称的科技人才数量所占比重较大，高级职称标志着科技人才队伍更加专业化，显示出中关村科技

人才队伍的专业技能水平得到了提高。

8.中关村科技企业数量整体呈增长趋势

2011~2018 年，中关村的科技企业数量整体呈增长趋势。尤其截至 2018 年底，中关村的科技企业数量为 22110 家，比 2017 年增加了 97 家（见图 10），中关村的科技创业活力凸显。

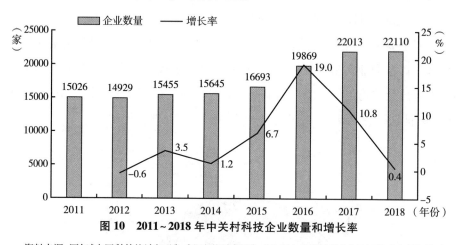

图 10　2011~2018 年中关村科技企业数量和增长率

资料来源:历年《中国科技统计年鉴》、《北京统计年鉴》、《北京人才发展报告》及相关政府部门统计。

9.中关村科技企业技术收入整体呈增长趋势

2011~2018 年中关村科技企业技术收入和增长率见图 11。

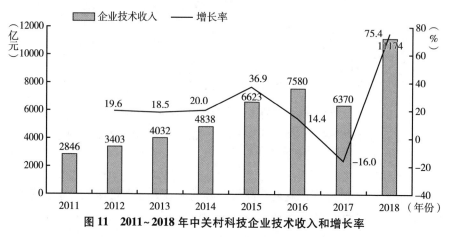

图 11　2011~2018 年中关村科技企业技术收入和增长率

资料来源:历年《中国科技统计年鉴》、《北京统计年鉴》、《北京人才发展报告》及相关政府部门统计。

2011~2018 年，中关村科技企业总收入中的技术收入整体呈增长趋势。尤其是 2018 年，中关村科技企业技术收入为 11174 亿元，比 2017 年增加了 4804 亿元，2018 年增长率为 75.4%，充分显示了中关村科技企业蓬勃的生命力与强大的市场竞争力。

三　北京市科技人才政策实施现状

习近平总书记在中央人才工作会议上的重要讲话，为做好新时代首都人才工作指明了前进方向、提供了根本遵循。北京市坚持人才引领发展的战略地位，坚持和强化首都意识、首善标准、首创精神，在推动首都高质量发展的进程中，形成了具有北京特色的人才工作模式。北京市为人才高地、创新高地建设实施了一系列精准、有效的新政策，大力推动科技人才支撑经济社会高质量发展，取得了积极成效。科技人才增强了北京市科技和产业创新能力，为北京市经济社会发展做出了巨大贡献。

（一）实施更具吸引力的引才政策

1. 制定引才专项方案，聚集高质量科技人才

北京市已经实施了"海外人才聚集工程"等高端人才引进、支持计划。"海外人才聚集工程"，也即"海聚工程"，聚集了由战略科学家领衔的研发团队和由国家科技领军人才领衔的高科技创业团队，引进了几百名海外高层次人才来北京市创新创业。

北京市还建立了人才与项目对接机制，通过国家科学中心等平台聚集一批从事国际前沿科技研究、带动新兴学科发展的科学家团队，打造世界一流人才发展平台和人才制度高地。前沿科技创新需要高端领军科技人才，为此北京市制定了引才专项方案，专家推荐、专班洽谈、部门承接相结合，实施以才引才、以大师引大师措施，"一人一策"提出引进方案，"一事一议"确定引进事项。

疫情期间，北京市还创新了海外引才模式，面向全球启动高层次人才网

上"云招聘"。两年来，北京市与清华大学、北京大学等联合引进海外战略科技人才32名、科技领军人才179名。北京市深入落实中关村人才管理改革试验区各项政策，加快开展外籍人才出入境管理和永久居留权等改革试点。针对外籍高科技人才、高新企业创业人才在北京市长期工作居留所面临的实际困难，实施外籍人才出入境改革"新十条"，为外籍人才办理在华永久居留、长期签证和口岸签证，提供更为宽松便捷的出入境、停居留环境。

2.打造科技人才创新创业载体，设立人才事业发展平台

近年来，北京市积极打造高水平科技人才创新创业载体，人才聚集平台作用显著，将"锻长板与补短板"并举，以构建和服务保障国家战略科技力量、搭建人才事业平台为第一位任务，持续优化科研主攻方向、优化科研组织形式、优化人才工作职能。

（1）发挥新型研发机构平台作用聚集人才

2018年，北京市出台了关于支持建设世界一流新型研发机构的实施办法，联合北京大学、清华大学、中国科学院等北京市科研单位，推动组建了量子院、脑科学中心等高水平新型研发机构，以放权赋能、松绑除障为重点，在治理模式等方面实现了重大制度突破，吸引了一批全球顶尖人才，培养了一批青年人才，产出了一批重大科研成果。

（2）打造科技人才交流合作平台

为进一步激发青年人才投入北京国际科技创新中心建设，2020年11月，北京市启动以"星光璀璨·筑梦北京"为主题的科技人才系列交流活动，旨在推动各类科技人才间的互动与交流合作，为青年科技人才追踪前沿科技、开展跨领域交流创造条件。

（3）加强中关村海外人才创业园建设

为进一步发挥海外人才创业平台作用，2021年1月，北京市政府印发《关于进一步加强中关村海外人才创业园建设的意见》，从完善海创园工作体系、提升海创园服务能力、支持海创企业落地发展、拓宽海创项目融资渠道、支持优秀海外人才留京发展和优化海外人才创业环境6个方面提出17项具体措施。

为保证人才拥有事业发展的良好平台，北京中关村允许外籍人才担任新型科研机构负责人、领衔承担国家科技计划项目、提名市级科学技术奖项等。同时其还提出在中关村内建立国际人才合作组织，举办国际人才大会及高峰论坛，推荐优秀人才到海外国际组织任职。

（二）实施有针对性的科技人才培养计划

为促进各类科技人才的成长发展，尤其是加大对青年科技人才的培养支持力度，北京市实施了多种有针对性的科技人才培养计划，最典型的有"北京市科技新星计划""北京市青苗计划""北京市优青人才计划"等。

"北京市科技新星计划"旨在发现和培养一批政治素质高、创新能力强、发展潜力大的青年科技骨干，并使之成为国家战略人才后备力量。北京市科委、中关村管委会对入选的青年科技人才及项目给予经费支持，鼓励依托单位进行经费匹配。

"北京市青苗计划"是北京市医院管理中心 2015 年推出的"青苗、登峰、使命"三个人才计划之一。"北京市青苗计划"通过多项扶持举措，为北京市属医院青年人才的成长搭建发展平台，为北京市属医院跨越发展储备人才资源和后备力量。

"北京市优青人才计划"是以市委、市政府名义评选表彰的北京市优秀青年人才项目。凡为首都经济社会发展做出积极贡献，且评选当年在 35 岁以下的各类优秀人才，均可参加"北京市优秀青年人才"的评选。

（三）为科技人才提供多种资源支持，提升服务质量

1. 大科学装置等学术科研资源支持

北京市积极推动大科学装置落地，加强国家实验室的服务保障和落地承接，为高质量科技人才提供丰富的学术资源支持。

2021 年 7 月 22 日，由中国科学院空天信息创新研究院承担的大科学装置航空遥感系统顺利通过国家验收，投入正式运行，并对各领域用户开放。尤其是北京怀柔区作为重点支持区域，根据《国家重大科技基础设施建设

中长期规划（2012—2030 年）》，在"十二五"期间，完成了北京市先进光源预研等 16 个大科学装置项目。

北京市科委还成立了国家实验室服务保障中心，加快推进中关村、昌平和怀柔 3 个国家实验室的创建工作，做好国家实验室资金、土地等资源的统筹保障，支持国家实验室建设。

2. 住房保障

北京市各区政府、市住房城乡建设委、市规划国土委、市财政局、市人力社保局共同加强人才住房保障。坚持以区为主、全市统筹，通过租购并举的方式解决人才住房需求。各区在编制年度保障性住房建设和供应计划时，应确定一定比例的公租房和共有产权住房面向符合条件的人才供应。进一步优化引进人才购房支持政策，制定人才租房补贴标准。

3. 子女教育保障

由各区政府、市教委、市人力社保局、市外专局加强人才的子女教育保障。在"三城一区"、海外人才聚集区域及其他科技创新产业聚集区域配置不同类型的优质学校，满足各类人才子女入学需求。针对就近就便入学、国际化教育等多样化需求，优化国家和本市重大人才工程入选专家、海内外高层次人才的子女义务教育入学服务。

4. 医疗保障

由市人力社保局、市外专局、市卫生计生委加强人才的医疗服务保障。统筹建立国际化的人才医疗服务保障体系。畅通高层次人才就医"绿色通道"。鼓励符合条件的医疗机构、诊疗中心与国内外保险公司合作开发多样化的商业医疗保险产品。为高层次人才提供一定比例的商业医疗保险补贴支持。同时，北京市进一步扩大涉外医疗服务供给，提升外籍人才医疗服务水平，加快建设国际人才社区，为外籍人才创造便利的国际化工作生活环境。

另外，针对中关村，北京市科委、中关村管委会还颁布了中关村人才引进 20 条等新政策，在国际人才出入境许可、医疗保障、家属安置、子女入学等方面为优秀人才提供了一系列便利条件，让人才"进得来""留得下""融得进""干得好"，从传统的"待遇留人"转变为"平台引人""事业留人""服务感人"的一揽子全方位立体工程,在扩大北京市优质人才队伍规模方面取得了积极的效果。

(四)改革科技人才评价机制

1.完善人才评价管理机构和组织制度

北京市进一步将高端领军人才细分为高端创业领军人才、领军企业家、投资家、创新创业服务领军人才等4类,完善相应的评价流程、标准和支持政策,探索高等学校、科研院所等事业单位聘用外籍人才的路径和事业单位招聘外籍人才的认定标准。

2.完善高端领军人才、特殊人才职称评价晋升机制

2016年10月,印发《关于开展高端领军人才自然科学和社会科学研究系列研究员直通车评价工作的通知》,建立符合首都经济社会发展特点的职称评价专业体系,将高端领军人才专业技术资格评价试点直通车适用范围从工程技术人员向科技成果转化和产业化、新兴领域科研人员拓展。2018年1月,实施《北京市科研机构专业技术职务自主评聘管理办法》,进一步下放职称评审权限给科研机构。《关于新时代深化科技体制改革加快推进全国科技创新中心建设的若干政策措施》提出,创新职称评价方式,推行代表作评价制度,扩大代表作认定范围,改革医学科技人才评价机制,下放医疗卫生机构职称自主评审权限,畅通技术转移转化人才职业发展通道,推行技术经纪等职称专业评价。

3.深化人才市场化评价机制

建立以科研能力和创新成果为导向的科技人才评价标准。探索职称制度分类改革,创新评价标准和办法,推进专利管理领域职称设置工作。引入专业性强、信誉度高的第三方社会机构参与人才评价。建立市场化人才选聘评价标准体系,加强职称评审方面的灵活性、自主性,在全国率先实行"个人自主申报、社会统一评价、单位择优聘任、政府宏观调控"的社会化职称评价模式。

（五）多元化的科技人才激励与奖励政策

1. 完善覆盖科技创新全链条的奖励方式

北京市建立了与个人业绩贡献相衔接的奖励机制，对取得重大原创成果、进行颠覆性创新、形成世界影响的战略科技人才及其团队成员，以及取得重大技术突破、做出突出贡献或带领创新企业实现千亿级产值、有效推动北京市高精尖产业发展的科技领军人才给予重奖，进一步完善总部企业及为总部经济发展做出突出贡献的企业高端人才或团队的奖励方式，并提高奖励标准等。

2. 鼓励通过科技成果转化奖励主要职务发明人

2019年11月，北京市人大通过实施《北京市促进科技成果转化条例》，明确市区政府应该对在科技成果转化活动中做出突出贡献的组织和个人予以表彰和奖励，职务科技成果的使用、转让、投资等全部或者部分权利给予科技成果完成人，单位对为完成、转化职务科技成果做出重要贡献的人员给予奖励和报酬。

3. 拓展和丰富荣誉奖范围和类型

2018年7月印发的《北京市关于全面深化改革、扩大对外开放重要举措的行动计划》提出，加大人才激励力度，扩大人才奖励范围，完善科学技术奖励制度，按规定程序增设科学技术奖励人物奖，调整科学技术奖种类和奖励等级，加大对战略科学家、科技创新领军人才、高技能人才、青年科技人才和创新创业团队的奖励力度，建立与个人业绩贡献相衔接的优秀人才奖励机制。

4. 实行以增加知识价值为导向的分配政策

北京市构建体现智力劳动价值的薪酬体系和收入增长机制，充分调动和激发科研积极性和创造性。加大绩效工资分配激励力度，落实科研成果性收入等激励措施，完善分配机制，使科研人员收入与岗位职责、工作业绩、实际贡献紧密联系。深化科技成果转化决策机制改革，建立健全科技成果转化重大事项领导班子集体决策制度，单位领导在履行勤勉尽责义务、没有牟取非法利益的前提下，免除其在科技成果定价中因成果转化后续价值变化而产生的决策责任。争取国家层面授权在北京市的高等学校和科研院所执行本市出台的科技成果转化收益分配等政策措施。

5. 对科技人才用人单位授权放权奖励制度

北京市对新设立的高等学校、公立医院等公益二类事业单位，按照人员总量管理，自主决定具体岗位分配；先后出台《加快推进高等学校科技成果转化和科技协同创新若干意见（试行）》（简称"京校十条"）和《加快推进科研机构科技成果转化和产业化的若干意见（试行）》（简称"京科九条"）；印发《北京市进一步完善财政科研项目和经费管理的若干政策措施》，形成 5 个方面 28 条改革举措，注重简政放权、放管结合、优化服务，真正让人才自由开展创新性活动。为人才"松绑"，针对人才兼职、在职办企、在岗创业、到企业挂职、参与项目合作、离岗创业等 6 种模式，颁布了一系列支持政策，实现人才"出得去、回得来、用得活、管得好"。

（六）科技人才对北京市发展的突出贡献

1. 北京市科研产出总量提升显著

2014 年以来，北京市科技创新综合实力显著增强。全市研发经费支出占地区生产总值比重保持在 6% 左右，在国际创新城市中名列前茅。基础研究投入占比提升至 2019 年的 15.9%，累计获得的国家科技奖项占全国 30% 左右，每万人发明专利拥有量是全国平均水平的 10 倍，科研产出 3 年蝉联全球科研城市首位，涌现出一大批世界瞩目的科技创新成果。

2021 年"自然指数—科研城市"报告追踪了各城市关于 17 个联合国可持续发展目标（SDG）的相关研究情况，北京位居全球之首。

2. 产学研深度融合

2019 年，北京市政府发布《北京市促进科技成果转化条例》，旨在促进北京市科技成果转化、推动城市法治环境高质量发展。

在新一代信息技术领域，北京市以聚焦前沿、促进融合为重点，突出高

端领域、关键环节的新一代信息技术优质品牌企业和特色产业集群重点布局在海淀区、朝阳区、经济技术开发区。在人工智能、先进通信网络、超高清视频和新型显示、产业互联网、5G核心器件、网络安全和信创、北斗、虚拟现实等领域，突出高端领域、关键环节，扶持并壮大一批优质企业。

在医药健康领域，北京市在"十三五"后期取得突破性进展，形成了"一南一北"双基地，汇聚了全国70%的AI医疗企业，建设布局了一批新型科技平台以及研究型医院，推动大量原创性成果进入转化的关键期。"十四五"时期，北京市发力创新药、新器械、新健康服务三大方向，推动医药制造与健康服务并行发展。北京市药品行业在化学药、生物药、中医药、医药中间体等细分领域均有涉及，器械行业主要聚焦在影像设备、医疗机器人、植入器械、体外诊断试剂等领域。

3. 对创新高地建设贡献突出

高质量人才支撑北京市创新高地建设成果瞩目，科技创新对北京市高质量发展支撑作用显著增强。依据人才优势，北京市在创新高地建设上一直走在前面，依托首善之区的区位优势，加强综合激励，提升人才服务质量，鼓励科技创新创业，先行科技创新高地试点建设取得了显著成就。

2022年清华大学产业发展与环境治理研究中心面向全球隆重发布的《国际科技创新中心指数2021》（Global Innovation Hubs Index 2021）报告显示，北京市科技创新中心指数的综合排名从上年的第五上升到第四。"十三五"时期，北京市设立了量子信息、人工智能等一批前沿领域新型研发机构，形成了一批引领原始创新的战略科技力量，"十三五"时期，北京地区单位牵头承担的国家重大科技项目立项数量和经费投入均居全国首位。

四 北京市科技人才队伍建设未来展望

（一）继续在首都十大高精尖领域内培养发展高层次人才

2017年12月26日，北京市政府组织召开了"北京市加快科技创新发展高精尖产业系列政策"新闻发布会，明确提出了北京市重点发展的十大高精尖产业方向，以实现北京市产业发展的"瘦身健体"和"提质增效"。十大高精尖产业涉及新一代信息技术、集成电路、医药健康、智能装备、节能环保、新能源智能汽车、新材料、人工智能、软件和信息服务及科技服务等。

十大高精尖产业是结合首都未来发展特色与定位而提出的，具有鲜明的地域性特色。未来，北京市将继续在这十大重点优先发展的高精尖产业技术领域实施政策倾斜与提供条件保障，吸引人才加入这些领域当中，同时以这十大领域带动其他领域协同发展，共同培育高质量科技人才队伍。

（二）继续聚集国际国内高端科技人才，打造战略科学家队伍

北京市未来将更加注重聚集在科技和产业领域取得显著成绩的科技领军人才，打造一支北京市高质量科技领军人才队伍，推动关键共性技术、前沿引领技术、现代工程技术和颠覆性技术的创新取得重大进展。北京市将更加注重为顶尖人才领衔重大技术攻关项目提供支持，积极为顶尖人才申报国家、北京市人才计划等。

北京市积极响应党中央和国家号召的打造战略科学家的伟大战略，未来北京市将更加大力聚集国内外引领世界科技发展趋势的战略科技人才，带动北京市科技人才队伍实力跃升，推动前瞻性基础研究、引领性原创成果实现重大突破。重点引进一批能够引领国际科学发展趋势的战略科学家，在基础研究领域引进一批世界一流的、从事科学前沿探索和交叉研究的、具有创新潜质的杰出科学家。

（三）继续大力支持青年科技人才

北京市未来将继续为优秀青年科技人才提供更多支持，建成一支具有成长潜力的青年科技人才队伍，为建设国际一流人才队伍提供战略后备力量。支持企业与国际一流大学、科研机构、跨国公司合作设立海外研发机构，吸引培养

全球优秀青年科技人才。在北京市高校、科研院所及科技领军型企业建设一批青年后备人才培养基地，吸引鼓励高校优秀毕业生来北京市工作。完善优秀人才培育与选拔机制，以项目引才、项目育才和项目聚才的模式推进各学科、各产业领军后备人才队伍建设。重视开展青年企业家和后备人才的培训工作，加强与新生创业群体的联系，形成未来的科技领军人才培养梯队。

（四）继续提升服务水平，为科技人才塑造良好发展环境

北京市未来将采取多种措施，争取更多资源支持，加大配套服务与设施投入力度。尤其是需要汇集多种资源，打造一批具有国际竞争能力的人力资源服务机构，提升针对科技人才的服务水平。同时提高人力资源市场对外开放水平，利用服务机构进行资源整合，建立健全网络体系。加大人力资源产品与服务的研发投入，以企业服务产品的质量水平等为人力资源服务机构引进的依据。对于世界知名的人力资源服务机构，允许外资股份加大投入，未来可尝试外资独立投资的人力资源服务机构，大力构建市场化的人才中介服务体系。

参考文献

中华人民共和国科学技术部：《中国科技人才发展报告（2020）》，科学技术文献出版社，2021。

中华人民共和国科学技术部：《中国科技人才发展报告（2018）》，科学技术文献出版社，2019。

中华人民共和国科学技术部：《中国科技人才发展报告（2016）》，科学技术文献出版社，2017。

中华人民共和国科学技术部：《中国科技人才发展报告（2014）》，科学技术文献出版社，2015。

吴江：《新时代人才强国战略新在何处》，《光明日报》2021年10月10日，第11版。

《聚天下英才而用之——党的十八大以来我国人才事业创新发展综述》，中国政府网，2021年9月28日，http://www.gov.cn/xinwen/2021-09/28/content_5639742.htm。

附　录　2022年中国创新人才大事记

1月

6日　国务院办公厅印发《要素市场化配置综合改革试点总体方案》，加快畅通劳动力和人才社会性流动渠道。指导用人单位坚持需求导向，采取符合实际的引才措施，在不以人才称号和学术头衔等人才"帽子"引才、不抢挖中西部地区和东北地区合同期内高层次人才的前提下，促进党政机关、国有企事业单位、社会团体管理人才合理有序流动。

13日　《人民日报》发表中组部人才局署名文章《深入实施新时代人才强国战略》，提出要深刻认识习近平总书记关于新时代人才工作新理念、新战略、新举措的重大意义，牢牢把握新时代人才强国战略的新部署、新布局，扎实推进新时代人才强国战略重点任务落地落实。

13日　科技部办公厅发布《关于营造更好环境支持科技型中小企业研发的通知》，支持提升科技型中小企业研发的人才服务水平。支持科技型中小企业集聚高端人才。鼓励各地方探索完善校企、院企科研人员"双聘"或"旋转门"机制。

16日　全国教育工作会议提出，创新发展支撑国家战略需要的高等教育。推进人才培养服务新时代人才强国战略，推进学科专业结构适应新发展格局需要，以高质量的科研创新创造成果支撑高水平科技自立自强，推动"双一流"高校为加快建设世界重要人才中心和创新高地提供有力支撑。

24日　重庆市人力资源和社会保障局主办的全国首个数字经济人才市

场投用，发布 50 个"揭榜招贤"需求清单。按照数字经济人才市场发展总体思路，截至 2025 年，力争打造成高端数字经济人才培育基地、全国数字经济人才输送交流平台。

29 日 教育部、财政部、国家发展改革委发布《关于深入推进世界一流大学和一流学科建设的若干意见》，提出加快培养急需高层次人才，大力培养引进一大批具有国际水平的战略科学家、一流科技领军人才、青年科技人才和创新团队。持续实施强基计划，深入实施基础学科拔尖学生培养计划 2.0，推进基础学科本硕博贯通培养，加强基础学科人才培养，为实现"0到 1"突破的原始创新储备人才。

2月

1 日 《求是》杂志发表中共中央总书记、国家主席、中央军委主席习近平的重要文章《努力成为可堪大用能担重任的栋梁之才》。年轻干部生逢伟大时代，是党和国家事业发展的生力军，必须练好内功、提升修养、增强本领，努力成为可堪大用、能担重任的栋梁之才，为实现第二个百年奋斗目标而努力工作，不辜负党和人民的期望和重托。

28 日 中共中央总书记、国家主席、中央军委主席、中央全面深化改革委员会主任习近平主持召开中央全面深化改革委员会第二十四次会议，强调加快建设世界一流企业，推进国有企业打造原创技术策源地。

28 日 中央全面深化改革委员会第二十四次会议审议通过《关于加强基础学科人才培养的意见》。要全方位谋划基础学科人才培养，科学确定人才培养规模，优化结构布局，在选拔、培养、使用、评价、保障等方面进行体系化、链条式设计，大力培养造就一大批国家创新发展急需的基础研究人才。

3月

4 日 科技部等九部门发布《"十四五"东西部科技合作实施方案》，

完善跨区域科技合作机制，健全东西部科技合作体系，激发企业、高校、科研院所等各类创新主体的活力，引导创新要素跨区域有序流动和高效集聚，推动资源共享、人才交流、平台联建、联合攻关、成果转化和产业化，形成优势互补、高效协同的跨区域科技创新合作新局面。

5 日　第十三届全国人民代表大会第五次会议上《政府工作报告》提出，提升科技创新能力。实施基础研究十年规划，加强长期稳定支持，提高基础研究经费占全社会研究经费的比重。实施科技体制改革三年攻坚方案，强化国家战略科技力量，加强国家实验室和全国重点实验室建设，发挥好高校和科研院所的作用，改进重大科技项目立项和管理方式，深化科技评价激励制度改革。加快建设世界重要人才中心和创新高地，完善人才发展体制机制，弘扬科学家精神，加大对青年科研人员的支持力度，让各类人才潜心钻研、尽展其能。

14 日　北京脑科学中心瞄准原始创新，激发人才活力。围绕选人用人、科研经费使用、科研评价、开放合作等方面创新体制机制。

21 日　中办、国办印发了《关于加强科技伦理治理的意见》，引导科技人员自觉遵守科技伦理要求。科技人员要主动学习科技伦理知识，增强科技伦理意识，自觉践行科技伦理原则，坚守科技伦理底线，发现违背科技伦理要求的行为，要主动报告、坚决抵制。

24 日　《人民日报》发表文章《走好人才自主培养之路（新论）》。习近平总书记强调，"全部科技史都证明，谁拥有了一流创新人才、拥有了一流科学家，谁就能在科技创新中占据优势"。当前，我国进入了全面建设社会主义现代化国家、向第二个百年奋斗目标进军的新征程，高水平科技自立自强是关键。我们必须更加重视人才自主培养，加快形成人才资源竞争优势。

25 日　《国务院关于落实〈政府工作报告〉重点工作分工的意见》发布，提出加快建设世界重要人才中心和创新高地，完善人才发展体制机制，弘扬科学家精神，加大对青年科研人员支持力度，让各类人才潜心钻研、尽展其能。

4月

6日 科技部印发《关于开展科技系统法治宣传教育的第八个五年规划（2021—2025年）》，提出要推动科研人员学法用法。面向科研院所、高等学校、企业、社会组织、新型研发机构等的科研人员，大力宣传《科学技术进步法》、《促进科技成果转化法》、《科学技术普及法》和《人类遗传资源管理条例》等科技法律法规及其相关配套政策和制度。

19日 中央全面深化改革委员会第二十五次会议审议通过了《关于完善科技激励机制的若干意见》。重点奖励那些从国家急迫需要和长远需求出发，为科学技术进步、经济社会发展、国家战略安全等做出重大贡献的科技团队和人员。要创新科研项目组织管理机制，保障科技人员科研工作时间，使科研人员心无旁骛地进行创新创造。要加强对青年科技人员的激励，敢于给年轻人担纲大任的机会，创造有利于青年人才脱颖而出的环境。要健全科研经费稳定支持机制，持之以恒地支持科研人员在基础性、公益性研究方向上"十年磨一剑"。要坚持激励和约束并重，建立有效的约束和监督机制。

22日 北京市委人才工作领导小组召开会议。会议指出，要深入贯彻习近平总书记关于做好新时代人才工作的重要思想，认真实施新时代人才强国战略，坚持党管人才，坚持首善标准，全方位培养、引进、用好人才，为推动新时代首都发展提供强有力的人才支撑。

24日 教育部印发《加强碳达峰碳中和高等教育人才培养体系建设工作方案》。加强重点产业人才需求预测，结合新时代人才成长规律、教育教学规律、科技创新规律，加快新能源、储能、氢能和碳捕集等紧缺人才培养，积极谋划对传统能源、交通、材料、管理等相关专业升级改造。

25日 教育部办公厅发布《关于学习宣传和贯彻实施新修订的职业教育法的通知》。要完善学校设置、专业设置、教育教学等标准和招生、管理、评价制度，完善教育教学模式，完善产教融合、校企合作、学徒制培养的政策体系。

29日 《国家"十四五"期间人才发展规划》指出，要坚持重点布局、梯次推进，加快建设世界重要人才中心和创新高地。北京、上海、粤港澳大湾区要坚持高标准，努力建成创新人才高地示范区。

5月

13日 人力资源和社会保障部发布《关于健全完善新时代技能人才职业技能等级制度的意见（试行）》，明确到"十四五"期末，在以技能人员为主体的规模以上企业和其他用人单位中，全面推行职业技能等级认定，普遍建立与国家职业资格制度相衔接、与终身职业技能培训制度相适应，并与使用相结合、与待遇相匹配的新时代技能人才职业技能等级制度。

14日 人社部召开全国专业技术人才工作座谈会电视电话会议，深入学习贯彻习近平总书记关于做好新时代人才工作的重要思想，总结交流工作经验，分析形势任务，研究部署重点工作。

6月

6日 在中共中央宣传部举行的"实施创新驱动发展战略建设科技强国"发布会上，科技部部长王志刚表示，高质量发展是从要素驱动更多地转向创新驱动，创新活动本质上是人的活动，创新驱动本质上是人才驱动，所以人才是实施创新驱动发展战略最重要的方面。

7月

5日 教育部办公厅、工业和信息化部办公厅、国家知识产权局办公室发布《关于组织开展"千校万企"协同创新伙伴行动的通知》，提出择优派驻一批博士生为企业提供技术服务。组建"蓝火博士生工作团"，根据地方及企业技术需求，每年组织在校博士研究生、青年教师等深入

企业，为企业提供科技创新服务，帮助企业解决实际问题，同时担任企业的高校联络员，作为企业联系高校的桥梁和纽带，帮助企业对接高校创新资源。

5日 科技部办公厅印发《国家重大科研基础设施和大型科研仪器开放共享评价考核实施细则》。加强实验技术人员队伍建设，建立专业化的技术服务团队，推动实验技术人员职位职称晋升和职业发展体系建设，组织实验技术人员开展技术和安全培训、仪器功能开发。

8月

5日 科技部、财政部印发《企业技术创新能力提升行动方案（2022—2023年）》，加大科技人才向企业集聚的力度。加强对企业家的战略引导和服务，举办企业家科技创新战略与政策研讨班，充分发挥企业家才能，支持企业家做创新发展的探索者、组织者、引领者。推动企业招收更多高水平科技人才，扩大企业博士后招收规模，鼓励企业吸引更多海外博士后。

8日 科技部、财政部、教育部、中国科学院、自然科学基金委发布《关于开展减轻青年科研人员负担专项行动的通知》，指出要完善国家重点研发计划青年科学家项目、自然科学基金优秀青年科学基金项目和国家杰出青年科学基金项目、"科技创新2030重大项目"青年科学家项目考核评价方式，针对探索性强、研发风险高的前沿领域科研项目，建立尽职免予追责机制。

16日 科技部、中央宣传部、中国科协印发《"十四五"国家科学技术普及发展规划》，大力弘扬科学精神和科学家精神。深刻理解和准确把握新时代科学精神和科学家精神的内涵，把科学精神和科学家精神融入创新实践，在全社会形成尊重知识、崇尚创新、尊重人才、热爱科学、献身科学的浓厚氛围。

22日 教育部办公厅、国家发展改革委办公厅、国家能源局综合司发布《关于实施储能技术国家急需高层次人才培养专项的通知》。聚焦我国对储能领域核心技术领军人才的迫切需求，创新产学研协同人才培养模式，为我国储能领域核心技术突破培养和储备一批创新能力强、具备国际视野和引领产业快速发展的领军人才，形成储能领域高层次人才辈出的新格局，为实现我国储能领域高水平科技自立自强和关键核心技术自主可控的战略目标奠定基础。

27 日　科技部、上海市人民政府、江苏省人民政府、浙江省人民政府、安徽省人民政府印发《长三角科技创新共同体联合攻关合作机制》，联合构建跨学科、跨领域、跨区域的若干创新共同体，实现项目、人才、基地、资金一体化配置，促进产业基础高级化和产业链现代化。

9月

2 日　粤港澳大湾区建设高水平人才高地。香港、澳门积极融入国家发展大局，粤港澳大湾区各城市之间的联系日益紧密，资本、技术、人才、信息等要素加速融合。粤港澳大湾区充分发挥自身科技和产业优势，放眼全球"引才"，不拘一格"用才"，搭建平台"育才"，用心用情"留才"，正迎来新的人才集聚高峰，综合竞争力、国际影响力大幅跃升。

5 日　中办、国办印发了《关于新时代进一步加强科学技术普及工作的意见》，提出壮大科普人才队伍，培育一支专兼结合、素质优良、覆盖广泛的科普工作队伍，优化科普人才发展政策环境，畅通科普工作者职业发展通道，增强职业认同。

6 日　中央全面深化改革委员会第二十七次会议审议通过了《关于健全社会主义市场经济条件下关键核心技术攻关新型举国体制的意见》《关于深化院士制度改革的若干意见》等文件。会议强调，要以完善制度、解决突出问题为重点，提高院士遴选质量，更好地发挥院士作用，让院士称号进一步回归荣誉性、学术性。

14 日　安徽构筑高端人才创新创业高地。深化科技体制改革，加快

"科大硅谷"建设。安徽省政府正式印发《"科大硅谷"建设实施方案》。

14 日 深圳人才集团与清华大学技术创新研究中心联合研究的"中国创新人才指数 2022"发布。以年度为周期动态跟踪呈现中国创新人才数量及质量的真实状况和发展趋势。

10月

7 日 中办、国办印发了《关于加强新时代高技能人才队伍建设的意见》，提出加大高技能人才培养力度，完善技能导向的使用制度，建立高技能人才职业技能等级制度和多元化评价机制，建立高技能人才表彰激励机制，制定保障措施。

16 日 中国共产党第二十次全国代表大会提出，实施科教兴国战略，强化现代化建设人才支撑。必须坚持科技是第一生产力、人才是第一资源、创新是第一动力，深入实施科教兴国战略、人才强国战略、创新驱动发展战略，开辟发展新领域、新赛道，不断塑造发展新动能、新优势。坚持教育优先发展、科技自立自强、人才引领驱动，加快建设教育强国、科技强国、人才强国，坚持为党育人、为国育才，全面提高人才自主培养质量，着力造就拔尖创新人才，聚天下英才而用之。

11月

9 日 复旦大学全球科创人才发展研究中心发布《长三角生态绿色一体化发展示范区人才一体化发展指数》。科学、规范地量化评价和分析一体化发展示范区人才一体化发展程度是人才高效治理的重要环节。

9 日 科技部等八部门印发《关于开展科技人才评价改革试点的工作方案》，针对人才评价"破四唯"后"立新标"不到位、评价方式创新不到位、资源配置评价改革不到位、用人单位评价制度建设不到位等突出问题，制定开展科技人才评价改革试点工作方案。

12月

14 日　中办、国办印发了《扩大内需战略规划纲要（2022—2035年）》，提出要激发人才创新活力，遵循人才成长规律和科研活动规律，培养造就更多国际一流的领军人才，加强创新型、应用型、技能型人才培养，壮大高水平工程师和高技能人才队伍。

15 日至 16 日　中央经济工作会议提出，科技政策要聚焦自立自强。要有力统筹教育、科技、人才工作。布局实施一批国家重大科技项目，完善新型举国体制，发挥好政府在关键核心技术攻关中的组织作用，突出企业的科技创新主体地位。提高人才自主培养质量和能力，加快引进高端人才。

16 日　《求是》杂志发表中共中央总书记、国家主席、中央军委主席习近平的重要文章《深入实施新时代人才强国战略　加快建设世界重要人才中心和创新高地》。文章强调必须坚持党管人才，坚持面向世界科技前沿、面向经济主战场、面向国家重大需求、面向人民生命健康，深入实施新时代人才强国战略，全方位培养、引进、用好人才，加快建设世界重要人才中心和创新高地，为 2035 年基本实现社会主义现代化提供人才支撑，为 2050 年全面建成社会主义现代化强国打好人才基础。

17 日　中央全面深化改革委员会第二十三次会议通过了《关于深入推进世界一流大学和一流学科建设的若干意见》等。会议指出，要突出培养一流人才、服务国家战略需求、争创世界一流的导向，深化体制机制改革，统筹推进、分类建设一流大学和一流学科。要牢牢抓住人才培养这个关键点，坚持为党育人、为国育才，坚持服务国家战略需求，瞄准科技前沿和关键领域，优化学科专业和人才培养布局，打造高水平师资队伍，深化科教融合育人，为加快建设世界重要人才中心和创新高地提供有力支持。

21 日　中办、国办印发了《关于深化现代职业教育体系建设改革的意见》，创新国际交流与合作机制。持续办好世界职业技术教育发展大会和世界职业院校技能大赛，推动成立世界职业技术教育发展联盟。立足区域优

势、发展战略、支柱产业和人才需求，打造职业教育国际合作平台。

24日 第十三届全国人民代表大会常务委员会第三十二次会议审议通过修订的《科学技术进步法》。该法将"科学技术人员"作为专章，提出国家采取多种措施，提高科学技术人员的社会地位，培养和造就专门的科学技术人才，保障科学技术人员投入科技创新和研究开发活动。

28日 教育部办公厅、工业和信息化部办公厅、国务院国资委办公厅发布《关于公布第二批全国职业教育教师企业实践基地名单的通知》。积极推动校企深度合作。国家级基地要积极参与职业学校教学改革与研究，协同开发课程资源，选派高技能人才和管理人员到学校兼职任教，促进"双元"育人。

28日 教育部办公厅、国家知识产权局办公室、科技部办公厅发布《关于组织开展"百校千项"高价值专利培育转化行动的通知》。推动高效转化。建立高校、发明人和技术转移机构等主体间责权利相统一的收益分配机制，进一步调动各方积极性，促进科技成果快速转化。

Abstract

Education, science and technology, along with human resources, constitute the fundamental and strategic pillars for the comprehensive development of a modern socialist country. In the context of ushering in a new era of strategy of strengthen the country with tale, the successful execution of China's national advancement through talent necessitates an unwavering commitment to the principles that underscore science and technology as primary drivers of productivity, talent as the foremost resource, and innovation as the principal impetus for progress. This mandates the proactive cultivation of new domains and trajectories for growth, continually fostering novel catalysts and advantages that fuel development.

This publication is centered around the theme of " Fostering Innovative Scientific and Technological Talent and Cultivating Centers of Innovation Excellence. " Through the meticulous collation of survey data and statistical insights concerning pioneering individuals and groups, it systematically elucidates the overarching architectural framework and strategic planning, the distribution dynamics and hierarchical structure, the evaluative framework and predictive trends, as well as the regional exploration and experiential insights pertaining to the evolution of innovative talent since the earnest implementation of the strategy of strengthen the country with tale. This research culminates in the formulation of pertinent policy recommendations. The publication is compartmentalized into four distinct sections: the general overview, strategic imperatives, evaluative metrics, and regional case studies.

The publication underscores the steady amplification in the magnitude of innovative talents and innovative collectives, as epitomized by members of the

Chinese Academy of Sciences and the Chinese Academy of Engineering, outstanding young scholars supported by the National Natural Science Foundation, pioneering research consortia, and high-level technical experts. The distribution of strategic scientists, prominently represented by academicians in foundational scientific disciplines, exhibits a heightened equilibrium. Notably, the size of academicians in both academies is comparable, with a slightly greater increment in the Academy of Engineering. The research trajectories of incoming academicians align closely with the pivotal developmental domains outlined in the "14th Five-Year Plan" of the Natural Science Foundation, predominantly concentrated in major urban centers such as Beijing and Shanghai. The majority of these fresh academicians hail from "double first-class" universities and renowned domestic research institutions. The influx of emerging talents and new entrants into the fold of outstanding young scholars, coupled with the rise of innovative research consortiums, showcases a balanced distribution across the foundational scientific disciplines, marked by continued augmentation in support. Robust formations of strategic talent pools, grounded in the long-term, strategic, and anticipatory requirements of national science and technology, are progressively taking shape, thereby fortifying the support landscape for innovative talents tasked with spearheading major national foundational research endeavors. A fertile ground for establishing a high-level talent nucleus is evident in Beijing, Shanghai, and the dynamic Guangdong-Hong Kong-Macao Greater Bay Area. However, a noticeable deficit of highly skilled professionals persists, especially accentuated in regions hosting national manufacturing innovation centers, prompting a distinct trend towards augmenting such high-level skills in these locales.

The comprehensive index gauging the development trajectory of innovative talents demonstrates a conspicuous ascending pattern. Projections indicate an approximate 15% upsurge in China's innovation talent development index for 2023. This trend is expected to persist as heightened investments are channeled towards enhancing the impact of talent reservoirs. While the Beijing-Tianjin-Hebei city cluster shows a minor dip in the investment and transformation index for innovative talents, the efficiency index remains relatively stable. In the Yangtze River Delta city cluster, the development index for innovative talents maintains a generally steadfast course. Notably, Beijing, as the capital, anticipates a 12%

surge in its innovative talent development index for 2023, underscoring its intent to bolster investments, ensure stable transformations, and heighten efficiency. The city, endowed with conspicuous strengths in education, science, technology, and human capital, aspires to emerge as a global nucleus for science and technology innovation in the foreseeable future.

The publication advocates a tripartite focus on "strategic guidance, evaluative analysis, and regional experimentation" in steering China's innovative talent development trajectory. With respect to the strategic blueprint for innovation talent development, the exploration advocates institutional policy shifts within science and technology cadre management and talent pool construction. It suggests dissecting the evolution of innovation hubs and the ecology of scientific and technological talent innovation. Moreover, it is necessary to encapsulate strategic measures undertaken in Beijing, Shanghai, Guangdong, Hong Kong, and Macao to construct globally esteemed innovation nuclei, enhancing the talent infrastructure of such innovation centers through digital technology integration. In terms of evaluating innovative talents, the key areas of focus encompass discerning the growth patterns of high-caliber scientific and technological talents, assessing the trends and efficacy of collaborative innovation among scientific and technological talent, evaluating the effectiveness and pathways of talent sharing, scrutinizing the status of digital talent development, and evaluating the essence and returns of the spirit of exemplary engineers and artisans. Regarding the innovative talent regional practice, the analysis suggests delving into technological bottlenecks and the clustering dynamics of scientific and technological talents in Beijing. It probes the impact of policies on scientific and technological talent in Beijing, coupled with the associated talent pool construction. The study also advises delving into the experiences gleaned from establishing talent nuclei and the duality of talent circulation systems in Shanghai, while encapsulating the collaborative components and mechanisms that underscore talent hotspots within the Guangdong-Hong Kong-Macao Greater Bay Area.

Keywords: Strategy of Strengthening the Country with Talents; Innovative Talent; Innovation Group; Innovation Hubs

Contents

I General Report

Abstract: In order to provide theoretical guidance and empirical evidence for further implementing the strategy of strengthening China with talents in the new era and accelerating the construction of the world's important talent center and innovation heights, this report focuses on the theoretical new development, development environment and policy system, development analysis and basic trend, as well as development index system and trend prediction of strategic innovative talents. The first part of this report constructs a theoretical system for the development of innovative talents with Chinese characteristics from the three aspects of the system, flow and evaluation of innovative talents. The second part summarizes the basic context of the evolution of innovative talents policy from the four aspects of talent introduction, training, incentive and agglomeration. Based on the above theories and policies, the third part analyzes the scale, structure and basic trend of four types of strategic innovation talents represented by strategic scientists, innovative groups, young scientific and technological talents and senior skilled talents from the experience level . The scale and structure of the four types of innovative talents are in line with the requirements of building an important talent center and innovation highland in the world, and their basic trend is in line with the strategic layout of priority key disciplines in the 14th Five-Year Plan, but it is still necessary to promote the deep integration of innovative talents and innovation highland construction. The fourth part constructs the index system of innovative talent development from three dimensions of input, transformation and efficiency, depicts the development trend of innovative talents in China by focusing on the whole country, various regions, Beijing-Tianjin-Hebei city cluster, Yangtze River Delta city cluster, Beijing, etc., and then predicts the talent innovation and development in 2023. In recent ten years, the development momentum of innovative talent is good. In the future, while increasing the investment of innovative talent, it will also focus on high-quality transformation and efficiency improvement.

Keywords: Innovative Talent Policy; Innovative Talent Highland; Development Level Innovative Talent; Innovation Talent Development Index

Ⅱ Strategy Reports

B.2 Analysis of Management System Evaluation and Institutional

Change of Science and Technology Cadre

Yu Xingan, Wu Yuchen / 067

Abstract: Science and technology is the core element to promote the development of productivity, and scientific and technological talents are the strategic resources to achieve national revitalization and win the initiative of international competition, which is an important indicator to measure the comprehensive national power of a country. The birth of the concept of scientific and technological talent is late, before that, science and technology cadres is a more unified name and term for scientific and technological research workers, at the beginning of the founding of New China, a special science and technology cadres management department and related policies were set up to manage

them. Personnel management is an important function of government management, and the personnel system is an important part of the national governance system. Therefore, it is important to clarify the institutional and policy changes of China's science and technology cadres management and science and technology talent team construction, comprehensively summarize the characteristics, achievements and experiences of the personnel management system of science and technology cadres and science and technology talents in socialism with Chinese characteristics, explore the mechanism of change and look into the future development, which can not only make up for the current personnel system in China It can also provide reference for the future reform and development of the construction of scientific and technological talent team and related personnel system.

Keywords: Science and Technology Cadre Management; Science and Technology Talent Team Building; Cardre Personnel System Reform

B.3 Analysis of Innovation Highland Construction and Innovation

Ecosystem of Science and Technology Talents

Xu Fang, Wang Fushi and Yang Kunxu / 094

Abstract: The report of the 20th Party Congress proposed to accelerate the construction of a world important talent center and innovation highland. Beijing has achieved remarkable results in the construction of innovation highland, the comprehensive establishment of talent policy system, the vigorous development of market incubators, the active atmosphere of financial capital support, and the accelerated transformation of scientific and technological innovation achievements. However, Beijing still faces many challenges in the construction of the innovation highland and the construction of the innovation ecosystem for scientific and technological talents. By analyzing the current situation of the construction of high-level innovation highland and innovation ecosystem for scientific and technological talents in Beijing, this study identifies the challenges and main problems, and draws on international experience and practices to build an international talent community consortium with capital characteristics, develop a data resource sharing platform to serve scientific and technological talents, construct a funding system to stimulate innovation of scientific and technological talents, reform We propose specific measures and suggestions to speed up the construction of the world talent center and innovation highland and improve the innovation ecosystem of scientific and technological talents by deepening the empowerment mechanism of talent management in key laboratories, creating a cultural atmosphere that encourages scientific and technological talents to innovate and start business, and improving the construction of high-quality infrastructure.

Keywords: Innovation Highland; Technology Talent; Innovation Ecosystem

B.4 Comparative Analysis and Prospect of Science and Technology Talent Strategy for the Construction of Innovation Heights

Feng Xiliang, Su Jianning / 116

Abstract: Xi Jinping made an important deployment to accelerate the construction of the world's important talent center and innovation highland at the Central Talent Work Conference. Vigorously promoting the construction of innovation highlands is closely related to the in-depth implementation of science and technology talent strategy. On the one hand, this paper systematically elaborates the typical initiatives of attracting, nurturing and employing talents in the implementation of science and technology talent strategy in the world-class innovation highlands of the United States, Canada, Britain, France and Germany, Israel, Japan and Korea, and on the other hand, it also compares and contrasts the specific implementation of science and technology talent strategy in the process of building world-class innovation highlands in Beijing, Shanghai, Guangdong, Hong Kong and Macao Greater Bay Area. Finally, the paper provides an outlook on promoting the downward shift of the center and the forward shift of the group

in the cultivation of scientific and technological talents, the organic combination of strength and precision in recruiting talents and attracting talents, the continuous exploration of the market potential of international students, the integrated synergy of industry-university-research, and the improvement of the efficiency of the transformation of scientific and technological achievements.

Keywords: Innovation Highland; Technology Talent Strategy; Industry-University-Research Synergy; Attracting Talent and Wisdom

B.5　Digital Strategy Analysis and Prospects for the Construction
of Innovation Highland　　　　　　　*Liu Ying, Wang Lu* / 142

Abstract: Talent is a strategic resource to achieve national revitalization and win the initiative of international competition. In order to maximize the effectiveness of talent resources, China has put forward a series of policy ideas around the construction of "talent centers" and "innovation highlands". The clustering effect of talents can promote knowledge sharing, produce more knowledge, improve technology level and optimize the innovation process, as well as pool resources and establish cooperative networks, which play a fundamental and decisive role in innovation output. However, at present, the talent gathering effect of "talent centers" in China still needs to be improved, and the effect of gathering innovation in "innovation highlands" is still not obvious. In this regard, this paper proposes that the construction system of "talent center" and "innovation highland" should be reconstructed based on digital strategy. Specifically, this paper proposes three policy recommendations: firstly, to build the talent infrastructure of the innovation highland based on digital technology; secondly, to aggregate digital data and make accurate portraits of "innovative talents"; thirdly, to release the new dynamic energy of "digital economy" and lead the industrial development with the advantage of digital talents. To unleash the new momentum of "digital economy" and lead the industrial development with the advantage of digital talents, in order to provide digital "solutions" for the strategic goal of "talent strengthening" .

Keywords: Talent Center; Innovation Highland; Digital Strategy; Talent Evaluation; Integration of Industry and Talent

III   Evaluation Reports

B. 6   Evaluation and Regularity Analysis of the Growth of High Level Scientific and Technological Talents

Chen Jin , Yang Shuo and Li Genyi / 155

Abstract: The competition for comprehensive national strength ultimately boils down to the competition for high-level talents. Building a scientific evaluation system for the growth of high-level scientific and technological talents can help build a team of high-level scientific and technological talents and create the world important talent center. Based on the identification of the concept of high-level technological talents and the evaluation research at home and abroad, this study proposes a technological talent iceberg model that includes dimensions such as talent performance, talent abilities, and talent traits, relying on competency models and iceberg models. Further build a growth evaluation system that takes into account different types of high-level technological talents based on talent characteristics, with talent capability improvement as the core, and talent performance as the guide. In addition, based on the objective laws of the growth of high-level scientific and technological talents, this study established a talent growth law model that conforms to the evolution of the "basic period - development period - achievement period" stage, and confirmed the effectiveness of the technology talent growth law model through example analysis.

Keywords: Science and Technology Talents; Evaluation Index System; Growth Law

B . 7   Evaluation and Trend Analysis of Joint Innovation Indicators

for Scientific and Technological Talents

Chen Shujie, *Fu Han and Zhao Jinghua* / 172

Abstract: Joint innovation of scientific and technological talents is a powerful measure to cope with the complex, open and multi-dimensional dynamic characteristics of innovation, optimize the allocation of innovation resources, and strengthen the construction of Chinese path to modernization with strategic talents. This has extremely important strategic significance for improving the new national system, promoting the deep integration of innovation chain, industry chain, capital chain, talent chain, and accelerating the construction of world important talent centers and innovation highlands. This report is based on statistical data such as the China Science and Technology Statistical Yearbook, and conducts indicator evaluation and trend analysis on the investment and efficiency of scientific and technological talent joint innovation. It proposes policy recommendations to accelerate the deep integration of industry, university, and research, improve the efficiency of scientific and technological talent joint innovation, create an institutional environment conducive to scientific and technological talent joint innovation, and promote the classification and implementation of regional scientific and technological talent joint innovation.

Keywords: Science and Technology Talents; Joint Innovation; Institutional Environment

B . 8   Evaluation and Path Analysis of Scientific and Technological

Talent Sharing   *Miao Rentao*, *Li Zhengrui* / 202

Abstract: Cross-regional scientific and technological talent sharing is of great significance to solve the current problem of unbalanced spatial distribution of scientific and technological talent resources in China. In order to scientifically and reasonably evaluate the effectiveness of scientific and technological talent sharing, this report has established a scientific and technological talent sharing system and effectiveness evaluation model, and designed the evaluation indicators of scientific and technological talent sharing effectiveness using the analytic hierarchy process, including four dimensions: resource integration, performance creation, high-tech industry impact and innovation environment change. On this basis, we put forward four basic ways to promote the effectiveness of scientific and technological talent sharing: taking technology as a helper to improve the ability of resource integration; improving the level of performance creation with interests as the link; taking the project as the carrier to promote the impact of high-tech industry; taking the government as the leading role to promote the change of science and technology innovation environment.

Keywords: Scientific and Technological Talents; Talent Sharing; Analytic Hierarchy Process

Abstract: Digital talent is an important force driving the rapid development of Chinese digital economy. The report firstly summarizes the concept and classification of digital talent, analyzes the current situation of Chinese digital talent, and sorts out the domestic and foreign digital talent policies. On this basis, it explores the problems of digital talent management and puts forward the development ideas and trends, in order to provide reference for the cultivation, aggregation and development of digital talent. According to the report, the main problems facing digital talents include: firstly, there is a large talent gap and insufficient reserves; secondly, the proportion of medium-skilled personnel is low, and the quality needs to be improved; thirdly, the development demand of digital industry is not well matched with the existing skills of digital talents, and the supply and demand structure is in urgent need of adjustment; fourthly, related

supporting policies are lacking and the supporting system needs to be improved. Digital talent development also needs to consider the future trend. First of all, the demand for talents increases rapidly, and the compound ability is imperative. Secondly, there is an obvious trend of talent return and a significant regional concentration of talent. Finally, the distribution of talents is in extensive industries and the cultivation of talents is ecological. The report suggests drawing on advanced experience of digital talents development from foreign countries and combining with the actual situation of China to promote the improvement of digital talents in the four aspects of quantity, quality, structure and policies. First of all, the report advises that attracting and cultivating talents to improve the digital talent reserve. Secondly, building a digital talent platform to realize resource exchange and sharing. Thirdly, building a digital talent echelon to broaden the talent growth channel. Finally, improving the digital talent policy and enable talents to grow in an all-round way.

Keywords: Digital Talent; Talent Policy; Talent Cultivation

B . 10 Evaluation and Reward Analysis of Excellent Engineer and Craftsman Spirit

Li Xiaoman, He Xingming, Chen Li and Mu Shasha / 251

Abstract: In the context of economic restructuring and the pursuit of high-quality development, a skilled talent team with sufficient quality assurance is the guarantee of high-quality economic development, and the cultivation of outstanding engineers is more related to the country's global competitiveness. In this context, this study developed an evaluation system for the spirit of outstanding engineers and craftsmen in China, and based on this, empirically analyzed its positive impact on labor market returns, aiming to provide suggestions for the precise cultivation of the spirit of outstanding engineers and craftsmen in China. The research results found that the spirit of craftsmanship has a significant positive effect on the remuneration (including salary income, non monetary benefits, and promotion) of outstanding engineers in the labor market, with the dimensions of determination, persistence, and excellence contributing the most to the wage effect. The dimensions that contribute the most to the non monetary welfare effect are responsibility, excellence, and ingenuity. The biggest contribution to the promotion effect is cherishing the reputation dimension.

Keywords: Excellent Engineer; Craftsmanship Spirit; Labor Market Returns

Ⅳ Regional Reports

B. 11 Analysis on the Breakthrough of Beijing's "Stuck Neck" Technology and the Gathering of Scientific and Technological Talents   *Xu Ming, Chen Sijie* / 270

Abstract: In the context of the accelerated evolution of unprecedented changes in the world today, competition in the field of science and technology has gradually become the main battlefield of the game between major powers. The key core technologies are difficult to master independently, and the ability to innovate independently is severely constrained by people. Breaking through the bottleneck technology has become a problem that China must face to build a strong technological country and become one of the top innovative countries. As a national center for scientific and technological innovation, Beijing should effectively gather talents from various fields to overcome the problem of "bottleneck" technology on the basis of having abundant technological and talent resources. Currently, Beijing still faces issues such as the need to highlight its industrial collaborative innovation capabilities, enhance investment in basic research, improve the level of talent cultivation in basic and interdisciplinary fields, and balance the level of public service guarantee for talents. In the future, Beijing should enhance its industrial collaborative innovation capabilities to break through the "bottleneck" technology, vigorously strengthen investment in basic research, strengthen the disciplinary layout of the "bottleneck" technology field, integrate service

人才蓝皮书

resources, and optimize the survival environment for talent development.

Keywords: "Neck Blocking" Technology; High Precision and Cutting-edge Industries; Technological Talents

B.12 Analysis of Shanghai's Construction of Talent Highland
and Talent Dual Circulation System *Yao Kai* / 293

Abstract: At present, China is building a new development pattern with domestic systemic circulation as the main body and domestic and international double circulation promoting each other. As an important strategic resource and a key element of high-quality development, talent should play a leading role in the dual cycle development pattern. Shanghai plays a crucial role in the strategic layout of talent development in the new era, shouldering the heavy responsibility of building a high-level talent highland. It has a solid foundation and competitive advantage in participating in international talent competition. However, compared to leading cities around the world, there is still a gap, and the level of coordinated development of talents and supply of talent elements between regions still needs to be improved. Shanghai should focus on building a "trinity" high-level talent ecological base, promoting regional coordinated development, and establishing a talent ecosystem with dual circulation of factors. By integrating resources to create a multi chain integrated development internal ecosystem, exploring the construction of a talent factor market in the Yangtze River Delta, exploring the establishment of Shanghai International Talent Group, and exploring the construction of a global talent big data center, measures should be taken, Further leverage the leading and radiating power of world-class high-level talent highlands, promote high-quality agglomeration and efficient flow of talent elements between regions and internationally, and contribute to the formation of an active and smooth "dual circulation" pattern of talent both internally and externally.

Keywords: Talent Highland; Double Cycle System of Talent; Regional Collaborative Development; International Talent Competition

B. 13   Analysis of the Collaborative Elements and Mechanism

Innovation of Talent Highlands in the Guangdong-

Hong Kong- Macao Greater Bay Area

Chen Xiaoping, Yang Danni and Tan Shiping / 311

Abstract: As a highly developed region, the Guangdong-Hong Kong-Macao Greater Bay Area is an important platform for China to participate in international competition and regional cooperation, and an important growth pole leading China's new round of reform and opening up. The coordinated development of talents in the Greater Bay Area is the core content of the construction of the Guangdong-Hong Kong-Macao Greater Bay Area, and its importance is increasingly prominent. However, currently, there are still many problems in the coordinated development of talents between the Guangdong-Hong Kong-Macao Greater Bay Area, which restrict the flow and efficient allocation of talents, and affect the quality and efficiency of the construction of the Greater Bay Area. A good wind relies on borrowed force, setting sail at the right time. We need to strengthen our awareness of opportunities, put in full effort, and constantly summarize experience in practice to promote innovation in the collaborative elements and mechanisms of talent highlands in the Guangdong-Hong Kong-Macao Greater Bay Area, and help promote high-quality development in the Guangdong-Hong Kong-Macao Greater Bay Area.

Keywords: Guangdong-Hong Kong-Macao Greater Bay Area; Talent Highland; Collaborative Element; Mechanism Innovation

B. 14   Analysis and Suggestions on the Effectiveness Evaluation

of Beijing's Science and Technology Talent Policy

Gao Zhonghua, Zhang Heng / 333

Abstract: Technology is the primary productive force, talent is the primary

人才蓝皮书

resource, and innovation is the primary driving force. Deeply implementing the strategy of revitalizing the country through science and education, strengthening the country through talent, and driving development through innovation has become the only way to open up new fields and tracks for development in the new era, and continuously shape new driving forces and advantages for development. This report first provides a systematic review and basic introduction of Beijing's science and technology talent policies since 2016. On this basis, the implementation effect of Beijing's science and technology talent policy is evaluated from aspects such as the frequency of issuance of science and technology talent policies, the number of science and technology talents, the status of science and technology activities and patents, the proportion of basic research funds in the city, and the operation and science and technology activities of enterprises in key demonstration areas of science and technology innovation. The main problems and challenges currently faced by Beijing's science and technology talent policy are proposed. Finally, specific improvement suggestions are proposed from three aspects: the goals of science and technology talent policy, the tools of science and technology talent policy, and the evaluation mechanism of policy effectiveness.

Keywords: Science and Technology Talent; Policy Effectiveness; Beijing

B.15　The Current Situation and Prospects of the Development
　　　of Science and Technology Talents in Beijing

Cheng Long, Yu Haibo / 352

Abstract: The central talent work conference has clearly put forward the grand strategic goal of Beijing to become an important talent center and innovation highland in the world. The growth and development of the scientific and technological talent team is the primary core of Beijing's talent work. On the basis of analyzing the three new situations faced by the construction of Beijing's scientific and technological talent team, this paper summarizes the overall development status of Beijing's scientific and technological talent team and the implementation of policies related to talent attraction, cultivation, resource support, evaluation, and incentives. It also summarizes the scientific research output, industrial research integration, and social contribution of scientific and technological talents under a series of policies. Finally, five key directions for the future development of scientific and technological talents in Beijing were identified, which have certain reference value for Beijing's efforts to build a high-quality talent highland and innovation highland.

Keywords: Science and Technology Talents; High-quality Science and Technology Talent Team; Key Technical Areas; Beijing

皮 书

智库成果出版与传播平台

❖ 皮书定义 ❖

皮书是对中国与世界发展状况和热点问题进行年度监测，以专业的角度、专家的视野和实证研究方法，针对某一领域或区域现状与发展态势展开分析和预测，具备前沿性、原创性、实证性、连续性、时效性等特点的公开出版物，由一系列权威研究报告组成。

❖ 皮书作者 ❖

皮书系列报告作者以国内外一流研究机构、知名高校等重点智库的研究人员为主，多为相关领域一流专家学者，他们的观点代表了当下学界对中国与世界的现实和未来最高水平的解读与分析。截至2022年底，皮书研创机构逾千家，报告作者累计超过10万人。

❖ 皮书荣誉 ❖

皮书作为中国社会科学院基础理论研究与应用对策研究融合发展的代表性成果，不仅是哲学社会科学工作者服务中国特色社会主义现代化建设的重要成果，更是助力中国特色新型智库建设、构建中国特色哲学社会科学"三大体系"的重要平台。皮书系列先后被列入"十二五""十三五""十四五"时期国家重点出版物出版专项规划项目；2013~2023年，重点皮书列入中国社会科学院国家哲学社会科学创新工程项目。

皮书网

（网址：www.pishu.cn）

发布皮书研创资讯，传播皮书精彩内容
引领皮书出版潮流，打造皮书服务平台

栏目设置

◆ **关于皮书**
何谓皮书、皮书分类、皮书大事记、
皮书荣誉、皮书出版第一人、皮书编辑部

◆ **最新资讯**
通知公告、新闻动态、媒体聚焦、
网站专题、视频直播、下载专区

◆ **皮书研创**
皮书规范、皮书选题、皮书出版、
皮书研究、研创团队

◆ **皮书评奖评价**
指标体系、皮书评价、皮书评奖

◆ **皮书研究院理事会**
理事会章程、理事单位、个人理事、高级
研究员、理事会秘书处、入会指南

所获荣誉

◆ 2008 年、2011 年、2014 年，皮书网均
在全国新闻出版业网站荣誉评选中获得
"最具商业价值网站"称号；
◆ 2012 年，获得"出版业网站百强"称号。

网库合一

2014年，皮书网与皮书数据库端口合
一，实现资源共享，搭建智库成果融合创
新平台。

皮书网

"皮书说"
微信公众号

皮书微博

权威报告·连续出版·独家资源

皮书数据库
ANNUAL REPORT(YEARBOOK) DATABASE

分析解读当下中国发展变迁的高端智库平台

所获荣誉

- 2020年，入选全国新闻出版深度融合发展创新案例
- 2019年，入选国家新闻出版署数字出版精品遴选推荐计划
- 2016年，入选"十三五"国家重点电子出版物出版规划骨干工程
- 2013年，荣获"中国出版政府奖·网络出版物奖"提名奖
- 连续多年荣获中国数字出版博览会"数字出版·优秀品牌"奖

皮书数据库

"社科数托邦"
微信公众号

成为用户

　　登录网址www.pishu.com.cn访问皮书数据库网站或下载皮书数据库APP，通过手机号码验证或邮箱验证即可成为皮书数据库用户。

用户福利

- 已注册用户购书后可免费获赠100元皮书数据库充值卡。刮开充值卡涂层获取充值密码，登录并进入"会员中心"—"在线充值"—"充值卡充值"，充值成功即可购买和查看数据库内容。
- 用户福利最终解释权归社会科学文献出版社所有。

社会科学文献出版社 皮书系列
SOCIAL SCIENCES ACADEMIC PRESS (CHINA)

卡号：957541611311
密码：

数据库服务热线：400-008-6695
数据库服务QQ：2475522410
数据库服务邮箱：database@ssap.cn
图书销售热线：010-59367070/7028
图书服务QQ：1265056568
图书服务邮箱：duzhe@ssap.cn

S 基本子库
UB DATABASE

中国社会发展数据库（下设 12 个专题子库）

紧扣人口、政治、外交、法律、教育、医疗卫生、资源环境等 12 个社会发展领域的前沿和热点，全面整合专业著作、智库报告、学术资讯、调研数据等类型资源，帮助用户追踪中国社会发展动态、研究社会发展战略与政策、了解社会热点问题、分析社会发展趋势。

中国经济发展数据库（下设 12 专题子库）

内容涵盖宏观经济、产业经济、工业经济、农业经济、财政金融、房地产经济、城市经济、商业贸易等 12 个重点经济领域，为把握经济运行态势、洞察经济发展规律、研判经济发展趋势、进行经济调控决策提供参考和依据。

中国行业发展数据库（下设 17 个专题子库）

以中国国民经济行业分类为依据，覆盖金融业、旅游业、交通运输业、能源矿产业、制造业等 100 多个行业，跟踪分析国民经济相关行业市场运行状况和政策导向，汇集行业发展前沿资讯，为投资、从业及各种经济决策提供理论支撑和实践指导。

中国区域发展数据库（下设 4 个专题子库）

对中国特定区域内的经济、社会、文化等领域现状与发展情况进行深度分析和预测，涉及省级行政区、城市群、城市、农村等不同维度，研究层级至县及县以下行政区，为学者研究地方经济社会宏观态势、经验模式、发展案例提供支撑，为地方政府决策提供参考。

中国文化传媒数据库（下设 18 个专题子库）

内容覆盖文化产业、新闻传播、电影娱乐、文学艺术、群众文化、图书情报等 18 个重点研究领域，聚焦文化传媒领域发展前沿、热点话题、行业实践，服务用户的教学科研、文化投资、企业规划等需要。

世界经济与国际关系数据库（下设 6 个专题子库）

整合世界经济、国际政治、世界文化与科技、全球性问题、国际组织与国际法、区域研究 6 大领域研究成果，对世界经济形势、国际形势进行连续性深度分析，对年度热点问题进行专题解读，为研判全球发展趋势提供事实和数据支持。